■ 宁波植物丛书 ■

丛书主编 李根有 陈征海 李修鹏

宁波植物图鉴

第五卷

叶喜阳 张芬耀
陈煜初 钟泰林 等 编著

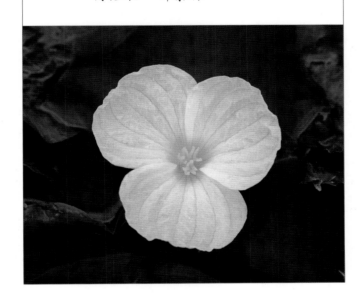

科学出版社

北京

内 容 简 介

本卷记载了宁波地区野生和习见栽培的种子植物中的单子叶植物部分（香蒲科—兰科）27科240属501种（含3杂交种）4亚种40变种15变型34品种，每种植物均配备特征图片，同时有属名、中文名、别名、学名、形态特征、分布与生境（地理分布）、主要用途等文字说明。

本书可供从事生物多样性保护、植物资源开发利用等工作的技术人员、经营管理者，以及林业、园林、生态、环保、中医药、旅游等专业的师生及植物爱好者参考。

图书在版编目（CIP）数据

宁波植物图鉴. 第五卷 / 叶喜阳等编著. —北京：科学出版社，2022.1
（宁波植物丛书）
ISBN 978-7-03-070767-3

Ⅰ. ①宁⋯ Ⅱ. ①叶⋯ Ⅲ. ①植物－宁波－图集 Ⅳ. ① Q948.525.53-64

中国版本图书馆 CIP 数据核字（2021）第249392号

责任编辑：张会格 刘 晶 / 责任校对：严 娜
责任印制：肖 兴 / 封面设计：刘新新

科 学 出 版 社 出版
北京东黄城根北街16号
邮政编码：100717
http://www.sciencep.com

北京汇瑞嘉合文化发展有限公司 印刷
科学出版社发行 各地新华书店经销

＊

2022年1月第 一 版 开本：889×1194 1/16
2022年1月第一次印刷 印张：30
字数：972 000

定价：468.00 元
（如有印装质量问题，我社负责调换）

"宁波植物丛书" 编委会

主　　任　许义平

副 主 任　皇甫伟国　汤社平

委　　员　张冠生　陈亚丹　冯灼华

顾　　问　裘宝林　金孝锋

主　　编　李根有　陈征海　李修鹏

编　　委（以拼音为序）

陈　锋　陈煜初　陈征海　冯家浩　金水虎　李根有　李金朝
李修鹏　林海伦　刘　军　马丹丹　吴家森　夏国华　谢文远
徐绍清　闫道良　叶喜阳　张芬耀　张幼法　章建红　钟泰林

主编单位

宁波市林业局　浙江农林大学暨阳学院　浙江省森林资源监测中心
浙江农林大学

参编单位

宁波市林场（宁波市林业技术服务中心）　慈溪市林业局　余姚市林业局
宁波市自然资源和规划局镇海分局　宁波市自然资源和规划局江北分局
宁波市自然资源和规划局北仑分局　宁波市自然资源和规划局鄞州分局
宁波市自然资源和规划局海曙分局　宁波市自然资源和规划局奉化分局
宁海县林业局　象山县林业局　宁波城市职业技术学院

主要外业调查人员

综合组（全市）：李根有（组长） 李修鹏 章建红 林海伦 陈煜初 傅晓强

浙江省森林资源监测中心组（滨海及四明山区域为主）：陈征海（组长） 陈 锋 张芬耀 谢文远 朱振贤 宋 盛

第一组（象山、余姚）：马丹丹（组长） 吴家森 张幼法 杨紫峰 何立平 陈开超 沈立铭

第二组（宁海、北仑）：金水虎（组长） 冯家浩 何贤平 汪梅蓉 李宏辉

第三组（奉化、慈溪）：闫道良（组长） 夏国华 徐绍清 周和锋 陈云奇 应富华

第四组（鄞州、镇海、江北）：叶喜阳（组长） 钟泰林 袁冬明 严春风 赵 绮 徐 伟 何 容

其他参加调查人员

宁波市林业局等单位人员（以拼音为序）

蔡建明	柴春燕	陈芳平	陈荣锋	陈亚丹	崔广元	董建国	范国明	范林洁	房聪玲
冯灼华	葛民轩	顾国琪	顾贤可	何一波	洪丹丹	洪增米	胡聚群	华建荣	皇甫伟国
黄 杨	黄士文	黄伟军	江建华	江建平	江龙表	赖明慧	李东宾	李金朝	李璐芳
林 宁	林建勋	林乐静	林于倢	娄厚岳	陆志敏	毛国尧	苗国丽	钱志潮	邱宝财
仇靖少	裘贤龙	沈 颖	沈生初	汤社平	汪科继	王利平	王立如	王良衍	王卫兵
吴绍荣	向继云	肖玲亚	谢国权	熊小平	徐 敏	徐德云	徐明星	杨荣曦	杨媛媛
姚崇巍	姚凤鸣	尹 盼	余敏芬	余正安	俞雷民	曾余力	张 宁	张富杰	张冠生
张雷凡	郑云晓	周纪明	周新余	朱杰旦					

浙江农林大学学生（以拼音为序）

柴晓娟	陈 岱	陈 斯	陈佳泽	陈建波	陈云奇	程 莹	代英超	戴金达	付张帅
龚科铭	郭玮龙	胡国伟	胡越锦	黄 仁	黄晓灯	江永斌	姜 楠	金梦园	库伟鹏
赖文敏	李朝会	李家辉	李智炫	郦 元	林亚茹	刘彬彬	刘建强	刘名香	陆云峰
马 凯	潘君祥	裴天宏	邱迷迷	任燕燕	邵于豪	盛千凌	史中正	苏 燕	童 亮
王 辉	王 杰	王俊荣	王丽敏	王肖婷	吴欢欢	吴建峰	吴林军	吴舒昂	徐菊芳
徐路遥	许济南	许平源	严彩霞	严恒辰	杨程瀚	俞狄虎	臧 毅	臧月梅	张 帆
张 青	张 通	张 伟	张 云	郑才富	朱 弘	朱 健	朱 康	竺恩栋	

《宁波植物图鉴》
（第五卷）编写组

主要编著者

叶喜阳　张芬耀　陈煜初　钟泰林

其他编著者（以拼音为序）

卞正平　冯家浩　黄增芳　刘　冰　陆云峰　马丹丹
邱燕连　沈　波　王军峰　徐沁怡　张幼法　朱鑫鑫

审　稿　者

李根有　陈征海　丁炳扬　金孝锋　李修鹏　徐绍清

摄　影　者（按图片采用数量排序）

李根有　陈征海　叶喜阳　张芬耀　马丹丹　林海伦　王军峰
李修鹏　朱鑫鑫　邱燕连　徐绍清　陈煜初　梅旭东　李华东
吴棣飞　王　挺　卞正平　钟建平　王金旺　张幼法　王健生
徐跃良　张海华　李　超　刘　冰　刘　军　华国军　谢文远
冯家浩　邱　睿　郑小青　王国明　王开荣　高浩杰　江晓东
包　艳　杨　宁　黄润铖　方　腾

主编单位

浙江农林大学　浙江省森林资源监测中心
宁波市林场（宁波市林业技术服务中心）

参编单位

浙江农林大学暨阳学院　杭州天景水生植物园有限公司
宁波市林业局　慈溪市林业局

作者简介

叶喜阳
高级工程师

　　叶喜阳，男，1980年1月出生，浙江安吉人。2014年毕业于浙江农林大学林学专业，获硕士学位。现就职于浙江农林大学植物园。主要从事植物资源利用、植物园管理、自然教育等方面工作。先后主持或参与完成彩叶木本植物（槭属）的引种筛选与产业化开发、华东丹霞地貌区植物多样性及迁地保育、中国东海近陆岛屿生物多样性调查等科研项目20余项；发表学术论文20余篇；主编或参编著作8部。获各类科技成果奖励10余项，其中省部级二等奖1项。

张芬耀
高级工程师

　　张芬耀，男，1986年12月出生，浙江苍南人。2008年毕业于浙江林学院生物技术专业。现就职于浙江省森林资源监测中心。浙江省植物学会青年工作委员会委员，浙江省生态学会、浙江省林学会、杭州市水生植物学会会员。长期从事植物分类、动植物资源调查与监测工作，先后主持或主要参加完成浙江省海岛与海岸带植物植被资源调查、浙江省第二次全国重点保护野生植物资源调查、杭州市珍稀濒危植物调查研究、浙江安吉龙王山自然保护区综合科学考察等植物资源调查与监测项目40余项；发表学术论文40余篇；主编或参编《宁波珍稀植物》《浙江常用中草药图鉴》《法定药用植物志·华东篇》《浙江省常见树种彩色图鉴》等著作19部。获浙江省科技进步二等奖1项，梁希林业科技进步奖二等奖1项，全国林业优秀工程咨询成果一等奖1项，浙江省科技兴林奖一等奖1项、二等奖2项。

陈煜初
高级工程师

　　陈煜初，男，1963年3月出生，浙江新昌人。国家林业与草原局乡土专家、中国风景园林学会科学传播专家、莲属栽培品种国际登录专家委员会委员、浙江省农业厅花卉专家，杭州天景水生植物园创建人。发起组建了杭州市水生植物学会、中国园艺学会水生花卉分会，分别担任理事长、副理事长。先后从事营林、森林游憩开发、风景园林管理、园林水生植物研究等工作，在森林生态、植物资源、濒危物种保育、引种驯化、新品种选育和园林应用等领域成果突出。主持或参与国家、省、市科研项目8项，选育荷花、睡莲、鸢尾新品种30余个；发表论文150余篇；主编或参编著作10部；获国际新品种专利2件；国内各类专利35件；主持或参与制定行业及地方标准9项。科研成果获省（部）、市（厅）科技进步奖4项，中国风景园林学会科技进步奖二等奖3项。被评为"2014中国花木产业年度十大人物"。

钟泰林
教授、正高级工程师，博士，硕士生导师

　　钟泰林，男，1974年8月出生，江西兴国人。1997年6月毕业于林业部宁波林业学校园林专业；2017年12月毕业于江西农业大学森林培育专业，获博士学位；2015—2016年在北京林业大学风景园林专业（双一流）作教育部高级访问学者。现任浙江树人学院风景园林专业负责人；兼任浙江农林大学硕士研究生导师，浙江省、重庆市、广东省等科技项目及成果评审专家，浙江省公共资源园林专业综合评审专家。主要从事珍稀濒危植物保育、风景园林、植被生态恢复与示范、园艺理疗等领域的教学与研究工作。主持完成省自然科学基金等省级项目3项、企业委托项目30项，作为核心成员参与完成国家自然科学基金及社会服务等项目多项；在 *Journal of Forestry Research*、《中国园林》和《上海交通大学学报》等刊物发表论文60余篇；主编或参编专著8部；授权专利4件。成果获浙江省科技兴林奖一等奖1项、绍兴市自然科学优秀论文一等奖1项等。

丛书序

植物是大自然中最无私的"生产者"，它不但为人类提供粮油果蔬食品、竹木用材、茶饮药材、森林景观等有形的生产和生活资料，还通过光合作用、枝叶截留、叶面吸附、根系固持等方式，发挥固碳释氧、涵养水源、保持水土、调节气候、滞尘降噪、康养保健等多种生态功能，为人类提供了不可或缺的无形生态产品，保障人类的生存安全。可以说，植物是自然生态系统中最核心的绿色基石，是生物多样性和生态系统多样性的基础，是国家重要的基础战略资源，也是农林业生产力发展的基础性和战略性资源，直接制约与人类生存息息相关的资源质量、环境质量、生态建设质量及生物经济时代的社会发展质量。

宁波地处我国海岸线中段，是河姆渡文化的发源地、我国副省级市、计划单列市、长三角南翼经济中心、东亚文化之都和世界级港口城市，拥有"国家历史文化名城""中国文明城市""中国最具幸福感城市""中国综合改革试点城市""中国院士之乡""国家园林城市""国家森林城市"等众多国家级名片。境内气候优越，地形复杂，地貌多样，为众多植物的孕育和生长提供了良好的自然条件。据资料记载，自 19 世纪以来，先后有 R. Fortune、W. M. Cooper、F. B. Forbes、W. Hancock、E. Faber、H. Migo 等 31 位外国人，以及钟观光、张之铭、秦仁昌、耿以礼等众多国内著名植物专家来宁波采集过植物标本，宁波有幸成为大量植物物种的模式标本产地。但在新中国成立后，很多人都认为宁波人口密度高、森林开发早、干扰强度大、生境较单一、自然植被差，从主观上推断宁波的植物资源也必然贫乏，在调查工作中就极少关注宁波的植物资源，导致在本次调查之前从未对宁波植物资源进行过一次全面、系统、深入的调查研究。《浙江植物志》中记载宁波有分布的原生植物还不到 1000 种，宁波境内究竟有多少种植物一直是个未知数。家底不清，资源不明，不但与宁波发达的经济地位极不相称，而且严重制约了全市植物资源的保护与利用工作。

自 2012 年开始，在宁波市政府、宁波市财政局和各县（市、区）的大力支持下，宁波市林业局联合浙江农林大学、浙江省森林资源监测中心等单位，历经 6 年多的艰苦努力，首次对全市的植物资源开展了全面深入的调查与研究，查明全市共有野生、归化及露地常见栽培的维管植物 214 科 1173 属 3256 种（含 540 个种下等级：包括 257 变种、39 亚种、44 变型、200 品种）。其中蕨类植物 39 科 79 属 191 种，裸子植物 9 科 32 属 89 种，被子植物 166 科 1062 属 2976 种；野生植物 191 科 847 属 2183 种，栽培及归化植物 145 科 580 属 1073 种（以上数据均含种下等级）。调查中还发现了不少植物新分类群和省级以上地理分布新记录物种，调查成果向世人全面、清晰地展示了宁波境内植物种质资源的丰富度和特殊性。在此基础上，项目组精心编著了"宁波植物丛书"，对全市维管植物资源的种类组成、区域分布、区系特征、资源保护与开发利用等方面进行了系统阐述，同时还以专题形式介绍了宁波的珍稀植物和滨海植物。丛书内容丰富、图文并茂，是一套系统、详尽展示我市维管植物资源全貌和调查研究进展的学术丛书，既具严谨的科学性，又有较强的科普性。丛书的出版，必将为我市植物资源的保护与利用提供重要的决策依据，并产生深远的影响。

　　值此"宁波植物丛书"出版之际，谨作此序以示祝贺，并借此对全体编著者、外业调查者及所有为该项目提供技术指导、帮助人员的辛勤付出表示衷心感谢！

宁波市林业局局长

2018 年 5 月 25 日

前　言

《宁波植物图鉴》是宁波植物资源调查研究工作的主要成果之一，由全体作者历经 6 年多编著而成。

本套图鉴科的排序，蕨类植物采用秦仁昌分类系统，裸子植物采用郑万钧分类系统，被子植物按照恩格勒分类系统。

各科首页页脚列出了该科在宁波有野生、栽培或归化的属、种及种下分类等级的数量。属与主种则按照学名的字母进行排序。

原生主种（含长期栽培的物种）的描述内容包括中文名、别名、学名、属名、形态特征、生境与分布、主要用途、原色图片等；归化或引种主种的描述内容为中文名、别名、学名、属名、主要形态特征、原产地、宁波分布区和生境（栽培的不写）、主要用途、原色图片等；为节省文字篇幅，选取部分与主种形态特征或分类地位相近的物种（包括种下分类群、同属或不同属植物）作为附种作简要描述。

市内分布区用"见于……"表示，省内分布区用"产于……"表示，省外分布区用"分布于……"表示，国外分布区用"……也有"表示。

本图鉴所指宁波的分布区域共分 10 个，具体包括：慈溪市（含杭州湾新区），余姚市（含宁波市林场四明山林区、仰天湖林区、黄海田林区、灵溪林区），镇海区（含宁波国家高新区甬江北岸区域），江北区，北仑区（含大榭开发区、梅山保税港区），鄞州区（2016 年行政区划调整之前的地理区域范围，含东钱湖旅游度假区、宁波市林场周公宅林区），奉化区（含宁波市林场商量岗林区），宁海县，象山县，市区（含 2016 年行政区域调整前的海曙区、江东区及宁波国家高新区甬江南岸区域）。

为方便读者查阅及避免混乱，书中植物的中文名原则上采用《浙江植物志》的叫法，别名则主要采用通用名、宁波或浙江代表性地方名及《中国植物志》、*Flora of China* 所采用的与《浙江植物志》不同的中名；学名主要依据 *Flora of China*、《中国植物志》等权威专著，同时经认真考证也采用了一些最新的文献资料。

本套图鉴共分五卷，各卷收录范围为：第一卷［蕨类植物、裸子植物、被子植物（木麻黄科—苋科）］、第二卷（紫茉莉科—豆科）、第三卷（酢浆草科—山茱萸科）、第四卷（山柳科—菊科）、第五卷（香蒲科—兰科）。每卷图鉴后面均附有本卷收录植物的中文名（含别名）及学名索引。

本卷为《宁波植物图鉴》的第五卷，共收录种子植物 27 科 240 属 501 种（含 3 杂交种）4 亚种 40 变种 15 变型 34 品种，共 594 个分类单元，占《宁波维管植物名录》该部分总数的 88.7%；其中归化植物 11 种（含种下等级，下同），栽培植物 149 种；作为主种收录 386 种，作为附种收录 208 种。

　　本卷图鉴的顺利出版，既是本卷编写人员集体劳动的结晶，更与项目组全体人员的共同努力密不可分。本书从外业调查到成书出版，先后得到了宁波市和各县（市、区）及乡镇（街道）林业部门与部分林场、宁波市药品检验所主任中药师林海伦先生、温州市园林管理处吴棣飞先生、浙江自然博物院徐跃良先生、金华职业技术学院王健生先生、景宁畲族自治县经济商务科技局梅旭东先生、嵊州市食品药品监督管理局李华东先生、浙江大学刘军先生、温州大学王金旺先生、宁波市野生动物保护协会张海华先生等单位和个人的大力支持和指导，在此一并致以诚挚谢意！

　　由于编著者水平有限，加上工作任务繁重、编撰时间较短，书中定有不足之处，敬请读者不吝批评指正。

编著者

2021 年 8 月 6 日

目 录

一　香蒲科 Typhaceae[*]

001 | 水烛 狭叶香蒲

学名 **Typha angustifolia** Linn.　　　　　　　　　　**属名** 香蒲属

形态特征　多年生挺水草本，高 1～2.5m。根状茎粗壮，乳黄色至灰黄色，先端白色。叶片扁平，条形，35～100cm×0.5～0.8cm，长于花序，先端急尖，基部扩大成抱茎的鞘，鞘口两侧具膜质叶耳。穗状花序圆柱状，雌雄花序不相连接，中间相隔 2～9cm，雄花部分生于花序上部，长 20～30cm，花序轴具褐色扁柔毛，雌花部分长 6～24cm，果时直径 1～2cm；雌花长 3～3.5mm，基部具稍比柱头短的白色长柔毛，果时柔毛长可达 4～6(8)mm，具与柔毛等长的叶状苞片 1。小坚果长 1～1.5mm，表面无纵沟。花期 6—7 月，果期 8—10 月。

生境与分布　见于除市区外全市各地；生于池塘边、湖泊浅水中和荒芜农田；市区有栽培。产于全省各地；分布于华东、东北、华北。

主要用途　可供水体绿化观赏；叶片可作切叶材料。

附种　**小香蒲 T. minima**，植株较矮小，高 16～65cm；叶通常基生，鞘状，叶片 15～40cm×1～2mm，不长于花序，或无叶片；雄花序轴无毛；白色柔毛先端膨大成球形。鄞州及市区有栽培。

小香蒲

---

* 宁波有 1 属 3 种 1 品种，其中栽培 1 种 1 品种。本图鉴全部收录。

002 香蒲

学名 **Typha orientalis** Presl 属名 香蒲属

形态特征 多年生挺水草本，高1～2m。根状茎粗壮，乳白色。叶片扁平，条形，40～70cm×0.5～0.8cm，先端渐尖，稍钝头，基部扩大成抱茎的鞘，鞘口边缘膜质，直出平行脉多而密。穗状花序圆柱状，雌雄花序紧密连接，雄花部分生于花序上部，长3～6cm，花序轴具白色弯曲柔毛，雌花部分长6～12cm，果时直径约2cm；雌花长7～8mm，基部无小苞片，具多数稍长于花柱，但短于柱头的白色长柔毛，柱头匙形，外弯。小坚果长1mm，表面具1纵沟。花期6—7月，果期8—10月。

生境与分布 见于全市各地；生于池塘边、湖泊浅水中和荒芜农田。产于杭州等地；分布于华东、华中、华北、西北、东北；日本、菲律宾、俄罗斯也有。

主要用途 茎叶可作造纸原料；叶片可编织；花粉称"蒲黄"，可入药，具消炎、止血、利尿之功效；雌花称"蒲绒"，可作填充材料；嫩茎及根状茎先端可作野菜，称为"蒲菜"；可供浅水区绿化。

附种 花叶香蒲 *T. latifolia* 'Variegatus'，叶片宽0.5～1.5cm，具银白色纵条纹；孕性雌花柱头披针形；白色丝状毛明显短于花柱。市区有栽培。

花叶香蒲

二 黑三棱科 Sparganiaceae[*]

003 曲轴黑三棱

学名 **Sparganium fallax** Graebn.　　　　　属名 黑三棱属

形态特征 多年生挺水草本，高 50～70cm。茎直立。叶在茎基部呈丛生状，上部 2 列着生；叶片条形，扁平，40～55cm×4～10mm，先端稍钝，基部鞘状抱茎，下面近基部中脉凸出，呈龙骨状。穗状花序由球形头状花序组成，长 20～40cm，花序总轴略呈"之"字形弯曲；雄花序 4～7 个，整齐地排列于花序总轴上部；雌花序 3～5 个，生于苞腋，位于花序总轴下部弯曲凹陷处。果实长球状圆锥形，4～5mm×1.5～2mm。花期 6 月，果期 7—9 月。

生境与分布 见于余姚、鄞州；生于山地沼泽、溪沟或池塘浅水处。产于杭州市区、开化、天台、缙云；分布于福建、贵州、台湾；日本也有。

主要用途 浙江省重点保护野生植物。可供水（湿）地绿化。

附种 黑三棱 **S. stoloniferum**，花序为具 3～5 分枝的圆锥花序；花序总轴不呈"之"字形弯曲；雄花序 2～12 个，雌花序 1～3 个；果实倒圆锥状四棱形，6～10mm×4～8mm。见于宁海；生于荒芜水田中。

[*]宁波产 1 属 2 种。本图鉴全部收录。

黑三棱

三　眼子菜科 Potamogetonaceae*

004 菹草

| 学名 | **Potamogeton crispus** Linn. | 属名 | 眼子菜属 |

形态特征　多年生沉水草本。具细长的根状茎。茎稍扁，多分枝，侧枝顶端常有芽苞，脱落后发育成新植株。叶互生；叶片条形或宽条形，4~10cm×4~10mm，先端钝或圆，基部圆形或钝，略抱茎，边缘有细锯齿，常皱褶或波状，叶脉3或5，平行，顶端连接，具横脉；托叶离生。穗状花序生于茎端叶腋，具花2~4轮，每轮2花；总花梗粗壮，花时伸出水面；花被片4，淡绿色；雌蕊4，基部合生。果实宽卵球形，长约3mm，果喙长2mm。花期5—8月，果期8—10月。

生境与分布　见于全市各地；生于池塘、沟渠、水田、河流及湖泊浅水处。产于全省各地；广布于全国及世界各地。

主要用途　全草可作饲料和绿肥。

---

* 宁波有3属9种。本图鉴全部收录。

005 鸡冠眼子菜 小叶眼子菜

学名 **Potamogeton cristatus** Regel et Maack 属名 眼子菜属

形态特征 多年生水生草本。茎纤细柔弱，多分枝。叶二型；浮水叶椭圆形或卵状椭圆形，1.5～3cm×0.4～1cm，先端急尖或稍钝，基部宽楔形或圆形，全缘，具0.5～1cm长的叶柄，托叶离生，托叶鞘开裂，边缘重叠，抱茎；沉水叶狭条状，4～8cm×1～1.5mm，先端急尖，无柄。穗状花序生于茎端叶腋，长约1cm，着花密集；花柱长约1.5mm。果斜卵球形，3～4mm×2mm，背部具龙骨状凸起，其上有数个不规则齿，使果背呈鸡冠状。

花期5—8月，果期8—10月。

生境与分布 见于除市区外的全市各地；生于沟渠、水田、湖泊及池塘浅水处。产于全省各地；分布于长江以南各省份；日本及朝鲜半岛也有。

主要用途 全草作饲料和绿化。

附种 南方眼子菜（钝脊眼子菜）*P. octandrus*，花柱长约0.5mm，果实背部仅具3条不明显的棱脊。见于慈溪、余姚、鄞州、奉化、宁海、象山；生境同鸡冠眼子菜。

南方眼子菜

006 眼子菜

学名 **Potamogeton distinctus** A. Benn.　　　　　　属名 眼子菜属

形态特征　多年生水生草本。叶两型；浮水叶质较厚，宽披针形、长圆形或长椭圆形，4～8cm×1.5～3cm，先端急尖或钝圆，基部圆形或楔形，全缘，叶柄长 2～8cm，托叶长 2～3cm，离生，托叶鞘开裂，基部抱茎；沉水叶膜质而透明，披针形或条状长椭圆形，约 11cm×1.1cm，边缘有细齿，叶柄长 10cm，托叶鞘较浮水叶者长。穗状花序生于茎端叶腋，长 2～5cm，具多轮花；总花梗粗壮，长 3～6(8)cm；花被片 4，绿色；花柱短。果实倒卵球形，略偏斜，长 3.5mm，背部明显 3 脊，脊上具小疣状突起。花期 5—8 月，果期 8—11 月。

生境与分布　见于除市区外的全市各地；生于水田、沟渠、池塘等处。全省各地均产；广布于全国各地；东北亚也有。

主要用途　常见水田杂草。全草药用，具清凉解毒、利尿通淋、止咳化痰之功效。

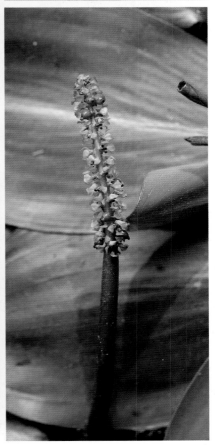

007 竹叶眼子菜

学名　**Potamogeton wrightii** Morong　　　属名　眼子菜属

形态特征　多年生沉水草本。茎单一或具少数分枝。叶全为沉水叶；叶片褐色或暗绿色，条状披针或条状长圆形，8～16cm×1～1.5cm，先端常短突尖，基部楔形或圆形，边缘具皱褶和细锯齿，叶柄长1～4cm；托叶离生，下部抱茎。穗状花序长2～5cm，着花密集；总花梗长4～6cm。果无柄，斜卵球形，3mm×2.5mm，背部有3棱，中央棱较凸出，具细而钝的小齿，顶端具喙。花期5—7月，果期7—9月。

生境与分布　见于鄞州、宁海、象山；生于池塘、沟渠、河流及湖泊中。产于全省各地；全国广布；东南亚、朝鲜半岛及日本、印度也有。

主要用途　全草可作饲料和绿肥；可供水体绿化。

008 尖叶眼子菜

学名 **Potamogeton oxyphyllus** Miq.　　　　　属名 眼子菜属

形态特征　多年生沉水草本。具根状茎。茎纤细，常分枝。全为沉水叶；叶片条形，4～10cm×2～3mm，先端急尖，基部渐窄，无叶柄；托叶离生，长约2cm，边缘重叠抱茎。穗状花序长1～1.5cm，着花较密集；总花梗长2～4cm，上端略粗于茎。果实宽卵球形，略压扁，长约3mm，背部有3棱，中棱狭翅状，顶端具短喙。花期5—8月，果期6—10月。

生境与分布　见于慈溪、余姚、北仑、鄞州、奉化、宁海、象山；生于池塘、沟渠、河流、湖泊中。产于全省各地；分布于华东及云南、吉林；日本及朝鲜半岛也有。

附种　小眼子菜（线叶眼子菜）***P. pusillus***，植株无根状茎；叶片狭条形，2.5～5cm×1～1.5mm；托叶长约1cm；穗状花序长0.5～1cm；果实长1.5～1.7mm，背面无棱。见于余姚、奉化、宁海、象山；生境同尖叶眼子菜。

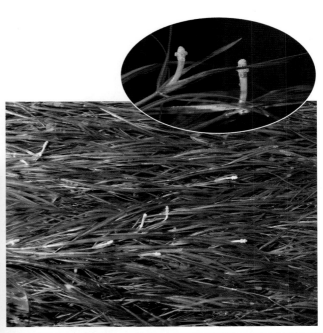

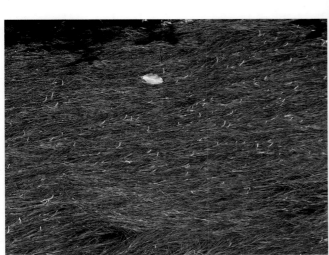

小眼子菜

009 | 川蔓藻

学名 **Ruppia maritima** Linn.　　　　　　　　　属名 川蔓藻属

形态特征　多年生沉水草本。茎乳黄色，极细弱，常多分枝，呈丛生状。叶互生或近对生；叶片丝状，2～10cm×0.3～0.5mm，先端渐尖，基部叶鞘多少抱茎。穗状花序长2～4cm，由2花组成，包藏于叶鞘内的短梗上，花后伸出鞘外；花被片缺；雄蕊2。果实呈略斜的广卵球形，不开裂，2mm×1.5mm，具长5～17mm的柄及短喙。花果期4—6月。

生境与分布　见于慈溪、镇海、北仑、象山；生于滨海地区水沟、池塘及河流中。产于定海、普陀；分布于我国沿海各省份；世界亚热带、温带地区广布。

010 篦齿眼子菜 蓖齿眼子菜

学名 **Stuckenia pectinata** (Linn.) Börner　　　**属名** 篦齿眼子菜属

形态特征　多年生沉水草本。根状茎白色，有白色卵形块茎。茎细长，密生叉状分枝。叶互生，全为沉水叶；叶片绿色或褐绿色，狭条状，4～10cm×0.5～1mm，先端急尖，全缘；托叶长 1～2cm，上部与叶片分离，中下部与叶柄贴生成托叶鞘，抱茎。穗状花序长 1.5～3cm，生于茎端叶腋，花序常间断；总花梗较细，长 2～10cm。果实倒卵球形或斜卵球形，长 3～3.5mm，背部圆而光滑，具短喙。花果期 4—9 月。

生境与分布　见于慈溪、余姚、镇海、象山；生于河流、沟渠、池塘或湖泊中。产于舟山及上虞；分布于全国各地；欧亚大陆、大洋洲、北美洲也有。

主要用途　全草可入药，具清热解毒之功效。

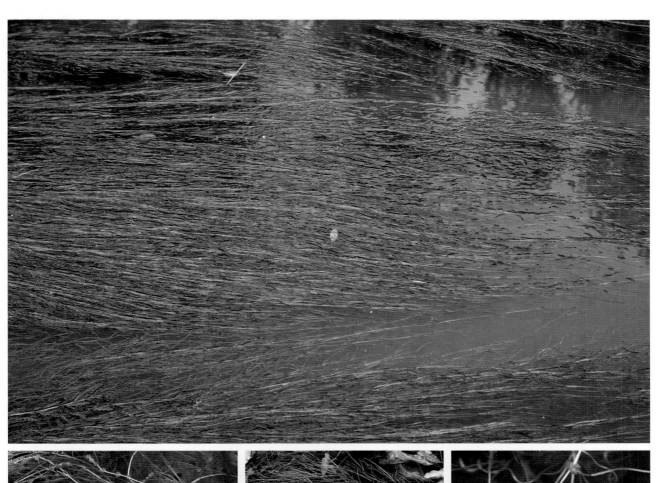

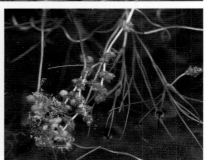

四　茨藻科 Najadaceae*

011 | 小茨藻

学名 **Najas minor** All.　　　　　　　　　　　　属名 茨藻属

形态特征　一年生沉水草本。茎细弱，光滑，分枝多，呈二叉状。上部叶呈 3 叶假轮生，下部叶近对生，枝端较密集，无柄；叶片条形，1～3cm×0.5～1mm，先端渐尖，基部扩展成鞘，反卷或不反卷，边缘具刺状细锯齿；无托叶。花单性，雌雄同株，腋生；雄花浅黄绿色，具瓶状佛焰苞 1，花被片 1，雄蕊 1，花丝无；雌花常 1(2) 朵生于一节，无佛焰苞和花被，雌蕊 1。小坚果长椭球形，有时略弯曲，长 2.5～3.5mm，直径约 0.5mm。外种皮细胞横长方形或纺锤形，宽大于长。花果期 7—10 月。

生境与分布　见于北仑、鄞州、奉化、宁海、象山；生于池塘、湖泊、沟渠、水田中。产于湖州、杭州、衢州、金华；分布于全国各地；欧洲、北美洲及日本也有。

附种　纤细茨藻（日本茨藻）*N. gracillima*，叶片常 5 叶假轮生；雌花常 2 朵生于一节；外种皮细胞条形或长方形，长大于宽。见于鄞州、奉化；生于田间水沟边或池塘浅水中。

---

* 宁波有 2 属 3 种。本图鉴全部收录。

纤细茨藻

012 角果藻

学名　**Zannichellia palustris** Linn.　　　　　属名　角果藻属

形态特征　多年生沉水草本。茎细弱，下部常匍匐生于泥中，多分枝，常交织成团，易折断。叶互生至近对生；叶片条形，2～10cm×0.3～0.5mm，先端渐尖，基部有离生或贴生的鞘状托叶，全缘，无脉；无柄。花腋生；雄花具雄蕊1，花丝细长；雌花花被杯状，半透明，通常具4(～6)枚离生心皮。果实新月形，长2～2.5mm，常2～4(6)枚簇生于叶腋，具小果柄；果脊脊翅边缘有钝齿，先端具长喙，略向背后弯曲。花果期春季至秋季。

生境与分布　见于慈溪、鄞州、奉化；生于淡水或咸水中。产于全省各地；分布于全国各地；世界广布。

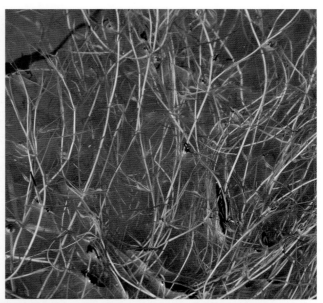

五　泽泻科 Alismataceae[*]

013 | 窄叶泽泻

学名 **Alisma canaliculatum** A. Br. et Bouche　　　属名 泽泻属

形态特征　多年生挺水草本。具短根状茎。叶基生；叶片披针形或条状披针形，7～16cm×1.2～2.8cm，先端渐尖，稍钝头，基部楔形，全缘；叶柄长 10～20(30)cm，基部扩大成鞘。花茎高40～100cm，集成圆锥花序；苞片披针形；花瓣倒卵形，比萼片小；雄蕊 6；柱头略弯曲。瘦果侧扁，2～3mm×1.5～2mm，背面有 1 条深沟，顶端腹面有小尖喙。花期 6—8 月，果期 9—10 月。

生境与分布　见于北仑、鄞州、奉化、宁海、象山；生于池沼浅水处及水田中。产于杭州及安吉、诸暨、天台、缙云等地；分布于全国各地；日本及朝鲜半岛也有。

附种　东方泽泻 *A. orientale*，叶片椭圆形、卵状椭圆形，5～10(18)cm×2～6(10)cm，基部心形、近圆形，稀宽楔形；瘦果背面有 1 或 2 条浅沟。慈溪、余姚有栽培。

---

* 宁波有 3 属 8 种 1 亚种，其中栽培 4 种 1 亚种。本图鉴收录 3 属 7 种 1 亚种，其中栽培 3 种 1 亚种。

东方泽泻

014 象耳泽泻 象耳草

| 学名 | ***Echinodorus cordifolius*** (Linn.) Griseb. | 属名 | 刺果泽泻属 |

形态特征　多年生挺水草本。具根状茎、匍匐茎。叶基生，挺水，稀沉水，莲座状排列，卵形或椭圆形，先端锐尖，基部心形，嫩叶常呈红褐色，叶脉尤深，后渐变绿色，具长 5～15cm 的叶柄，叶柄具脊；沉水叶长 50～70cm；挺水叶 10～20cm×6～10cm，先端渐尖或圆钝，基部心形，全缘或浅波状。总状花序拱起外倾，花序下部常分枝，3～9轮，每轮有花 3～15 朵；花序轴三棱形，棱上具刺突；花两性，白色，挺水开放；雄蕊 6～9。瘦果球形，具肋。花果期 8—10 月。

地理分布　原产于墨西哥等地。全市各地有栽培。

主要用途　适合水体绿化及室内鱼缸装饰。

015 矮慈姑

学名 **_Sagittaria pygmaea_ Miq.**　　　　属名 慈姑属

形态特征　一年生挺水或沉水草本。具匍匐茎和小球茎。植株矮小，细弱。叶基生；叶片条形或条状披针形，5～15cm×5～8mm，先端渐尖或急尖，稍钝头，基部鞘状，全缘，无柄。花葶高10～25cm，挺出水面；花单性，雌雄同株，组成疏总状花序；雄花2～5朵，生于花序上部，雌花1朵，生于最下部；花瓣倒卵圆形，长6～8mm，外轮绿色，内轮白色。瘦果扁平，长约3mm，两侧具薄翅，边缘有鸡冠状齿。花果期6—10月。

生境与分布　见于除市区外的全市各地；生于池沼、水田或溪沟中。产于全省各地；分布于华东、华中、华南、西南各省份；日本及朝鲜半岛也有。

主要用途　全草可入药，具清热、解毒、利尿等功效；可作饲料和绿肥；其小球茎无性繁殖能力强，常为水田杂草。

016 野慈姑

学名 *Sagittaria trifolia* Linn.　　**属名** 慈姑属

形态特征　多年生挺水草本。匍匐茎顶端膨大成直径 2～3cm 的球茎。叶基生，叶片较薄，叶腋内无珠芽；沉水叶条形，挺水叶箭形，大小变化大，长 5～30cm，3 裂，顶裂片卵形至三角状披针形，长 5～20cm，先端渐尖，稍钝头，不呈宽卵形，侧裂片狭长，披针形，长于顶裂片，先端渐尖，顶裂片与侧裂片之间不明显缢缩；叶柄长 20～60cm，三棱形。花茎高 20～50cm，挺出水面；花单性，常 3 朵成轮排成总状，再组成圆锥花序，花序具 1(2) 轮分枝，具花多轮，侧枝上具 1 轮雌花；花托近球形；外轮花被片花后反折，不包心皮或果实；花药黄色。瘦果扁平，长 3～4mm，两侧具薄翅，背部翅上有 1～4 齿，果喙向上直立。花期 6—9 月，果期 9—10 月。

生境与分布　见于除市区外的全市各地；生于池沼、水田、水沟及湖泊浅水处。产于全省各地；分布于全国南北各地；亚洲其他国家及俄罗斯也有。

附种 1　慈姑 subsp. *leucopetala*，栽培植物；植株高大，粗壮；球茎 5～8cm×4～6cm；叶片宽大、肥厚，顶裂片先端钝圆，宽卵形，与侧裂片之间明显缢缩；花序高大，通常 3 轮分枝，每轮 3 个侧枝；雌花 2 或 3 轮。全市各地有栽培。

附种 2　利川慈姑 *S. lichuanensis*，叶腋内具黑色珠芽；外轮花被片不反折，花后仍包心皮；瘦果两侧具脊，果长 6～7mm。见于奉化；生于浅水湿地中。

附种 3　欧洲大慈姑 *S. sagittifolia*，栽培植物；花药紫色；叶侧裂片与顶裂片等长或稍长。镇海有栽培。

慈姑

利川慈姑

欧洲大慈姑

六　花蔺科 Butomaceae*

017 水金英

| 学名 | **Hydrocleys nymphoides** (Humb. et Bonpl. ex Willd.) Buchenau. | 属名 | 水金英属 |

形态特征　多年生浮叶草本，高 1～5cm。叶片圆形至宽卵圆形，4～8cm×3～6cm，先端圆形，基部深心形，上面翠绿色，具光泽，全缘；具长柄，叶柄长度随水深而异。伞形花序；萼片 3，长椭圆形；花杯形，具长柄，直径 6cm；花被片 3，扇形，淡黄色，内侧基部棕红色；雄蕊 5 或 6。蓇果披针形。种子细小，多数，马蹄形。花期 6—9 月。

地理分布　原产于巴西、委内瑞拉。镇海有栽培。

主要用途　庭园水体及水族馆绿化植物；能够分泌抑制浮游藻类生长的化感物质，可用于清洁水体。

*宁波栽培有 1 属 1 种。本图鉴予以收录。

七　水鳖科 Hydrocharitaceae*

018 无尾水筛

学名 **Blyxa aubertii** Rich.　　　　　　　　　**属名** 水筛属

形态特征　一年生沉水草本。无直立茎；全株无毛。叶基生；叶片条形，8～20cm×4～7mm，先端长渐尖，基部鞘状，全缘。佛焰苞腋生，管形，长4～6cm，具长3～6cm的柄。花单生，两性；萼片3，绿紫红色；外轮花被片条形，长5～7mm，内轮花被片长约1cm；雄蕊3。果细圆柱形，长4～6cm。种子多数，种皮具瘤状突起，两端钝尖，无尾状突起。花果期7—9月。

生境与分布　见于鄞州、奉化、宁海；生于水田、沟渠及池塘中。产于泰顺、平阳；分布于华东及湖南、广东、广西；南亚、东南亚、朝鲜半岛及日本、澳大利亚北部也有。

附种　有尾水筛 **B. echinosperma**，种子两端有长1～4mm的尾状突起，呈刺状。见于鄞州、宁海、象山；生于水田、沟渠及池塘中。

---

* 宁波有6属9种，其中归化1种。本图鉴全部收录。

有尾水筛

019 水筛

学名 **Blyxa japonica** (Miq.) Maxim. ex Aschers et Gurke　　属名 水筛属

形态特征　一年生沉水草本。具明显直立茎，茎高 1～10cm；全株无毛。叶基生兼茎生；叶片条状披针形，3～7cm×2～3.5mm，先端渐尖，基部扩大成鞘，抱茎，边缘有细锯齿，中脉明显。佛焰苞腋生，筒形，长约 1.5cm，无柄或具短柄。花单生，两性；萼片 3，绿色；外轮花被片长 3～4mm，宿存，内轮花被片长 6～10mm；雄蕊 3。果实圆柱形，长约 2cm。种子多数，光滑。花果期 8—10 月。

生境与分布　见于慈溪、鄞州、宁海、象山；生于水田、沟渠及池塘中。产于普陀、天台、磐安、龙泉、云和、泰顺等地；分布于华东、华中、华南及辽宁、四川等地；东南亚、南亚、朝鲜半岛及日本、意大利、葡萄牙也有。

020 水蕴草 埃格草

学名 **Egeria densa** Planch.　　　　　属名 水蕴草属（埃格草属）

形态特征 多年生沉水草本。植株较粗壮；茎柔软，圆柱状。叶轮生，基部每轮3片，中部每轮4～8片；叶片条状披针形，1.5～3cm×3～6mm，边缘具细锯齿；无叶柄。雌雄异株；雌花单生，直径1.8～2.5cm，白色，挺水开放；花被片3，倒卵状椭圆形；雄蕊9，黄色。果实椭球形，长1.8cm，肉质。种子椭球形。花期6—10月。

地理分布 原产于南美洲。奉化有归化；生于水沟中。为华东属、种归化新记录。

主要用途 株形美丽，是水族箱内的良好沉水观赏植物；可作鱼饵料。

021 黑藻 水王荪

学名 **Hydrilla verticillata** (Linn. f.) Royle 　　属名 黑藻属

形态特征 多年生沉水草本。茎纤细，多分枝；全株无毛。叶3～6枚轮生；叶片条状披针形，1～2cm×1.5～2.5mm，先端急尖，两面常具红褐色小斑点或短斑纹，边缘有明显锯齿或近全缘；无柄。花单性，腋生；雄花具长2～3cm的花梗，单生于无柄、近球形的佛焰苞内，外轮花被片白色，内轮花被片白色或淡粉红色；雌花无梗，单生于无柄、管状的佛焰苞内。果实长约7mm，具2～9个刺状突起。花果期5—10月。

生境与分布 见于除市区外的全市各地；生于湖泊、河流、沟渠、池塘、水田中。产于全省各地；分布于全国各地；欧亚大陆热带至温带地区也有。

022 | 水鳖

| 学名 | **Hydrocharis dubia** (Bl.) Backer | 属名 | 水鳖属 |

形态特征 多年生浮水草本。全株无毛。须根丛生，长30cm，羽状根毛密集；茎匍匐，顶端生芽，可产生越冬芽。叶基生或在匍匐茎顶端簇生，多漂浮，密集时挺出水面；叶片卵状心形或肾形，3～7cm×3～7.5cm，先端圆形，基部心形，全缘，下面中央有一海绵质的漂浮气囊组织，基出脉7或9；叶柄长5～22cm。雄花2或3，同生于佛焰苞内，花瓣黄色；雌花单生于佛焰苞内，具长3～5cm的柄，花瓣白色，基部黄色。果肉质，卵球形，长8～12mm，直径约8mm。种子多数，表面有刺毛。花果期6—11月。

生境与分布 见于除市区外的全市各地；生于池塘、湖泊、沟渠、水田中。产于全省各地；分布于华东、华中、华南、西南、华北、东北；亚洲南部、大洋洲及日本也有。

主要用途 全草可作猪饲料；也可供水面绿化。

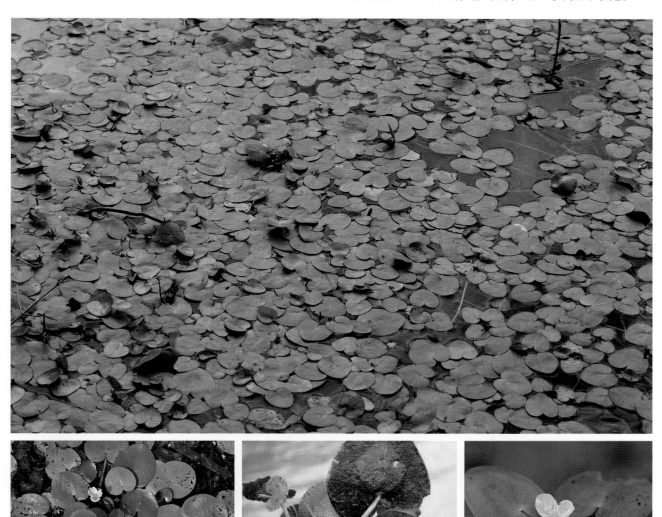

023 | 水车前 龙舌草

| 学名 **Ottelia alismoides** (Linn.) Pers. | 属名 水车前属 |

形态特征　多年生沉水草本。全株无毛。茎极短，具须根。叶基生；叶片膜质，卵形、宽卵形、近圆形或卵状披针形，4～14cm×3～10cm，先端圆或钝尖，基部圆形、心形或楔形，全缘，有时具细锯齿，基出脉 7 或 9；叶柄长 3～20cm，扁平，具狭翅。花两性，单生于佛焰苞内；佛焰苞绿色，具 3～6 条皱波状或近全缘的纵翅，具长柄；花无梗；外轮花被片绿色，内轮花被片白色、淡粉红色或浅蓝色，长 2～2.5cm；雄蕊 6～9。果卵状长椭球形，长 2.5～4cm。种子多数，细小。花果期 7—11 月。

生境与分布　见于北仑、鄞州、奉化、宁海、象山；生于池塘、河流中。产于湖州、台州及普陀、龙泉、庆元、永嘉等地；分布于全国各地；世界广布。

主要用途　浙江省重点保护野生植物。嫩叶和花葶可食用；株形优美，花色艳丽，可供水体美化。

024 | 苦草 亚洲苦草

学名 **Vallisneria natans** (Lour.) Hara   **属名** 苦草属

形态特征 多年生沉水草本。匍匐茎光滑。叶基生；叶片膜质，长条形，20～80cm×3～10mm，先端钝，全缘或近先端有不明显的细锯齿；无柄。生雄花的佛焰苞卵状圆锥形，总花梗长1～6cm，雄花小，雄蕊2；生雌花的佛焰苞筒状，总花梗长30～150cm，雌花内轮花被片绿色，外轮花被片白色，长仅约1mm。果细圆柱形，长5～15cm，光滑。种子多数，长棒状，具腺毛状突起。花果期8—10月。

生境与分布 见于北仑、鄞州、奉化、象山；生于湖泊、池塘、河流、沟渠中。产于湖州、杭州、绍兴、金华、衢州等地；分布于华东、华中、华南、西南及吉林、河北、陕西等地；亚洲大部分地区也有。

主要用途 为食草性鱼类的优良饵料及猪、鸭的饲料，越冬繁殖体为冬候鸟的饵料；也可供水体绿化。

附种 密齿苦草（密刺苦草）*V. denseserrulata*，匍匐茎具稀疏的小刺状棘突；叶片边缘有密而明显的细锯齿；果半圆状三棱柱形。见于慈溪、北仑、鄞州、奉化；生于湖泊、池塘、溪流、沟渠中。

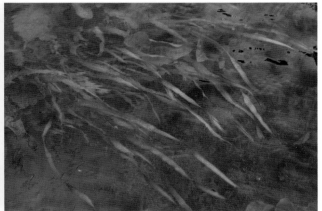

密齿苦草

八　禾本科 Gramineae[*]

（一）竹亚科 Bambusoideae

025 | 黄甜竹

学名 **Acidosasa edulis** (Wen) Wen　　　　属名 酸竹属

形态特征　地下茎单轴型。秆散生，高 8～12m，直径达 6cm，绿色，无毛；秆环隆起，具脊，节下具白粉与猪皮状凹孔。箨鞘初绿色，边缘带紫色，后转棕色，无斑点，密被褐色长刺毛，边缘具纤毛；箨耳狭镰刀形，被棕色绒毛，有少数放射状繸毛；箨舌高 3～4mm，中部隆起，有尖锋，先端边缘具纤毛；箨片绿色带紫色，狭披针形，直立或反转，两面粗糙，内面近基部有粗毛。每节分枝 3，近相等。末级小枝具 4 或 5 叶；叶鞘无毛；无叶耳及繸毛；叶舌高 2mm；叶片下面基部有细毛。笋期 5 月。

地理分布　原产于福建、江西。余姚、宁海有栽培。
主要用途　笋味鲜美，鲜食或加工笋干。

---

* 本科宁波有 93 属 192 种 25 变种 16 变型 9 品种，其中归化 5 种 1 变型，栽培 40 种 6 变种 7 变型 9 品种。本图鉴收录 89 属 159 种 21 变种 13 变型 9 品种，其中归化 4 种 1 变型，栽培 28 种 5 变种 5 变型 9 品种。

026 青皮竹

学名 **Bambusa textilis** McCl. 属名 箣竹属

形态特征 地下茎合轴型。秆丛生，高 8～10m，直径 3～5cm，节间长 40～70cm，壁厚 3～5mm；幼秆被白蜡粉，并贴生淡棕色脱落性刺毛。箨鞘革质，背面近基部贴生脱落性暗褐色刺毛；箨耳较小，不等大，小耳约为大耳的一半；箨舌高 2mm，边缘齿裂，具小纤毛；箨片直立，基部稍作心形收缩，疏生暗褐色刺毛，基部宽约为箨鞘顶端宽的 2/3。每节多枝簇生，中央 1 枝略粗长。末级小枝具 8～14 叶；叶鞘背部具脊，纵肋隆起；叶耳发达，常呈镰刀形，具弯曲的放射状䍁毛；叶舌极低矮，边缘啮蚀状；叶片宽 1.5～2.2cm，下面密生短柔毛，先端具钻状细尖头。笋期 5—8 月。

地理分布 原产于西南及福建、广东等地。慈溪、余姚、奉化、宁海、象山有栽培。

主要用途 节平篾韧，供编织；姿态优雅，供观赏。

附种 1 粉单竹（粉箪竹）***B. chungii***，箨片基部宽为箨鞘顶端宽的 1/3，箨片强烈外翻；箨舌具梳齿状裂刻或长流苏状毛；末级小枝通常具 7 叶；叶耳微弱。余姚、象山有栽培。

附种 2 绿竹 *B. oldhamii*，秆壁厚 4～12mm；邻近的节间通常稍作"之"字形曲折；箨舌高约 1mm，近全缘或上缘呈波状；主枝 3；叶片宽 3～6cm，边缘粗糙或有小刺毛。鄞州、象山有栽培。

粉单竹

绿竹

027 孝顺竹

学名 **Bambusa multiplex** (Lour.) Raeuschel ex J. A. et J.H. Schult.　**属名** 簕竹属

形态特征　地下茎合轴型。秆丛生，高 4～6m，直径 2～4cm，节间长 30～50cm，壁较薄；新秆薄被白蜡粉，幼时节间上部有棕色刺毛。箨鞘初绿色，后淡棕色，初微被白蜡粉，先端不对称；箨耳缺或细小；箨舌高约 1mm，全缘或具细小缺刻；箨片直立，长三角形，基部宽与箨鞘顶端宽近相等。分枝低，成束状；末级小枝具 5～10 叶，排成 2 列，羽状；叶鞘无毛；叶舌平；叶耳肾形，边缘具波曲细长繸毛；叶片 5～16cm×0.7～1.6cm，下面有细毛。笋期 8—11 月。

地理分布　原产于越南。全市各地普遍栽培。

主要用途　本种为丛生竹中最耐寒的种类之一，供园林观赏；可篾用。

附种 1　**桃枝竹** var. *shimadai*，箨鞘先端两边对称；叶片较狭，两面均无毛。见于慈溪、鄞州、宁海；生于山坡、沟谷疏林下。

附种 2　**花孝顺竹** '**Alphonse-karrii**'，秆和分枝的节间黄色，具不同宽度的绿色纵条纹；箨鞘新鲜时绿色，具黄白色纵条纹。鄞州、宁海有栽培。

附种 3　**凤尾竹** '**Fernleaf**'，植株低矮，高 1～2m，秆直径 4～8mm；叶片小，长 2～7cm，宽不逾 8mm，且叶片数目甚多。全市各地有栽培。

桃枝竹

花孝顺竹

凤尾竹

028 | 寒竹 观音竹

学名　***Chimonobambusa marmorea*** (Mitf.) Makino　　　属名　方竹属

形态特征　地下茎复轴型。秆散生兼丛生，高 1～3m，直径 1～1.5cm，节间长 10～15cm，平滑无毛；幼时略带紫色，下部节有刺状气根；箨环初时具一圈棕褐色绒毛环。箨鞘宿存或迟落，质薄，长于节间，黄褐色，间有灰白色斑点，无毛或仅基部疏被小刺毛，边缘具易落纤毛；无箨耳；箨舌低矮，截形或略呈拱形；箨片微小，锥形，长 2～3mm。每节分枝 3，以后渐成多枝。末级小枝具 2～4 叶；叶鞘鞘口繸毛白色；叶舌低矮；叶片 10～14cm×7～9mm，两面无毛。笋期 9—11 月。

生境与分布　见于鄞州；生于山坡或溪沟边。产于杭州及安吉、普陀等地；分布于福建、湖北、四川、陕西。

主要用途　浙江省重点保护野生植物。笋味鲜美；供观赏。

029 | 方竹

学名 **Chimonobambusa quadrangularis** (Franceschi) Makino　　属名 方竹属

形态特征　地下茎复轴型。秆散生兼丛生，高3～8m，直径1～4cm，基部节间长8～22cm，节间呈四方形；新秆密被向下的黄褐色小刺毛，毛脱落后仍留有疣基，甚粗糙，节具刺；箨环初时被一圈金黄色绒毛，后逐渐脱落；中、下部各节内有一圈刺状气根。秆箨纸质，早落；箨鞘短于节间，外面无毛，具紫色小斑点，无灰白色斑点，小横脉紫色，明显呈方格状；箨耳及箨舌均不发达；箨片微小，锥形，长3～5mm。每节分枝3，以后渐成多枝；枝环甚隆起。末级小枝具2～4(5)叶；叶鞘无毛，边缘具纤毛；叶舌低平；叶片8～29cm×1～2.7cm，叶脉粗糙。笋期8—10月。

生境与分布　见于宁海；生于山丘沟谷边或疏林下。产于温州、丽水；分布于华东及湖南、广西、四川。鄞州、象山有栽培。

主要用途　浙江省重点保护野生植物。供观赏，也可作手杖；笋味鲜美。

附种1　毛环方竹 *C. hirtinoda*，箨鞘长于节间，背面有稀疏棕色小刺毛；箨环具箨鞘基部的残余，密被一圈金褐色绒毛环；箨片长1～2mm。原产于莲都、景宁等地。余姚、鄞州、奉化、宁海、象山有栽培。注：本种在《宁波植物研究》附录1的名录中为毛方竹 *C. armata*，系误定，在此予以纠正。

附种2　金佛山方竹 *C. utilis*，箨鞘背面具灰白色斑点，小横脉不明显。原产于四川、贵州。余姚有栽培。

毛环方竹

金佛山方竹

030 箬竹

学名 **Indocalamus tessellatus** (Munro) Keng f.　　　属名 箬竹属

形态特征 地下茎复轴型。秆散生兼丛生，高达1.5m，直径4～8mm，节间长20～35cm，圆筒形，近实心；节较平坦，节下方有红棕色贴秆的毛环。箨鞘长于节间，上部宽松抱秆，无毛，下部紧密抱秆，密被紫褐色伏贴疣基刺毛；箨耳无，繸毛缺如；箨舌厚膜质，弧形，背部有棕色伏贴微毛；箨片狭三角形，直立。每节分枝通常1，分枝直径与主干接近。末级小枝具2～4叶；叶鞘有纵肋，无毛或被微毛；无叶耳；叶舌高1mm，截形；叶片宽披针形或长圆状披针形，30～45cm×6～10cm，下面散生直立的细短柔毛，沿中脉有1行毡毛，侧脉15～18对，叶缘有细锯齿。笋期4—5月。

生境与分布 见于除市区外的全市各地；生于溪沟边、山坡林下或林缘潮湿地。产于湖州、杭州、衢州、金华、丽水；分布于湖南等地。

主要用途 秆可制竹筷；叶片可作茶篓衬垫，制作防雨用品，包粽子；供观赏。

附种 阔叶箬竹 *I. latifolius*，箨舌截平，鞘口顶端有长1～3mm的流苏状繸毛；叶片下面近基部有粗毛，侧脉8～10对。见于余姚、北仑、鄞州、奉化、宁海、象山；生于山坡、山谷疏林下及宅旁。

阔叶箬竹

031 | 四季竹

学名 **Oligostachyum lubricum** (Wen) Keng f. 属名 少穗竹属

形态特征 地下茎复轴型。秆散生兼丛生，高达 5m，直径 2cm 左右，节间长约 30cm；幼秆无毛，无白粉。箨鞘绿色，边缘染有紫色，疏生白色至淡黄色疣基刺毛，边缘具纤毛；箨耳紫色或淡棕色，卵形，稀镰形，具柔毛，边缘有弯曲繸毛；箨舌紫色，截形，有紫色短纤毛；箨片绿色，宽披针形，基部收缩，先端渐尖，边缘具纤毛。每节分枝 3，粗细近相等。末级小枝具 3 或 4 叶；叶耳紫色，繸毛发达；叶舌紫色，截形或拱形；叶片 10～15cm×1.5～2.2cm。笋期 5—10 月。

生境与分布 见于慈溪、余姚、北仑、鄞州、奉化、宁海、象山；生于山坡、溪沟边、林缘灌丛中。产于湖州、杭州及衢江、东阳、武义、缙云、苍南等地；分布于福建、江西。

主要用途 笋供食用。

032 | 罗汉竹 人面竹

学名 **Phyllostachys aurea** Carr. ex A. et C. Riv.　　**属名** 刚竹属

形态特征　地下茎单轴型。秆散生，高 5～9m，直径 2～4cm，基部或中部以下数节常呈不对称肿胀、短缩，或节下长约 1cm 的一段明显膨大；新秆被白粉，节下有厚白粉；箨环和箨鞘基部均有一圈白色纤毛；秆环中度隆起，与箨环同高或略高。箨鞘淡紫色至黄绿色，被稀疏褐斑，两边呈焦枯状；无箨耳及繸毛；箨舌极短，截平或微凸，高约 1mm，边缘具长纤毛；箨片带状，边缘枯黄色，直立或皱褶。每节分枝 2。末级小枝具 3～5 叶；叶鞘无毛；无叶耳，无繸毛或具稀疏毛；叶舌短。笋期 5 月。

地理分布　原产于浙江建德与福建闽清。鄞州、奉化、宁海、市区有栽培。

主要用途　竹秆畸形多姿，供观赏，并可制手杖、伞柄、钓鱼竿等器具；笋味鲜美。

金镶玉竹

033

学名 **Phyllostachys aureosulcata** McCl. form. **spectabilis** C.D. Chu et C.S. Chao

属名 刚竹属

形态特征 地下茎单轴型。秆散生，高5～8m，直径达3cm，金黄色，纵沟绿色；新秆被白粉，无毛；秆环略隆起，与箨环同高，节上下均有粉环。箨鞘颜色多变，淡白色、黄色、淡紫红色或绿色，初具厚而疏松的白粉，无毛或秆基部者偶有倒向糙毛；箨耳在同一秆上多变，基部者常不发育，其余则甚发育，镰形或卵形，淡紫色，皱曲，鞘口繸毛稀少或较多，或当箨耳缺失时不发育；箨舌高3～4mm，先端甚拱凸，边缘波状，具极细的纤毛和粗糙的流苏状粗纤毛；箨片狭三角形，不皱曲。每节分枝2。小枝具3～5叶；叶耳和鞘口繸毛多变；叶舌长达1.5mm；叶片下面基部密被柔毛或硬毛。笋期4月。

地理分布 原产于江苏、北京。鄞州及市区有栽培。

主要用途 竹秆美丽，丛态优雅，供观赏。

034 桂竹

学名 **Phyllostachys bambusoides** Sieb. et Zucc.　　　　**属名** 刚竹属

形态特征　地下茎单轴型。秆散生，高 6～22m，直径 3～14cm，秆壁厚约 5mm；新秆绿色，无毛，无白粉或仅节下略被白粉。箨鞘黄褐色，上部密生紫褐色斑点与斑块，中下部较稀疏，具脱落性刺毛；箨耳镰形或倒卵形，两箨耳常大小不等，或在小秆和下部之箨鞘常无箨耳或仅具 1 枚，黄绿色或带紫色，边缘紫红色，具发达的流苏状繸毛；箨舌褐色，宽而短，边缘具纤毛；箨片带状，中部绿色，向两边淡紫红带黄色，最边缘鲜黄色，秆下部者微皱曲，上部者平直，外翻。每节分枝 2。末级小枝具 3～5 叶；叶耳及繸毛发达；叶舌淡紫色。笋期 5 月。

生境与分布　见于余姚、北仑、象山；生于山坡、溪沟边、林缘。产于杭州、金华、丽水及安吉、天台、苍南等地；分布于黄河流域以南各地。

主要用途　笋略带涩味，可食；供材用，亦供劈篾编制器具。

附种　斑竹 form. *lacrima-deae*，秆及分枝有紫褐色或淡褐色斑点或斑块。慈溪、余姚、鄞州、宁海、象山及市区有栽培。

斑竹

035 白哺鸡竹

| 学名 | **Phyllostachys dulcis** McCl. | 属名 | 刚竹属 |

形态特征 地下茎单轴型。秆散生，高 5～8m，直径 3～7cm；新秆无毛，有白粉，具淡白色或浅黄色细条纹；节稍隆起，粉环狭窄，被厚白粉。箨鞘淡绿黄白色，先端略带浅紫色，背面有稀疏的块状白粉，有稍宽的淡白色或浅黄色条纹和淡褐色稀疏斑点；箨耳发达，外延，密生柔毛，鞘口具长繸毛；箨舌淡嫩绿色，高 2～4mm，背面粗糙，先端宽弧形，边缘稍具细纤毛；箨片长矛形或带形，强烈皱曲，反折，腹面基部有刚毛。每节分枝 2。末级小枝通常具 2 或 3 叶；叶耳和鞘口繸毛不发育或甚发育；叶舌显著伸出；叶片至少在基部有柔毛。笋期 4 月。

地理分布 产于湖州、杭州、绍兴及天台、泰顺等地；分布于江苏和安徽。慈溪、余姚、北仑、鄞州、奉化、宁海有栽培。

主要用途 笋体壳薄肉嫩，味道鲜美。

036 奉化水竹 鳗竹

学名 **Phyllostachys funhuaensis** (X.G. Wang et Z.M. Lu) N.X. Ma et G.H. Lai

属名 刚竹属

形态特征　地下茎单轴型。秆散生，高 2～7m，直径 2～6cm；新秆无毛，节下具明显粉环，有稀疏白粉或几无白粉；节明显隆起，秆环高于箨环。箨鞘绿色或淡绿色，无毛，近先端有密集白色放射状条纹，并染有紫红色，无斑点，边缘有淡棕色纤毛，稍有白粉或近无；箨耳几不发育或极小，带紫色，边缘具短繸毛或几无；箨舌宽短，高 1～1.5mm，淡紫色或黄褐色，先端截形，有淡绿色纤毛；箨片三角形至长三角形，直立，舟状，绿色并带紫红色，有紫色条纹，不皱曲。每节分枝 2。末级小枝具 (1)2 或 3 叶；叶耳不明显，鞘口繸毛短；叶舌不伸出。笋期 5 月。

生境与分布　见于余姚、北仑、鄞州、奉化、宁海、象山；生于山麓、溪沟边。浙江特有，产于安吉、富阳、嵊州、金华市区等地。模式标本采自奉化。

主要用途　优良笋用竹种，笋味鲜美，产量高。

037 淡竹

学名 **Phyllostachys glauca** McCl.　　　　**属名** 刚竹属

形态特征　地下茎单轴型。秆散生，高达 10m，直径 2~6cm；幼秆密被白粉，无毛，老秆灰黄绿色；秆环与箨环均中度隆起。箨鞘背面淡紫褐色至淡紫绿色，常有纵条纹，具紫色脉纹及稀疏小斑点或斑块，无箨耳及鞘口繸毛；箨舌暗紫褐色，截形，边缘有波状裂齿及细短纤毛；箨片条状披针形或带状，开展或外翻，平直，有时微皱曲，暗红褐色，边缘淡绿黄色或黄白色。每节分枝 2。末级小枝具 2 或 3 叶；叶鞘无叶耳，鞘口繸毛早落；叶舌淡紫褐色；叶片下面沿中脉有稀疏柔毛。笋期 4—5 月。

生境与分布　见于慈溪、余姚、鄞州、奉化、象山；生于山坡、溪沟边、山麓。产于绍兴及安吉、仙居、桐庐；分布于华东、华中及云南、陕西、山西。

主要用途　笋味淡；竹材篾性好，可编织各种竹器，也可整材使用；供观赏。

038 水竹

学名 **Phyllostachys heteroclada** Oliv.　　　　　　**属名** 刚竹属

形态特征　地下茎单轴型。秆散生，高 5～8m，直径 2～6cm；幼时具白粉并疏生短柔毛；秆环隆起，与箨环近等高。箨鞘背面深绿带紫色，无紫色条纹，无斑点，被白粉，边缘具白色或淡褐色纤毛；箨耳小，卵形或长椭圆形，有时呈短镰形，有紫色繸毛；箨舌高约 1mm，边缘具白色短纤毛，有时杂生少量紫红色长纤毛；箨片狭三角形至披针形，绿色，边缘紫色，紧贴竹秆，直立，舟状。每节分枝 2。末级小枝具 (1)2(3) 叶；叶耳不明显，具短繸毛；叶舌短；叶片下面基部有毛。笋期 4—5 月。

生境与分布　见于除市区以外的全市各地；多生于河流两岸及山谷中。产于全省各地；分布于长江流域以南各地。

主要用途　笋供食用；篾性好，供材用。

039 红哺鸡竹

学名 **Phyllostachys iridescens** C.Y. Yao et S.Y. Chen　　**属名** 刚竹属

形态特征　地下茎单轴型。秆散生，高6～8cm，直径4～5cm，秆基部节间常具淡黄色纵条纹，节间上半部被较厚白粉，下半部白粉较薄；秆环和箨环中度隆起。箨鞘紫红色，边缘及顶部颜色尤深，密被紫褐色斑点，光滑无毛，疏被白粉；无箨耳及繸毛；箨舌发达，紫褐色，先端弧形较隆起，边缘密生红褐色长纤毛；箨片带状，颜色鲜艳，边缘橘黄色，中间绿紫色，反转，略皱折。每节分枝2。末级小枝具3或4叶；无叶耳，具稀疏脱落性繸毛；叶舌紫红色，中等发育。笋期4月。

生境与分布　见于北仑、鄞州、宁海、象山；生于山坡、溪沟边及林缘。产于湖州、杭州及诸暨、天台、缙云、庆元、泰顺等地；分布于江苏、安徽。

主要用途　笋味鲜美；供材用。

 **毛环竹** 浙江淡竹

学名 **Phyllostachys meyeri** McCl.   属名 刚竹属

形态特征　地下茎单轴型。秆散生，高 6～11m，直径 3～7cm；新秆无毛，被中度白粉，刚解箨时箨环上有一圈细短白纤毛。箨鞘淡玫瑰红或淡紫红色，薄被白粉，具较密的褐色斑点或斑块，上部两侧常呈焦枯状，最基部具极窄一圈短细毛；无箨耳及鞘口繸毛；箨舌高 1～2mm，先端截平或微突，边缘具短纤毛；箨片长矛形至带形，微皱，反转，淡绿色，边缘橘黄或橘红色。每节分枝 2。末级小枝具 3～5 叶；叶耳和繸毛变化较大；叶舌明显伸出；叶片下面基部密生柔毛。笋期 4—5 月。

生境与分布　见于鄞州、奉化、宁海、象山；生于山坡、山谷及溪沟边。产于湖州、杭州、台州及庆元、苍南、泰顺等地；分布于长江流域以南各地。

主要用途　笋味淡，稍有涩味，可食；篾性甚佳，供编制器具。

041 篌竹

学名 *Phyllostachys nidularia* Munro **属名** 刚竹属

形态特征 地下茎单轴型。秆散生，高达 12m，直径 4～6cm；新秆密被白粉，尤以节下白粉较多，秆环显著隆起，箨环中度隆起。箨鞘淡黄绿色，密被淡棕色刺毛，无斑点，具浓密白粉，近先端有白色放射状纵条纹；箨耳特大，三角状或先端弯曲呈镰状，抱秆，黄绿色或淡紫色，中部以上常皱曲，有稀疏繸毛或近无；箨舌短，先端凹或截平；箨片三角形至长三角形，直立，不皱曲，无毛。每节分枝 2。末级小枝具 1～3 叶；叶鞘不脱落；叶片先端常反转，呈钩状。笋期 4 月。

生境与分布 见于余姚、北仑、鄞州、奉化、宁海、象山；生于山坡、溪沟边灌丛中。产于湖州、杭州等地；分布于华中及江苏、安徽、四川等地。

主要用途 笋味鲜美。

附种 1 **枪刀竹**（光箨篌竹）form. *glabrovagina*，秆箨箨鞘通常无毛；叶鞘脱落性，末级小枝通常仅具 1 叶。见于慈溪、余姚、北仑、鄞州、奉化、宁海、象山；生于山坡、山谷、溪沟边。

附种 2 **蝶竹** form. *yexillaris*，秆箨箨耳宽大，呈蝶翅状。见于余姚；生于山丘。模式标本采自余姚（四明山）。

枪刀竹

蝶竹

042 紫竹 黑竹

学名 **Phyllostachys nigra** (Lodd. ex Lindl.) Munro　　　**属名** 刚竹属

形态特征　地下茎单轴型。秆散生，高 4～10m，直径 2～5cm，壁厚约 3mm；新竹绿色，密被白粉和柔毛，当年秋冬即逐渐呈现黑色斑点，以后全秆变为紫黑色。箨鞘淡棕色，密被粗毛，无斑点或近先端有极微小的紫色斑点，偶有褐色斑块；箨耳和繸毛发达，紫色；箨舌高 2～4mm，紫色，先端拱凸波状；箨片三角形至长披针形，上部者展开反转，皱褶，暗绿色带暗棕色。每节分枝 2。末级小枝具 2 或 3 叶；鞘口具直伸粗繸毛；叶耳不明显或无；叶舌高 1mm；叶片 4～10cm×1～1.3cm，下面基部有柔毛。笋期 4 月。

生境与分布　见于奉化、宁海、象山；生于山坡、溪谷边。产于杭州、舟山、金华及天台、缙云等地。全市与全省乃至黄河流域以南各地普遍栽培。

主要用途　供观赏；供材用；笋可食用。

附种　毛金竹 var. *henonis*，新秆深绿色，老秆绿色或灰绿色，不为紫黑色，较粗大，高达 15m 以上，直径可达 9cm，秆壁厚达 5mm；箨鞘顶端罕有紫色至紫褐色细小斑点。见于慈溪、余姚、北仑、鄞州、奉化、宁海、象山；生于山丘林内、林缘。

毛金竹

043 石竹 灰竹

学名 **Phyllostachys nuda** McCl.   属名 刚竹属

形态特征 地下茎单轴型。秆散生，高 6～8m，直径 2～4cm，部分秆的基部"之"字形曲折；幼秆深绿色，被白粉，节下被一圈厚白粉，节处常带暗紫色，老秆灰绿色至灰白色，节间有纵肋；秆环强烈隆起，显著高于箨环。箨鞘淡绿紫色或淡红褐色，具紫色纵脉纹和紫褐色斑块，因脉间有微疣基刺毛而微粗糙；无箨耳及鞘口繸毛；箨舌黄绿色，狭，高约 2mm，边缘具短纤毛；箨片淡红褐色至绿色，有紫色纵脉纹，反转，微皱。每节分枝 2。末级小枝具 2～4 叶，无叶耳及鞘口繸毛；叶舌长，伸出，边缘初有细纤毛。笋期 4—5 月。

生境与分布 见于余姚、北仑、鄞州、奉化、宁海、象山；生于较高海拔的阴湿处。产于湖州、杭州及苍南等地；分布于华东及湖南、陕西。

主要用途 笋质优良，供食用；供材用。

附种 黄古竹 *Ph. angusta*，箨鞘乳白色或淡黄绿色，具宽窄不等的黄色、灰绿或淡紫色条纹，光滑；叶耳和繸毛通常存在。见于余姚；生于山坡、溪沟边林中。

黄古竹

044 早竹

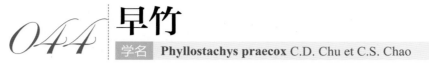

学名 **Phyllostachys praecox** C.D. Chu et C.S. Chao　　　**属名** 刚竹属

形态特征　地下茎单轴型。秆散生，高 8～10m，直径 4～8cm，节间丰满，略鼓起；新秆节带紫色，密被白粉，无毛，基部节间常具紫色晕斑和淡绿黄色纵条纹，老秆灰绿色或黄绿色，有褐色、淡褐色或黄褐色纵条纹。箨鞘褐绿色或淡黑褐色，被白粉，无毛，密生褐斑；箨耳及鞘口繸毛不发育；箨舌先端拱凸，具短须毛，中上部箨舌两侧明显下延；箨片长矛形至带形，反转，强烈皱褶，绿色或紫褐色。每节分枝 2。末级小枝具 2～6 叶；叶耳及繸毛较发达；叶舌淡紫红色。笋期 3 月中旬至 4 月中旬或更早。

生境与分布　见于余姚、北仑、鄞州、奉化、宁海、象山；生于山坡、山谷、溪沟边林中、林缘。产于华东及湖南等地。宁波与省内各地海拔 700m 以下地段广泛栽培。

主要用途　笋期早，产量高，笋味鲜美，供鲜食与加工。

附种　雷竹 form. *prevernalis*，节间向中部稍瘦削；笋期 2 月下旬至 3 月上旬，较早。全市各地有栽培。

雷竹

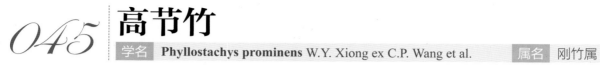

045 | 高节竹

学名 **Phyllostachys prominens** W.Y. Xiong ex C.P. Wang et al.　　**属名** 刚竹属

形态特征　地下茎单轴型。秆散生，高 7～10m，直径 4～7cm，节间近等长；新秆深绿色，无白粉，后转绿色；秆环强烈隆起，箨环也隆起。箨鞘淡褐黄色，或略带淡红色，边缘褐色，密生斑点，近顶部尤密，疏生白毛，下部斑点呈块状；箨耳发达，长圆形或镰刀状，紫色或带绿色，具繸毛；箨舌紫黑色，先端波状，疏生长纤毛；箨片带状披针形，橘红色，或绿色而有橘黄色边缘，强烈皱褶，反转。每节分枝 2。末级小枝具 2 或 3 叶；叶耳和繸毛脱落性；叶舌隆起，黄绿色。笋期 4 月。

地理分布　产于杭州及海宁、临海；分布于江苏、安徽。全市各地普遍栽培。

主要用途　笋可食，鲜食或供加工；供材用。

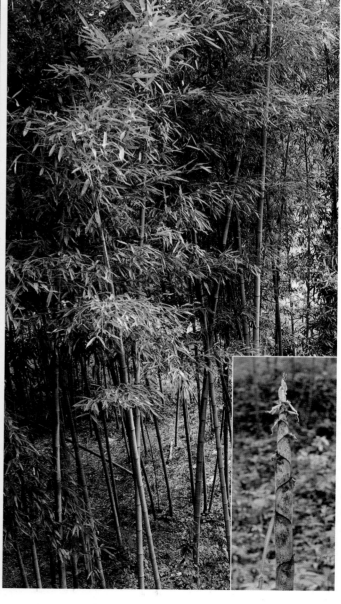

046 | 毛竹

学名　**Phyllostachys pubescens** Mazel ex H. de Lehaie　　属名　刚竹属

形态特征　地下茎单轴型，粗壮。秆散生，大型，高达 20m 以上，直径 18cm，壁厚，基部节间甚短，中部节间长；幼秆密被细柔毛，老时脱落，箨环下有一白粉圈，老时变黑；无枝节间圆筒形，秆环平；分枝节间一侧有沟槽，秆环突出；箨环隆起。箨鞘厚革质，紫褐色，密被棕色粗毛和黑褐色斑块；箨耳和繸毛发达；箨舌先端拱凸，两侧下延；箨片长三角形至披针形，绿色，反折。土中冬笋的箨鞘白黄色，被黄棕色绒毛。每节分枝 2。末级小枝具 2～4 叶；叶鞘无叶耳；叶舌较发达；叶片小。笋期 3—4 月。

生境与分布　见于除市区外全市各地；生于低山缓坡、山谷、山麓等土层深厚处。产于全省各地；分布于长江流域以南各地；北美洲、东亚及越南、菲律宾也有。

主要用途　笋供食用：秋冬未出土之笋称冬笋，鲜美可口，供鲜食；春季出土之笋称春笋，供鲜食与加工；鞭梢嫩段为鞭笋，亦供鲜食。供材用；供观赏。

附种 1　**龟甲竹** form. *heterocycla*，竹秆基部数节或中下部十几节节部连续交互歪斜，上下节在一侧相连，另一侧则鼓胀而呈龟甲状，其余节间正常，但一级分枝明显较长。见于慈溪、余姚、奉化、宁海、象山；生境同毛竹；鄞州等地有栽培。

附种 2　**黄皮花毛竹** form. *huamozhu*，竹秆主要为黄色，或黄绿色基本各半，有宽窄不等的绿色纵条纹；部分叶片也有少数黄色细纵条纹。见于慈溪、余姚；生境同毛竹，在毛竹林里偶然会小片出现。

附种 3　**绿皮花毛竹** form. *nabeshimana*，竹秆主要为绿色，节间有宽窄不等的淡黄色或淡黄绿色细纵条纹。见于慈溪；生境同毛竹。

龟甲竹

黄皮花毛竹

绿皮花毛竹

047 红后竹 水胖竹

学名 **Phyllostachys rubicunda** Wen　　　　**属名** 刚竹属

形态特征　地下茎单轴型。秆散生，高 7～8m，直径 3～5cm；新秆无毛，无白粉或微具白粉；秆环略高于箨环或等高，节下被厚白粉。箨鞘淡绿色，有紫色纵条纹，无斑点，被少量白粉或在解箨时有块状白粉，边缘有稀疏的白色或水红色相间的纤毛，先端凹下；箨耳无或仅具数枚纤细繸毛；箨舌宽短，高 1～1.5mm，中部凹下，绿色，边缘有纤毛；箨片三角形至披针形，淡绿色，先端淡紫色，基部宽度与箨鞘顶部近相等。每节分枝 2。末级小枝具 3～5叶；叶鞘及叶片下面基部具密毛；无叶耳，繸毛发达；叶舌微弱；叶片厚革质。笋期 5 月。

生境与分布　见于余姚、北仑、鄞州、象山；生于水边或山洼低地。产于湖州及富阳、上虞、诸暨、东阳等地；分布于华东。

主要用途　笋味稍淡，可食。

O48 金竹 黄皮刚竹

学名 **Phyllostachys sulphurea** (Carr.) A. et C. Riv.　　属名 刚竹属

形态特征　地下茎单轴型。秆散生，高6～10m，直径4～8cm，秆及枝呈金黄色，节间具猪皮状微小凹穴，有时节间非沟槽处具1或2条甚狭长之纵绿条纹；分枝以下的节仅具箨环，秆环不明显，箨环下有一圈残缺绿色环。箨鞘呈黄色并具绿纵纹及不规则淡棕色斑点（类似墨迹斑），无毛；通常无箨耳及鞘口繸毛；箨舌显著，黄绿色，后转淡褐色，边缘具粗须毛；箨片细长，呈带状，基部宽为箨舌宽的2/3，反转下垂，平直或微皱，绿色，边缘橘黄或橘红色。较细小的竹笋箨鞘常无斑点，青绿色，有时具箨耳或鞘口繸毛。每节分枝2。末级小枝具2或3叶；叶耳及繸毛发达。叶片淡绿黄色。笋期5月，可持续到9月。

生境与分布　见于慈溪、余姚、北仑、鄞州、奉化、宁海；生于山丘。产于全省各地；分布于安徽、江西。

主要用途　秆金黄色，叶秋冬季也呈淡绿黄色，供观赏。

附种1　绿皮黄筋竹 form. *houzeauana*，秆绿色，节间分枝一侧纵沟槽黄色或淡黄色；叶片绿色，无其他颜色之条纹。见于慈溪、余姚、奉化、宁海、象山；生于山丘。

附种2　黄皮绿筋竹 form. *youngii*，刚解箨的新秆呈黄绿色，下部节间具少数绿色纵条纹，箨环下方具绿色环带，以后节间变为黄色，并有绿色纵条纹。见于余姚、鄞州、宁海；生于山丘及山麓。

附种3　刚竹 var. *viridis*，秆粗大，直径8～10cm，绿色，无其他颜色的纵条纹；箨鞘颜色及斑块颜色均较深（褐色），也无其他颜色的纵条纹。见于慈溪、余姚、北仑、鄞州、奉化、宁海、象山；生于山坡、山谷、溪沟边及山麓。

绿皮黄筋竹

黄皮绿筋竹

刚竹

049 粉绿竹 乌竹

学名 **Phyllostachys viridiglaucescens** (Carr.) A. et C. Riv.　　属名 刚竹属

形态特征　地下茎单轴型。秆散生，高约 8m，直径 4～5cm；新秆节部带紫色，节间无毛，密被白粉；节中度隆起，秆环略高于箨环。箨鞘淡紫褐色或淡黄绿带褐色，具暗褐色小斑点，有时近顶端呈较大的斑块，被黄色刚毛；箨耳长，狭镰形，紫褐色至淡绿色，繸毛长达 2cm；箨舌狭，强烈隆起，紫褐色、褐色或近先端淡褐色，先端呈弓形，两侧下延，略有缺刻，具白色短纤毛；箨片带状，中间黄绿色，边缘橘黄色，上半部皱曲或后期近平直，外翻。每节分枝 2。末级小枝具 1～3 叶；叶鞘有白色短柔毛；叶耳不明显，毛易脱落；叶舌强烈伸出，边缘有缺裂；叶片下面基部有柔毛。笋期 4 月。

生境与分布　见于余姚、北仑、鄞州、奉化、宁海；生于山坡、溪沟边。产于安吉、富阳等地；分布于江苏、江西。

主要用途　笋味美，供食用；整秆可作柄材。

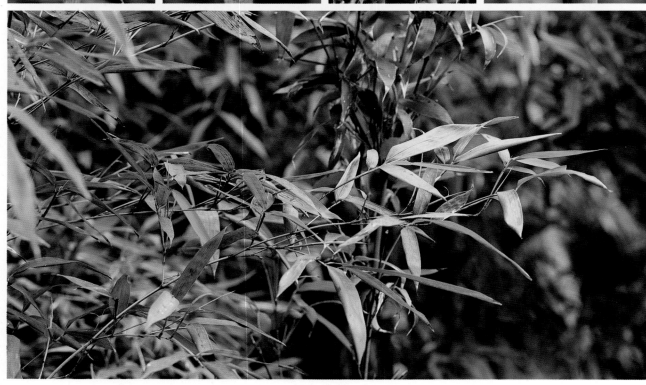

050 乌哺鸡竹

学名 **Phyllostachys vivax** McCl.　　　　　　　　属名 刚竹属

形态特征　地下茎单轴型。秆散生，高达 12m，直径达 7cm，无毛；新秆被厚层白粉；节隆起，粉环稍宽。箨鞘背面和边缘无毛，初具白粉，具密集的淡褐色斑点；箨耳和鞘口繸毛不发育（除幼年竹丛外）；箨舌极短，弧形，两侧下延，边缘有细纤毛或近无毛；箨片狭三角形或近带形，凹槽状，甚皱曲。每节分枝 2。末级小枝具 2～4 叶；叶鞘无毛，边缘有细纤毛；叶耳不发育至中度发育；鞘口繸毛在上部之鞘上通常少而平伏，在下部之鞘上通常多而呈放射状；叶舌短，先端弧形，不久破裂，边缘波状。笋期 4—5 月。

生境与分布　见于象山；生于山丘；鄞州、宁海等地有栽培。产于湖州、杭州、丽水及新昌等地；分布于江苏、安徽、河南。

主要用途　笋供食用。

附种　**黄秆乌哺鸡竹** form. ***aureocaulis***，秆黄色，极少数节间在分枝一侧之外有 1 或 2 条绿色细纵纹；部分叶片有少数淡黄色细纵条纹。江北、鄞州及市区有栽培。

黄秆乌哺鸡竹

051 苦竹

学名 **Pleioblastus amarus** (Keng) Keng f.

属名 苦竹属

形态特征 地下茎复轴型。秆散生兼丛生，高3～5m，直径1.5～2cm，节间长27～29cm；初时绿色，被厚层黏性白粉，节下方具一圈白粉环，老秆转绿黄色，被灰褐色粉质斑；秆环隆起，高于箨环，箨环具木栓质残留物，初时密被紫褐色刺毛。箨鞘深绿色，被紫红色脱落性小刺毛；箨耳不明显或无，具数根直立短繸毛；箨舌截形；箨片披针形。每节分枝通常5。末级小枝具3～5叶；叶耳缺如或微弱；鞘口无毛；叶舌紫红色；叶片椭圆状披针形，4～20cm×1.2～2.9cm，下面被白色绒毛，基部尤多。笋期4—6月。

生境与分布 见于慈溪、余姚、北仑、鄞州、奉化、宁海、象山；生于低海拔山坡、沟谷疏林下或灌丛中。产于全省各地；分布于华东、华中、西南。

主要用途 供材用。

附种 狭叶青苦竹 *P. chino* var. *hisauchii*，竿高2～3m，直径0.5～1cm；竿环平坦至微隆起；箨鞘淡暗绿色，先端略带淡紫色，光滑无毛；鞘口有白色直立或弯曲的繸毛；叶片条状披针形，宽0.7～1.5cm，两面无毛或下表面疏生不明显微毛。原产于日本。鄞州有栽培。

狭叶青苦竹

052 箭子竹 尖子竹

学名 **Pleioblastus truncatus** Wen 　　　　　　　　　　　属名 苦竹属

形态特征 地下茎复轴型。秆散生兼丛生，高达 2m，直径 0.8cm，节间长达 36cm；幼时绿色，密被淡黄色细柔毛；箨环木栓质，被细柔毛，秆环略隆起。箨鞘迟落，革质，长度为节间的 1/3～1/2，棕褐色至绿色，背面被白色绒毛，偶见棕褐色刺毛，先端截平状，边缘有时枯白；箨耳镰形或缺如；箨舌截平，边缘具粗短纤毛；箨片披针形，直立，先端渐尖，基部收缩，宽约为箨舌的 1/3。每节分枝 3～7。末级小枝具 1～3 叶；叶鞘先端截平；叶耳缺如或微弱，繸毛 1～3 枚，直立，纤细；叶片宽披针形，10～22cm×1.5～3.2cm，两边不等宽，次脉 7 或 8 对，小横脉明显。笋期 4—5 月。

生境与分布 见于奉化、象山；生于山坡空旷地、溪沟边、路旁。浙江特有，产于绍兴市区等地。

主要用途 供观赏；节间长、匀称，挺直坚韧，是古时做箭的上好材料，史称"东南之美有会稽之竹箭"。

053 矢竹

| 学名 | **Pseudosasa japonica** (Sieb. et Zucc. ex Steud.) Makino ex Nakai | 属名 | 茶秆竹属 |

形态特征 地下茎复轴型。秆散生兼混生，常高2～5m，直径0.5～1.5cm；节间长15～30cm，无毛，节内不明显；箨环具木栓质残留物。箨鞘宿存，背面密生向下的刺毛；箨耳小或不明显，镰刀形至卵状，边缘有数根毛；箨舌圆拱形；箨片条状披针形，无毛，全缘。秆中下部每节1分枝，近顶部可3分枝，枝先贴秆后展开；二级枝每节为1枝，常无三级分枝。小枝具5～9叶，叶鞘近枝顶部者无毛，枝下部者具密毛；叶耳不明显，具几根平行的鞘口毛；叶舌高1～3mm，全缘；叶片狭长披针形，14～30cm×0.7～4.6cm，两面均无毛。笋期5月。

地理分布 原产于日本。鄞州有栽培。

主要用途 叶片较大，冠形优美，可栽培观赏。

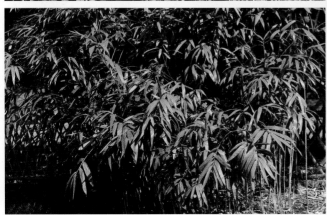

054 | 菲白竹

学名 **Sasa fortunei** (Van Houtte) Nakai　　　　属名 赤竹属

形态特征　地下茎复轴型。秆散生兼丛生，高20～80cm，直径2～4mm，光滑无毛；秆环较平坦或微隆起。箨鞘宿存，两肩有白色直立的繸毛；箨片有白色条纹，先端紫色。每节分枝1。末级小枝具4～7叶；叶鞘淡绿色，无毛，鞘口繸毛白色；叶片披针形，6～15cm×0.8～1.4cm，先端渐尖，基部宽楔形或近圆形，两面被白色柔毛，下面较密，上面有浅黄色至近白色的纵条纹。笋期4—6月。

地理分布　原产于日本。全市各地普遍栽培。

主要用途　植株矮小，叶面具浅黄色至近白色的纵条纹，供观赏。

附种1　**菲黄竹** *S. auricoma*，嫩叶黄色并间有绿色条纹，至夏季叶片成熟时全部转为绿色。鄞州有栽培。

附种2　**靓竹**（东笆竹属）*Sasaella glabra* form. *albo-striata*，叶片宽2～3.5cm，具3～7条宽窄不一的黄白色纵条纹，新叶尤为显著。鄞州有栽培。

菲黄竹

靓竹

055 | 华箬竹

学名 **Sasa sinica** Keng　　　　　　　　　**属名** 赤竹属

形态特征　地下茎复轴型。秆散生兼丛生，高 1～1.5m，直径 3～5mm，节间长 10～15cm；微被白粉，秆中空，但因壁厚而近于实心，上部各节间常不等长。箨鞘宿存，淡紫色，无毛，有时上部具小刺毛，边缘具纤毛；箨耳尖锐凸起，鞘口无繸毛；箨舌高 1mm；箨片狭三角形，无毛，绿带紫色。每节分枝 1，分枝粗壮，成长后箨鞘被它推离主秆而紧包着此分枝。末级小枝具 1 或 2(3) 叶；叶鞘初时具白色柔毛；叶舌高 0.5～2mm，截形；叶片无毛或下面基部具稀疏短毛。笋期 4—5 月。

生境与分布　见于余姚、北仑；生于山坡疏林下或溪沟旁。产于丽水及安吉、临安等地；分布于安徽。

056 ｜ 短穗竹

学名 **Semiarundinaria densiflora** (Rend.) Wen　　　　　　属名 业平竹属

形态特征　地下茎复轴型。秆散生兼丛生，高 3～4m，直径 1～2(3)cm，髓心片状；初被白色柔毛，微被白粉，无沟槽，或在分枝一侧的节间下部有沟槽；秆环隆起。箨鞘绿色至黄绿色，无斑点，近先端有乳白色放射状条纹，后渐转为紫色纵脉，边缘具紫色纤毛；箨耳发达，镰刀状，褐棕色或绿色，边缘具弯曲繸毛；箨舌拱形，褐棕色，高约2mm，边缘具极短纤毛；箨片披针形或条形，绿色或紫色，斜举或平展。每节分枝 3。末级小枝具 2～5 叶；叶耳具繸毛；叶片先端常枯萎。笋期 5—6 月。

生境与分布　见于余姚、北仑、鄞州、奉化、宁海、象山；生于向阳山坡林下或路边。产于湖州、杭州、金华、台州及苍南、泰顺等地；分布于华东及湖北、广东。

主要用途　笋味略苦；供材用。

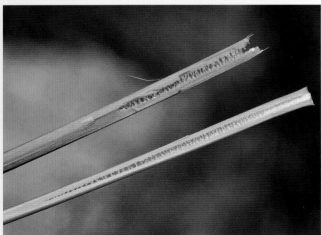

057 鹅毛竹 鸡毛竹

学名 **Shibataea chinensis** Nakai　　　　　　　　　　　　　　**属名** 鹅毛竹属

形态特征　地下茎复轴型。秆散生兼丛生，高 0.6～1m，直径 2～3mm，节间长 7～15cm，近实心，无毛，淡绿色或稍带紫色；秆下部不分枝的节间圆筒形，上部具分枝的节间具沟槽，略呈三棱形；秆环甚隆起。箨鞘早落，无斑点，边缘具短纤毛；箨耳及鞘口繸毛均无；箨舌发达，高 4mm 左右；箨片小，锥状或仅为一小尖头。每节分枝 3～5。叶鞘光滑无毛；叶耳及鞘口繸毛俱缺；叶舌膜质，披针形或三角形，密被短毛；叶片卵状披针形，6～10cm×1～2.5cm，先端常呈枯白色，基部较宽且两侧不对称，叶缘有小锯齿。笋期 5 月。

生境与分布　见于慈溪、北仑、鄞州、奉化、象山；生于山坡疏林下、林缘。产于杭州、金华及庆元等地；分布于华东。

主要用途　供园林观赏。

（二）禾亚科 Agrostidoideae

058 华北剪股颖 剪股颖

学名 **Agrostis clavata** Trin.　　　　　　　　　　**属名** 剪股颖属

形态特征　多年生草本，高 30～40cm。秆丛生，直立或基部微膝曲，平滑。叶鞘疏松抱茎，无毛，常短于节间；叶舌膜质，透明，先端钝或撕裂；叶片条形，6～10cm×1.5～3mm，扁平。圆锥花序疏松开展，分枝纤细；小穗黄绿色或带紫色；两颖近等长；外稃长约 1.5mm，先端钝，无芒，具 5 脉，基盘无毛；内稃长约 0.3mm，近倒卵形，先端平截，明显具齿。颖果扁平，纺锤形，长约 1.2mm。花果期 4—6 月。

生境与分布　见于除市区外的全市各地；生于田边草丛、山坡疏林下。产于全省各地；分布于华东、东北、华北、西南及广东、陕西、甘肃等地；亚洲其他国家及美洲、欧洲也有。

主要用途　可作牧草。

附种　台湾剪股颖 **A. sozanensis**，外稃背面近中部至近顶端处着生 1 细直或微扭的芒。见于奉化、象山；生于山坡路边。

台湾剪股颖

059 看麦娘

学名 **Alopecurus aequalis** Sobol.　　　　　属名 看麦娘属

形态特征 一年生或二年生草本，高 15～30cm。秆细弱光滑，节部常膝曲。叶鞘疏松抱茎，短于节间，常有分枝；叶舌薄膜质；叶片薄而柔软，4～10cm×2～6mm。圆锥花序圆柱形，3～7cm×3～5mm；小穗长 2～3mm，含 1 小花，两侧压扁，脱节于颖之下；颖膜质，等长，脊上生细纤毛；外稃膜质，等长或稍长于颖，芒自稃体下部 1/4 处伸出，隐藏或稍伸出颖外，长 2～3mm；花药橙黄色。花果期 4—5 月。

生境与分布 见于全市各地；生于路边、田间、沼泽地或山坡。产于全省各地；分布于全国各省份；广布于欧亚大陆和北美洲。

附种 **日本看麦娘** ***A. japonicus***，圆锥花序宽 5～10mm；小穗长 5～7mm；外稃芒长 8～12mm，自近稃体基部伸出，远伸出颖外；花药白色或淡黄色。见于慈溪、余姚、北仑、鄞州、奉化、象山；生于路边、田边及湿地草丛中。

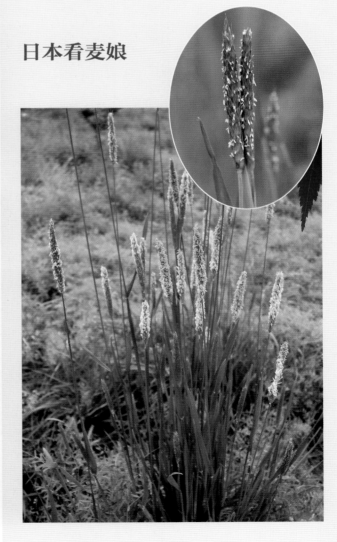

日本看麦娘

060 荩草

学名 **Arthraxon hispidus** (Thunb.) Makino　　　　　　属名 荩草属

形态特征　一年生草本，高 30～50cm。秆细弱，无毛，基部倾斜。叶鞘短于节间，生短硬疣毛；叶舌膜质，边缘具纤毛；叶片卵状披针形，2～4cm× 8～15mm，仅下部边缘有纤毛。总状花序细弱，2～10 个呈指状排列或簇生于秆顶；穗轴节间无毛；小穗孪生，一无柄，一有柄；无柄小穗卵状披针形，两侧压扁，灰绿色或带紫色，含 2 小花，第一小花退化，仅余透明膜质外稃，第二小花两性；第一颖边缘带膜质；第二颖近膜质，与第一颖等长；第一外稃先端尖，长约为第一颖的 2/3；第二外稃透明膜质，与第一外稃等长，芒自近基部伸出，长 6～9mm，膝曲扭转；雄蕊 2；有柄小穗退化，仅存短柄或退化殆尽。花果期 9—11 月。

生境与分布　见于除市区外的全市各地；生于农田、园地、路边草丛中或山坡疏林下。产于全省各地；分布于全国各省份；亚洲、欧洲、非洲及澳大利亚也有。

附种　**匿芒荩草** var. *cryptatherus*，芒长仅为小穗的 1/2，常包于小穗之内而不外露，或几无芒。见于余姚、北仑、鄞州、奉化、宁海、象山；生境同原变种。

匿芒荩草

061 野古草 毛秆野古草

| 学名 | **Arundinella hirta** (Thunb.) Tanaka | 属名 | 野古草属 |

形态特征　多年生草本，高 60～100cm。具横走根状茎。秆直立，较坚硬。叶鞘有毛或无毛；叶片扁平或边缘稍内卷，无毛至两面密生疣毛。圆锥花序开展或稍紧缩；分枝及小穗柄均粗糙；小穗孪生，灰绿色或带深紫色，小穗柄分别长 1.5mm 及 3mm；小穗含 2 小花，第一小花雄性，第二小花两性；颖卵状披针形，具明显隆起的脉；第一外稃具 3～5 脉，内稃较短；第二外稃硬纸质，披针形，无芒或先端具芒状小尖头，基盘两侧及腹面有柔毛，内稃稍短。花果期 8—11 月。

生境与分布　见于除市区外的全市各地；生于山坡林下及山顶或林缘灌草丛中。产于全省各地；分布于华东、东北、华北、华中、西南及陕西、宁夏等地；东北亚及越南、缅甸也有。

附种　**刺芒野古草 A. setosa**，第二外稃薄革质，先端有 1 芒及 2 侧刺，芒下部 1/3 膝曲，芒柱扭转。见于余姚、奉化；生于路边草丛中。

刺芒野古草

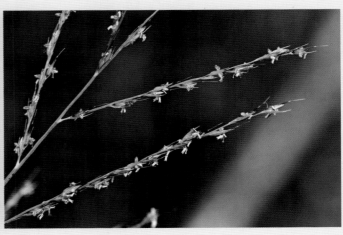

062 芦竹

学名 **Arundo donax** Linn. **属名** 芦竹属

形态特征 多年生草本，高 3～6m。具发达根状茎；秆粗大直立，常具分枝。叶鞘长于节间；叶舌先端具短纤毛；叶片 30～50cm×3～5cm，扁平。圆锥花序大型，长 30～90cm，分枝稠密，斜升；小穗含 3 或 4 小花，两侧压扁，小穗轴节间长约 1mm；两颖近相等，与小穗等长或稍短；外稃中脉延伸成短芒，背面中部以下密生长柔毛；内稃长约为外稃之半。颖果细小，黑色。花果期 8—12 月。

生境与分布 见于全市各地；生于河岸或溪边草丛中。产于全省各地；分布于西南及江苏、福建、湖南、广东、海南等地；广布于亚欧大陆热带和亚热带地区。

主要用途 秆可制管乐器中的簧片；茎纤维长，纤维素含量高，是制优质纸浆和人造丝的原料；幼嫩枝叶含粗蛋白质达 12%，是牲畜的良好青饲料；可供观赏。

附种 花叶芦竹 var. *versicolor*，叶片大部为淡黄色，仅叶片中央附近有部分绿色区域。原产于台湾。全市各地均有栽培。

花叶芦竹

063 | 野燕麦

学名 **Avena fatua** Linn.　　属名 燕麦属

形态特征　一年生草本，高 60～120cm。秆直立，光滑。叶鞘光滑或基部有毛；叶舌膜质，透明；叶片 10～30cm×5～12mm，扁平。圆锥花序开展，分枝有棱角，粗糙；小穗含 2 或 3 小花；小穗轴的节间易断落，通常密生硬毛；颖通常具 9 脉，草质；外稃近革质，第一外稃背面中部以下常有较硬的毛，基盘密生短刺毛，芒自稃体中部稍下处伸出，膝曲，扭转，长 2～4cm。花果期 3—5 月。

生境与分布　见于全市各地；生于荒地或路边草丛中。产于全省各地；分布于华东、华中、华南、西南及黑龙江、内蒙古、河北等地；欧亚大陆及非洲温寒带地区广布。

主要用途　优良牧草。

064 茵草

| 学名 | **Beckmannia syzigachne** (Steud.) Fern. | 属名 | 茵草属 |

形态特征　一年生或二年生草本，高15～60cm。秆直立。叶鞘多长于节间，无毛；叶舌膜质，透明；叶片10～20cm×4～8mm，扁平，粗糙或下面平滑。圆锥花序分枝稀疏，直立或斜升；小穗灰绿色，含1小花，成双行覆瓦状排列于穗轴一侧；颖背部灰绿色，有淡绿色横纹；外稃披针形，稍长于颖，先端具小尖头；内稃稍短于外稃，具脊。花果期4—9月。

生境与分布　见于全市各地；生于水沟边或稻田里。产于全省各地；分布于东北、西南及江苏、河北、甘肃、青海等地；东北亚、欧洲、北美洲也有。

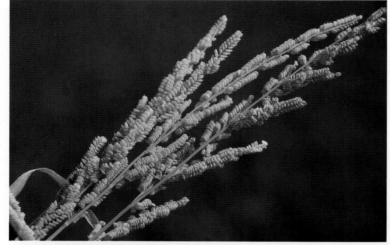

065 | 毛臂形草

学名　**Brachiaria villosa** (Lam.) A. Camus

属名　臂形草属

形态特征　一年生草本，高 10～40cm。基部常倾斜，全体密被柔毛，叶鞘鞘口及边缘尤密；叶具短纤毛；叶片卵状披针形，1～6cm×3～10mm，边缘呈波状皱折；叶舌小，具纤毛。圆锥花序由 4～8 个总状花序组成；小穗通常单生，含 2 小花；第一颖长为小穗之半；第二颖等长或略短于小穗；第一小花中性，外稃与小穗等长；第二外稃革质，具横细皱纹，背部凸起，边缘包卷同质内稃。花果期 5—10 月。

生境与分布　见于除市区外的全市各地；生于田野或山坡草地。产于全省各地；分布于华东、华中、华南、西南及陕西、甘肃；非洲、南亚、东南亚及日本也有。

066 | 银鳞茅

学名 **Briza minor** Linn.　　　　属名 凌风草属

形态特征　一年生草本，高 20～30cm。秆直立，细弱。叶鞘质薄，柔软，平滑，疏松抱茎；叶舌薄膜质；叶片质薄，4～12cm×4～10mm，扁平，上面和边缘微粗糙，下面光滑，与叶鞘无明显界限。圆锥花序开展，直立，多二歧或三歧分枝；小穗柄细弱，稍糙涩；小穗宽卵形，常淡绿色，含 3～6 小花；颖片较宽，顶端近圆形；外稃具宽膜质边缘，背部平滑或被微毛；内稃稍短于外稃，背面具小鳞毛。颖果三角形。花果期 5—6 月。

地理分布　原产于欧洲、北非及亚洲西南。余姚、鄞州、象山有逸生；多生于山坡荒地、田边或路旁草丛中。

067 雀麦

学名　**Bromus japonicus** Thunb.　　　属名　雀麦属

形态特征　一年生或二年生草本，高30～100cm。秆直立，<u>丛生</u>。叶鞘紧密抱茎但不闭合，被白色柔毛；叶舌膜质，透明，先端有不规则裂齿；叶片5～30cm×2～8mm，两面有毛，有时背面变无毛。圆锥花序开展，每节具3～7细长下垂分枝，每分枝近上部着生1～4个小穗；小穗幼时圆筒形，熟后两侧压扁，含7～14小花；颖披针形，边缘膜质，第一颖具3～5脉，第二颖具7～9脉；外稃卵圆形，边缘膜质，顶端微2裂，芒自其下约2mm处伸出，长5～13mm；内稃较狭，短于外稃，脊上疏生刺毛。颖果压扁。花果期4—6月。

生境与分布　见于除市区外的全市各地；生于荒地、田埂、河边或路边草丛中。产于全省各地；分布于华东、华中、华北、西南、西北及辽宁等地；亚洲温带、欧洲也有。

主要用途　多作牧草；种子可食用。

附种　**疏花雀麦 *B. remotiflorus***，多年生草本；叶鞘闭合几达鞘口；花序每节具2～4分枝；第一颖具1脉，第二颖具3脉；芒生于外稃顶端。见于除市区外全市各地；生于山坡、竹林下及草丛中。

疏花雀麦

068 拂子茅

学名 **Calamagrostis epigeios** (Linn.) Roth

属名 拂子茅属

形态特征　多年生草本，高 50～100cm。具根状茎。秆直立。叶鞘短于节间，基部者长于节间；叶舌膜质；叶片条形，15～30cm×5～8mm，扁平或边缘内卷，上面粗糙，下面光滑。圆锥花序花时开展，花后紧缩，稍有间断；小穗条形，含 1 小花，小穗轴脱节于颖之上；颖锥形，几等长或第二颖稍短；外稃长约为颖之半，膜质，透明，基盘具几与颖等长的长柔毛，先端 2 裂齿，芒自背面近中部伸出，长 2～3mm；内稃长约为外稃的 2/3。花果期6—9 月。

生境与分布　见于除市区外的全市各地；生于湿润的山坡、路边草丛中。产于全省各地；分布于全国各省份；广布于欧亚大陆温带和亚热带地区。

主要用途　可作牧草；秆可编织各种器具或覆盖房舍；根状茎发达，耐水湿，可作固沙、护堤植物。

附种　密花拂子茅 var. *densiflora*，圆锥花序更紧缩而密集，几无间断。分布与生境同原种。

密花拂子茅

069 | 细柄草

学名　**Capillipedium parviflorum** (R. Br.) Stapf ex Prain　　属名　细柄草属

形态特征　多年生草本，高 30～100cm。秆细弱，直立或基部倾斜，单生或稍分枝。叶片条形，10～20cm×2～7mm，扁平。圆锥花序通常紫色；分枝及小枝纤细，枝腋间具细柔毛；无柄小穗长3～5mm，被粗糙毛，基盘被白色长柔毛，具长1～1.5cm 的细芒；第一颖坚纸质，边缘内折成 2 脊；第二颖舟形，外稃膜质，透明，无脉；内稃退化成条形，先端延伸成 1 膝曲芒；有柄小穗与无柄小穗等长或略短，无芒。花果期 7—11 月。

生境与分布　见于慈溪、余姚、镇海、北仑、鄞州、奉化、宁海、象山；生于田边及山坡、沟谷路旁、疏林下灌草丛中。产于全省各地；分布于华东、华中、华南、西南及河北、陕西等地；亚洲热带和亚热带、非洲及澳大利亚、日本也有。

070 小盼草 宽叶林燕麦

| 学名 | **Chasmanthium latifolium** (Michx.) Yates | 属名 | 小盼草属 |

形态特征　多年生草本，高 80～120cm。具根状茎。秆丛生，通常不分枝。叶鞘无毛；叶片条形，10～20cm×6～18mm，扁平，通常无毛。圆锥花序开展，具下垂分枝；小穗宽卵形，两侧极压扁，含10～20 小花，疏松覆瓦状排列于小穗轴两侧，基部 1～3 小花不育，小穗柄细弱；两颖近等长，披针形，无毛；外稃纸质，被柔毛，边缘窄膜质，内稃短于外稃，基部两侧肿胀。颖果侧扁，熟时常不裸露，果序冬季宿存。花期 5—6 月，果期 7—10 月。

地理分布　原产于北美。江北、鄞州及市区有栽培。

主要用途　株丛紧凑，花序秀丽独特，季相特色鲜明，冬季景观效果尤佳，是一种优良的庭园造景植物；也可烘干作干花。

071 | 虎尾草

学名 **Chloris virgata** Sw.　　　　　　　　属名 虎尾草属

形态特征　一年生草本，高 20～80cm。秆直立或基部膝曲，光滑无毛。叶鞘背部具脊，包卷松弛；叶舌无毛或具纤毛；叶片条形，5～25cm×3～6mm，两面无毛或边缘及上面粗糙。穗状花序 5～10 个指状着生于秆顶，常直立而并拢成毛刷状；小穗无柄，含 2 小花；颖膜质，1 脉，第二颖等长或略短于小穗；第一小花两性，外稃纸质，两侧压扁，沿脉及边缘被疏柔毛或无毛，顶端尖，有时具 2 微齿，芒自背部顶端稍下方伸出，长 5～15mm；内稃膜质，略短于外稃，具 2 脊，脊上被微毛；基盘具毛；第二小花不孕，仅存外稃，顶端截平或略凹，芒长 4～8mm。颖果纺锤形，半透明。花果期 7—10 月。

生境与分布　见于宁海、象山；多生于路旁、荒野、河岸沙地、滨海沙滩中。产于杭州市区；分布于东北、华北、西南、西北及江苏、河南；亚洲南部和西南部、非洲、欧洲、太平洋岛屿及澳大利亚也有。

主要用途　可作牧草；花序独特，可供观赏。

072 朝阳青茅 朝阳隐子草

| 学名 | **Cleistogenes hackelii** (Honda) Honda | 属名 | 隐子草属 |

形态特征　多年生草本，高30～80cm。秆丛生，挺直，基部有鳞芽。叶鞘常疏生疣毛，鞘口具较长柔毛；叶舌边缘具短纤毛；叶片条状披针形，3～10cm×2～6mm，扁平或内卷。圆锥花序开展，通常每节具1分枝；小穗含2～4小花，两侧压扁，具短柄；颖膜质，具1脉，第一颖短于第二颖；外稃边缘及顶端带紫色，背部有青色斑纹，具5脉，边缘及基盘具短柔毛；内稃与外稃等长，脊上粗糙。花果期9—11月。

生境与分布　见于除市区外的全市各地；生于山坡路边及林下灌草丛中。产于杭州、台州、温州及德清、普陀、开化、磐安、缙云等地；分布于华东、华中、华北、东北、西北及四川、贵州；日本及朝鲜半岛也有。

073 菩提子 薏苡

学名 ***Coix lacryma-jobi* Linn.**　　　　　　属名 薏苡属

形态特征　多年生草本，高 1～1.5m。秆粗壮，直立，多分枝。叶鞘光滑，上部者短于节间；叶舌质硬；叶片条状披针形，20～30cm×1～4cm。总状花序多数，成束腋生，具总梗；小穗单性，雌、雄小穗位于同一花序；雌小穗位于花序下部，总苞硬骨质，念珠状，圆球形，光滑，约与小穗等长；第一颖具 10 数脉，第二颖舟形；第一外稃略短于颖，内稃缺；第二外稃稍短于第一外稃，内稃与外稃相似而较小，具 3 枚退化雄蕊；雄小穗 2 或 3 对，位于花序上部，1 对无柄，其余有柄；无柄雄小穗长 6～8mm；颖草质，第一颖扁平，两侧内折成脊而具不等宽之翼，第二颖舟形，具多脉；外稃与内稃均为膜质；雄蕊 3；有柄雄小穗与无柄雄小穗相似，但较小或退化。花果期 8—11 月。

生境与分布　见于除市区外的全市各地；生于田边水沟或池塘边草丛；市区有栽培。全省和全国各地均有分布或栽培。亚洲热带地区也有。

主要用途　浙江省重点保护野生植物。茎、叶可造纸；总苞晾干可制成念珠，供装饰用。

附种　薏米 var. *ma-yuen*，一年生草本；总苞软骨质，卵球形，具明显的沟状条纹。原产于亚洲东南部。鄞州、宁海有栽培。

薏米

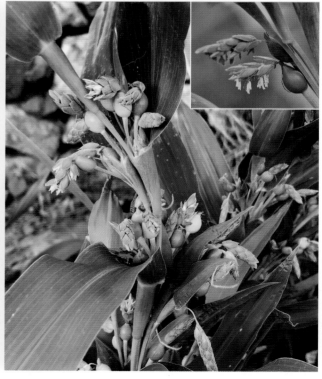

074 蒲苇

学名 **Cortaderia selloana** (Schult. et J.H. Schult.) Aschers et Graebn.　属名 蒲苇属

形态特征　多年生常绿草本，高 2～3m。秆高大粗壮，丛生。叶舌为一圈长 2～4mm 的密柔毛；叶簇生于秆基；叶片质硬，狭窄，长 1～3m，边缘具细锯齿。圆锥花序大型，长 50～100cm，稠密，银白色至粉红色；雌雄异株；雄花序较宽大，雌花序较狭窄；小穗含 2～3 小花；雄小穗无毛，雌小穗下部密生丝状长柔毛；颖质薄，细长，白色，外稃顶端延伸成长而细弱之芒。颖果狭椭球形。花果期 8—11 月。

地理分布　原产于南美洲；全市各地均有栽培。

主要用途　花序大而美丽，供观赏。

附种　矮蒲苇 'Pumila'，植株矮小。江北、北仑、鄞州及市区有栽培。

矮蒲苇

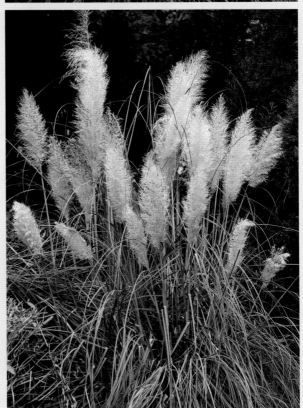

075 | 橘草

学名 **Cymbopogon goeringii** (Steud.) A.Camus　　属名 香茅属

形态特征　多年生草本，高60～120cm。秆较细弱，直立，无毛。叶鞘无毛，下部叶鞘多破裂而向外反卷；叶舌先端钝圆；叶片条形，15～35cm×3～5mm，无毛，揉之有香味。总状花序组成假圆锥花序，较稀疏而狭窄；总状花序长1.5～2cm，成对着生，具佛焰苞；小穗孪生，无柄小穗含2小花，第一小花中性，第二小花两性，长圆状披针形，基盘具短毛或近无毛；第一颖背部扁平，上部具宽翼，第二外稃长约3mm，先端2裂，芒从裂齿间伸出，中部膝曲；有柄小穗穗柄有白色柔毛，雄性或中性；颖几等长。花果期9—11月。

生境与分布　见于除市区外的全市各地；生于山坡、山脊疏林下或灌草丛中。产于全省丘陵山区；分布于华东、华中及贵州、河北、香港、云南；日本及朝鲜半岛也有。

主要用途　嫩茎、嫩叶可作牧草。

076 狗牙根

学名 **Cynodon dactylon** (Linn.) Pers.　　　属名 狗牙根属

形态特征 多年生草本，具横走的根状茎和细韧的须根。秆匍匐地面，长可达 1m，直立部分高 10～30cm。叶鞘具脊，无毛或疏生柔毛；叶舌短，具小纤毛；叶片狭披针形至条形，1～6cm×1～3mm。穗状花序 3～6 个指状排列于茎顶；小穗含 1 小花；颖狭窄，两侧膜质，几等长或第二颖较长；外稃草质或膜质，与小穗等长，脊上有毛；内稃与外稃等长。花果期 5—9 月。

生境与分布 见于除市区外的全市各地；生于田边、荒地及路边旷地中；市区有栽培。产于全省各地；分布于江苏、福建、湖北、四川、云南、陕西、广东、海南等地；世界热带和亚热带地区也有。

主要用途 为优良饲料；亦常用以铺建草坪，供观赏。

077 | 龙爪茅

学名　**Dactyloctenium aegyptium** (Linn.) Willd.　　　属名　龙爪茅属

形态特征　一年生草本，高 15～40cm。秆直立，或基部横卧地面，于节处生根且分枝。叶鞘松弛，边缘被柔毛；叶舌膜质，顶端具纤毛；叶片 2～10cm×2～5mm，扁平，两面被疣基毛。穗状花序 2～7 个指状排列于秆顶；小穗无柄，两侧压扁，着生于扁平穗轴一侧，成两行紧贴覆瓦状排列；小穗含 3 小花；第一颖沿脊龙骨状凸起，上具短硬纤毛，第二颖顶端具短芒；外稃中脉成脊，脊上被短硬毛，第一外稃与内稃近等长，顶端 2 裂，背部具 2 脊，背缘有翼，翼缘具细纤毛。囊果球状，长约 1mm。花果期 8—10 月。

生境与分布　见于奉化、象山；生于滨海沙滩潮上带的沙丘内侧或砾石质海滩上。产于温州及普陀、莲都；分布于西南及福建、广东、海南等地；东半球的热带和亚热带地区也有。

078 疏花野青茅

学名　**Deyeuxia effusiflora** Rend.　属名　野青茅属

形态特征　多年生草本，高 60～100cm。秆丛生。叶鞘无毛，上部者短于节间；叶舌长 1～2mm，先端钝或齿裂；叶片 25～40cm×4～8mm，扁平或基部折卷，两面粗糙。圆锥花序开展，稀疏；小穗含 1 小花，脱节于颖之上；第一颖稍长于第二颖；外稃基盘两侧的毛长不到稃体的 1/5，芒膝曲，自外稃近基部伸出，长约 6mm。花果期 8—11 月。

生境与分布　见于除市区外的全市各地；生于山坡疏林下或灌草丛中。产于全省丘陵山区；分布于西南、西北及河南。

主要用途　可作饲料。

附种　野青茅 *D. pyramidalis*，叶舌长 4～13mm；外稃基盘两侧的毛长为稃体的 1/5～2/5。见于余姚、北仑、鄞州；生境同疏花野青茅。

野青茅

079 升马唐

学名 **Digitaria ciliaris** (Retz.) Koel. ┃ **属名** 马唐属

形态特征 一年生草本，高 30～90cm。秆基部横卧地面，节上生根，具分枝。叶鞘常短于节间，多少具柔毛；叶片条形或披针形，5～20cm×3～10mm，上面散生柔毛，边缘稍厚。总状花序 5～8 个呈指状排列于秆顶；小穗披针形，孪生于穗轴一侧，1 具长柄，1 具极短柄或几无柄，长 3～3.5mm，约为宽的 3 倍，背腹压扁，含 2 小花，第一小花中性，第二小花两性；第一颖小，三角形；第二颖披针形，长约为小穗的 2/3，脉间及边缘具柔毛；稃等长于小穗，第一外稃具 5 脉，中脉两侧的脉间较宽而无毛，其他脉间贴生柔毛，边缘有时具长柔毛。花果期 5—10 月。

生境与分布 见于全市各地；生于路旁、荒野及山坡草丛中。产于全省各地；分布于全国各省份；广布于全世界的热带、亚热带地区。

主要用途 优良牧草。

附种 1 毛马唐 var. *chrysoblephara*，第一外稃侧脉间及边缘成熟后具开展的长柔毛和疣基长刚毛。见于全市各地；生于路旁、田野等潮湿处。

附种 2 短叶马唐（红尾翎）*D. radicosa*，叶片短小，2～6cm×3～7mm；小穗窄披针形，长约为宽的 4 倍；第一外稃具 3 脉。见于全市各地；生于路边、荒地湿润处草丛中。

毛马唐

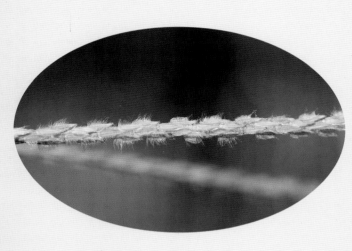

短叶马唐

080 紫马唐

学名 **Digitaria violascens** Link 　　　　　属名 马唐属

形态特征　一年生草本，高20～70cm。秆光滑无毛。叶多密集于基部；叶鞘短于节间，大多光滑无毛或于鞘口疏生柔毛；叶舌膜质；叶片条状披针形，5～15cm×2～7mm，无毛或上面基部有疏柔毛。总状花序4～7个呈指状排列于秆顶，稀下部者单生；小穗椭圆形，长1.5～1.8mm，背腹压扁，2或3个着生于穗轴各节一侧，含2小花，第一小花中性，第二小花两性，小穗柄不等长；穗轴两侧有绿色的宽翼；第一颖缺，第二颖略短于小穗；外稃与小穗等长，第一外稃具5脉，第二外稃有纵行粗糙颗粒状物，紫褐色。花果期7—11月。

生境与分布　见于全市各地；生于山坡、荒野或路边草丛中。产于全省各地；分布于华东、华中、华南、西南、华北及青海、新疆；南美洲、东南亚、南亚及澳大利亚也有。

081 簾茅

| 学名 | *Dimeria ornithopoda* Trin. | 属名 | 簾茅属 |

形态特征 一年生草本，高 30～40cm。秆直立或基部稍倾斜，末端常细弱似丝状，光滑无毛，节具倒髯毛。叶鞘具脊，常具直立开展的长疣毛，顶生叶鞘上部叶片不发育，呈钻状；叶舌边缘破裂状；叶片条形，2.5～5cm×1～2.5mm，老后呈浅红色，两面具展开的细长疣毛。总状花序 2～3 个呈指状着生于秆顶；小穗交互排列于轴的一侧，色深，两侧压扁，单生于各节，柄短，含 2 小花，第一小花退化，仅存外稃，第二小花两性；第一颖比小穗短，第二颖与小穗等长；第二外稃狭椭圆状，膜质，透明，先端 2 裂，裂齿间伸出一细弱的芒，芒长约 5mm，芒柱棕褐色，扭转，长约 2mm。颖果条状椭球形。花果期 9—11 月。

生境与分布 见于余姚、北仑、奉化、象山；生于山坡、沟谷边灌草丛中或岩石缝阴湿处。产于磐安、庆元、瑞安等地；分布于华东及广东、广西、云南等地；朝鲜半岛及日本、印度、菲律宾、马来西亚、澳大利亚也有。

082 油芒

学名 *Eccoilopus cotulifer* (Thunb.) A. Camus　**属名** 油芒属

形态特征　多年生草本，高 90～150cm。具根状茎。秆直立，强壮，基部近木质化。叶片宽条形，10～50cm×8～15mm，基部渐狭成柄状，两面疏生细柔毛。圆锥花序开展，每节具 2 至数个细弱下垂的总状花序；总状花序下部裸露，上部具 5 或 6 节，每节着生小穗；小穗孪生，1 具长柄，1 具短柄，基盘具细毛，含 2 小花，第一小花中性，第二小花两性；两颖近等长，第一颖粗糙，边缘疏生柔毛；第二颖背部及边缘生柔毛；第一外稃先端具微齿；第二外稃稍短于第一外稃，先端 2 深裂，芒自裂齿间伸出，中部以下膝曲，芒柱稍扭转，内稃短于外稃。花果期 8—10 月。

生境与分布　见于慈溪、余姚、北仑、鄞州、奉化、宁海、象山；生于山坡疏林下或路边、水沟边草丛中。产于全省各地；分布于华东、华中、华南、西南及甘肃、陕西；朝鲜半岛及日本、印度也有。

083 长芒稗

学名　**Echinochloa caudata** Roshevitz ex Komarov　　属名　稗属

形态特征　一年生草本，高 1～2m。秆丛生。叶鞘无毛或有疣基毛；叶舌缺；叶片条形，10～40cm×1～2cm，两面无毛，边缘增厚而粗糙。圆锥花序稍下垂，主轴粗糙，具棱，疏被疣基长毛；分枝密集，常再分小枝；小穗卵状椭圆形，常带紫色，长 3～4mm，一面扁平，另一面凸起，含 2 小花，第一小花中性或雄性，第二小花两性，脉上具硬刺毛，有时疏生疣基毛；第一颖三角形，长为小穗的 1/3～2/5，先端尖；第二颖与小穗等长，顶端具短芒，具 5 脉；第一外稃顶端具芒，芒长 3～5cm，内稃膜质，先端具细毛，边缘具细睫毛；第二外稃革质，光亮，边缘包着同质内稃。花果期 6—10 月。

生境与分布　见于全市各地；生于田边、路旁及河边湿润处。产于全省各地；分布于华东、华中、西南、华北、东北及新疆；东北亚也有。

084 光头稗

学名 **Echinochloa colona** (Linn.) Link　　　　属名 稗属

形态特征　一年生草本，高 10～60cm。秆细弱，直立。叶鞘压扁而背具脊，无毛；叶舌缺；叶片条形，长 3～20cm，扁平，无毛。圆锥花序狭窄，主轴具棱，通常无疣基长毛；花序分枝不具小枝，排列稀疏；小穗卵球形，长 2～2.5mm，具小硬毛，无芒，较规则地成四行排列于穗轴一侧，一面扁平，另一面凸起，含 2 小花；第一颖三角形，长约为小穗的 1/2，第二颖与第一外稃等长而同形，顶端具小尖头；第一小花常中性，外稃具 7 脉，内稃膜质，稍短于外稃，脊上被短纤毛；第二小花两性，稃椭圆形，平滑，光亮，边缘内卷。花果期 7—10 月。

生境与分布　见于全市各地；生于农田、路边荒地湿润处。产于全省各地；分布于华东、华南、华中、西南及河北、新疆、陕西；广布于全世界温暖地区。

主要用途　可作饲料。

085 稗 稗子

学名 **Echinochloa crusgalli** (Linn.) Beauv.　　　　**属名** 稗属

形态特征 一年生草本，高 50～100cm。秆基部倾斜或膝曲，光滑无毛。叶鞘平滑无毛，疏松裹秆；叶舌缺；叶片条形，10～40cm×2～12mm，扁平，无毛。圆锥花序多分枝，分枝斜上或贴生，穗轴粗糙或具疣基刺毛；小穗卵形，长 3～4mm，具短柄或近无柄，密集于穗轴一侧，一面扁平，另一面凸起，含 2 小花；第一颖长约为小穗的 1/3～1/2，脉上有疣基毛；第二颖脉上有疣基毛；第一小花常中性，外稃草质，脉上有疣基刺毛，顶端延伸成长 5～15mm 的芒，内稃与外稃等长，薄膜质，有 2 脊；第二小花两性，外稃平滑光亮，边缘内卷。花果期 6—11 月。

生境与分布 见于全市各地；生于农田、沟渠、池塘、河流、沼泽等湿润处。产于全省各地；分布几遍全国；全世界亚热带和温暖地区也有。

主要用途 可作饲料。

附种 1 **小旱稗** var. **austrojaponensis**，植株高 20～40cm；叶片宽 2～5mm；圆锥花序较狭窄，分枝常贴向主轴；小穗长 2.5～3mm，常带紫色，脉上被硬刺毛，无芒或具短芒。分布与生境同原种。

附种 2 **无芒稗** var. **mitis**，小穗无芒或芒长不逾 5mm。分布与生境同原种。

小旱稗

无芒稗

086 牛筋草

形态特征　一年生草本，高 10～80cm。根系极发达。秆丛生，直立或斜升。叶鞘两侧压扁，具脊，无毛或疏生疣毛，鞘口常有柔毛；叶片条形，10～15cm×3～5mm，扁平或卷折，无毛或上面有疣基柔毛。穗状花序 2～7 个指状排列于秆顶，稀单生；小穗含 3～6 小花；颖披针形，脊上粗糙；第一外稃具脊，脊上具狭翼，内稃短于外稃，具 2脊，脊上具狭翼。种子卵球形，具波状皱纹。花果期 7—11 月。

生境与分布　见于全市各地；生于山坡、路边、田野草丛中。产于全省各地；分布于华东、华中、华南、西南及黑龙江、河北、陕西等地；世界热带及亚热带地区广布。

主要用途　优良固土植物；也可作饲料。

087 知风草

学名 **Eragrostis ferruginea** (Thunb.) Beauv.　　　属名 画眉草属

形态特征　多年生草本，高40～60cm。秆丛生，直立或基部膝曲。叶鞘长于节间，两侧极压扁，基部互相跨覆，鞘口密生柔毛，脉上有腺体；叶舌退化为一圈短毛；叶片质较坚韧，30～40cm×3～6mm，扁平或内卷，最上面的一片常长于花序。圆锥花序开展，基部常为顶生叶鞘所包，分枝单生或2～3个聚生，腋间无毛，各具1或2回小枝；小穗紫色至紫黑色，含5～12小花，小穗柄中部或以上具1腺体；颖卵状披针形，具1脉；外稃顶端稍钝，侧脉明显隆起，内稃短于外稃，脊具微纤毛。花果期7—11月。

生境与分布　见于全市各地；生于山坡、林下、路旁及田边草丛中。产于全省各地；分布于华东、华中、西南及河北、陕西；东亚、东南亚、南亚也有。

088 乱草

学名 **Eragrostis japonica** (Thunb.) Trin.　　　　属名 画眉草属

形态特征 一年生草本，高 30～80cm。秆丛生，直立或基部膝曲。叶鞘疏松，光滑；叶舌干膜质，截平；叶片 8～26cm×3～5mm，扁平或内卷，两面粗糙或下面光滑无毛。圆锥花序长度超过植株的一半，分枝细弱，簇生或近轮生；小穗卵圆形，熟后紫色或褐色，含 4～8 小花；小穗轴自上而下逐节断落；颖近等长，卵圆形，先端钝；外稃卵圆形，先端钝；内稃与外稃近等长。颖果红棕色，倒卵球形。花果期 7—11 月。

生境与分布 见于全市各地；生于山坡路边和田边湿地。产于全省各地；分布于华东、华中、华南及云南、贵州；东南亚、南亚及日本也有。

089 | 画眉草

学名 **Eragrostis pilosa** (Linn.) Beauv.　　属名 画眉草属

形态特征　一年生草本，高 30～60cm。秆直立或自基部斜升。秆节下、叶片边缘、小穗柄、颖和外稃脊上均不具腺体。叶鞘多少压扁，鞘口具柔毛；叶舌退化为一圈纤毛；叶片扁平或内卷，5～20cm×1.5～3mm，上面粗糙，下面光滑。圆锥花序长15～25cm，分枝腋间具长柔毛；小穗成熟后暗绿色或稍带紫黑色，长 2～7mm，含 3～10 余朵小花；颖先端钝或第二颖稍尖，第一颖常无脉；第二颖具1 脉；外稃侧脉不明显，第一外稃长 1.5～2mm；内稃弓形弯曲，长约 1.5mm，迟落或宿存，脊上粗糙至具短纤毛。颖果椭球形。花果期 6—8 月。

生境与分布　见于北仑；生于路边、山坡灌草丛中。产于全省各地；分布几遍全国；亚洲、欧洲、非洲及澳大利亚也有。

附种　大画眉草 *E. cilianensis*，秆节下、叶片边缘、小穗柄、颖和外稃的脊上均具腺体；小穗较大，长4～10mm；外稃长 2～2.5mm。见于余姚、北仑、象山；生于农地或山坡草丛中。

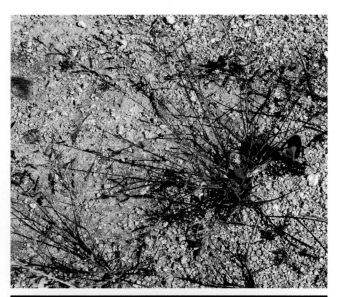

大画眉草

090 假俭草

学名 **Eremochloa ophiuroides** (Munro) Hack.　　　属名 假俭草属

形态特征　多年生草本，高达 10cm。具贴地而生的横走匍匐茎。秆向上斜升。叶鞘压扁，鞘口常具短毛；叶片 3～12cm×2～6mm，扁平，无毛，顶生者退化。总状花序直立或稍作镰刀状弯曲；穗轴节间压扁，略呈棍棒状；小穗孪生，一无柄，一有柄；无柄小穗长圆形，覆瓦状排列于花序轴一侧，含 2 小花，第一小花中性，第二小花两性；第一颖与小穗等长，平滑，脊之下部具篦齿状短刺，上部具宽翼；第二颖略呈舟形，厚膜质；有柄小穗退化不育或仅存扁平锥形的柄。花果期 7—11 月。

生境与分布　见于全市各地；生于路边或溪边草地。产于全省各地；分布于华东、华中、华南及贵州、四川；越南也有。

主要用途　可作牧草或草坪草。

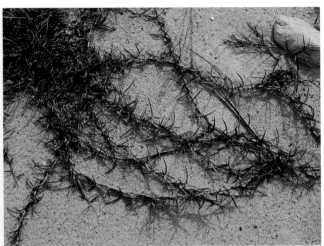

091 | 野黍

学名 **Eriochloa villosa** (Thunb.) Kunth

属名 野黍属

形态特征 一年生草本，高 30～100cm。秆直立或基部平卧，分枝，节具刺毛。叶鞘松弛抱茎；叶舌短小，具纤毛；叶片 5～25cm×5～15mm，扁平，边缘粗糙。圆锥花序狭长，常由 4～8 个总状花序组成，排列于主轴一侧，密生柔毛；小穗卵状披针形，背腹压扁，具极短柄，单生，成两行覆瓦状排列于穗轴一侧，含 2 小花，第一小花两性，第二小花中性或雄性；基盘长约 0.6mm；第二颖与第一外稃均近膜质，等长于小穗，被白色柔毛；第二外稃稍短于小穗，背面细点状粗糙。花果期 6—11 月。

生境与分布 见于余姚、北仑、鄞州、宁海、象山；生于山坡路边、田边或河岸。产于全省各地；分布于华东、华中、东北、西南及内蒙古、陕西、广东等地；东北亚及越南也有。

主要用途 可作饲料。

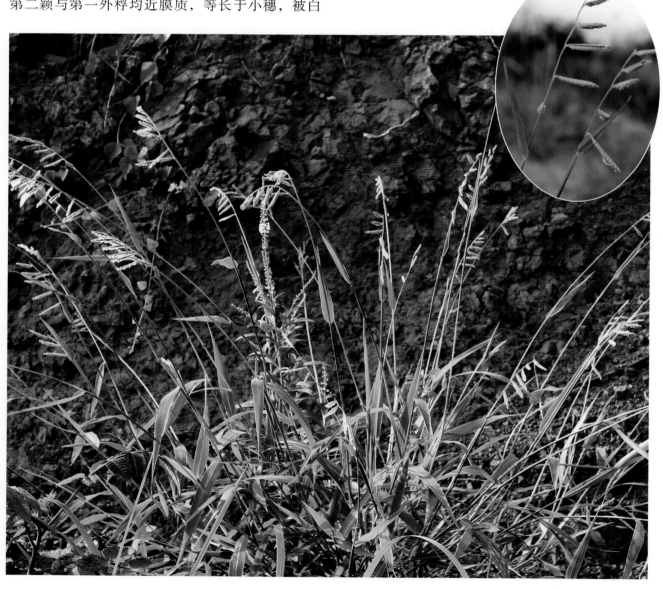

092 | 金茅

学名 **Eulalia speciosa** (Debeaux) Kuntze

属名 金茅属

形态特征 多年生草本，高 70~100cm。秆直立，常在花序以下具白色柔毛，余光滑无毛。基部叶鞘密生棕黄色绒毛；叶舌截平；叶片质硬，30~50cm×4~7mm，扁平或边缘内卷，上面被白粉。总状花序 5~8 个，长 10~15cm，淡黄色；小穗长圆形，长 4.5~5.5mm，基盘具毛；第一颖先端稍钝，具 2 脊，脊间具 2 脉，脉在先端不呈网状汇合；第二颖舟形，具 3 脉；第一外稃长圆状披针形，几与颖等长，内稃缺；第二外稃长约 3mm，芒长约 15mm，内稃长圆形。花果期 9—11 月。

生境与分布 见于余姚、镇海、北仑、鄞州、奉化、宁海、象山；生于山坡林下或山顶灌丛中。产于全省各地；分布于华东、华中、西南及广东、海南、陕西等地；东亚、东南亚、南亚也有。

093 苇状羊茅 高羊茅

<blockquote>

学名 **Festuca arundinacea** Schreb.
属名 羊茅属
</blockquote>

形态特征 多年生草本，高 80～100cm。秆直立，疏丛状或单生，光滑。叶鞘光滑；叶舌膜质，截平；叶片条状披针形，15～50cm×4～8mm，扁平，边缘内卷，基部具披针形且镰形弯曲的叶耳。圆锥花序疏松开展，分枝下部 1/3 裸露，中、上部着生多数小穗；小穗含 4～5 小花；颖片背部光滑无毛，边缘膜质，第一颖具 1 脉，第二颖具 3 脉；外稃先端膜质，无芒或具短尖；内稃稍短于外稃，两脊具短纤毛；子房先端无毛。花果期 5—8 月。

地理分布 原产于欧洲至我国新疆。全市各地普遍栽培。

主要用途 优良的冬绿型草坪草。

094 小颖羊茅

学名 **Festuca parvigluma** Steud.　　　　属名 羊茅属

形态特征　多年生草本，高 30～60cm。秆疏丛生，细弱。叶鞘常短于节间，光滑；叶舌干膜质；叶片柔软，条状披针形，10～30cm×2～5mm，扁平。圆锥花序疏松，每节着生 1～2 分枝，分枝柔软下垂；小穗具 3～5 小花；颖片背面平滑，边缘膜质，第一颖短小，卵圆形；外稃光滑无毛，边缘膜质，第一外稃先端有细弱芒，芒长 3～10mm；内稃与外稃几等长，脊平滑，先端 2 裂；子房先端有短毛。花果期 4—6 月。

生境与分布　见于慈溪、余姚、北仑、宁海、象山；生于山坡林下或河边草丛中。产于全省各地；分布于西南及湖南、江西、陕西、台湾；日本及朝鲜半岛也有。

主要用途　优良牧草。

095 | 牛鞭草

学名 **Hemarthria sibirica** (Gandoger) Ohwi.　　　　属名 牛鞭草属

形态特征　多年生草本，高 0.8～1.2m。有长而横走的根状茎。叶鞘边缘膜质，鞘口具纤毛；叶舌膜质，白色，上缘撕裂状；叶片条形，8～20cm×4～8mm，先端细长渐尖，两面无毛。总状花序单生茎顶或腋生；小穗孪生，无柄小穗嵌生于花序轴凹穴中，卵状披针形；第一颖革质，第二颖厚纸质；第一小花仅存膜质外稃；第二小花两性，外稃膜质，内稃薄膜质。有柄小穗的第二颖完全游离于花序轴；第一小花中性，仅存膜质外稃；第二小花两稃均为膜质。花果期 7—10 月。

生境与分布　见于奉化；生于溪边、池塘边或路边荒地湿润处。产于湖州、杭州、温州及兰溪、缙云等地；分布于华中及黑龙江、河北、山东、安徽、贵州、云南等地；东南亚、南亚、西南亚、非洲、欧洲地中海地区也有。

096 | 大麦

| 学名 | **Hordeum vulgare** Linn. | 属名 | 大麦属 |

形态特征　二年生草本，高 50～100cm。秆直立粗壮，光滑。叶鞘疏松裹茎，顶端两侧有较大叶耳；叶舌膜质，长 1～2mm；叶片扁平，微粗糙或下面光滑。穗状花序粗壮，每节着生 3 个完全发育的小穗；小穗通常无柄，含 1 小花；颖芒状或条状披针形，微有短柔毛，先端常延伸成长 5～15mm 的芒；外稃背部无毛，具 5 脉，先端延伸成长 8～13cm 的长芒；内稃与外稃等长。颖果成熟后与内外稃黏着而不易脱落。花果期 4—6 月。

地理分布　原产于欧洲。除市区外的全市各地均有栽培。

主要用途　颖果作饲料用，亦可用于制啤酒和麦芽糖；麦芽可入药，具消食之功效；秆可供编织及造纸。

097 水禾

学名 **Hygroryza aristata** (Retz.) Nees ex Wright et Arn.　　属名 水禾属

形态特征　水生漂浮草本。根状茎细长，节上生羽状须根。叶鞘膨胀，具横脉；叶舌膜质；叶片卵状披针形，2.5～8cm×1～2cm，上面有时具斑，下面具小乳状突起，顶端钝，基部圆形，具短柄。圆锥花序长、宽近相等，具疏散分枝，基部为顶生叶鞘所包藏；小穗含1小花，两侧压扁，披针形，基部具长约1cm的柄状基盘；颖不存在，外稃草质，具5脉，脉上被纤毛，脉间生短毛，顶端具长1～2cm的芒；内稃与外稃同质且等长，具3脉，中脉被纤毛，顶端尖。花果期秋季。

生境与分布　见于余姚；生于湖沼和小溪流中。产于桐乡、余杭、临安、诸暨、莲都、瓯海；分布于华东、华南及云南；亚洲东南部和南部也有。

主要用途　全株可作猪、鱼及牛饲料；也可用于水体绿化观赏。

098 | 猬草

学名　**Hystrix duthiei** (Stapf ex Hook. f.) Bor　　属名　猬草属

形态特征　多年生草本，高 60～80cm。秆疏丛生，直立或斜升。叶鞘光滑或下部者被毛；叶舌顶端平截；叶片 10～20cm×6～15mm，上面有毛。穗状花序弯垂；穗轴节间被白色柔毛；小穗孪生，其腹面对向穗轴，含 1 小花而具延伸的小穗轴；颖退化殆尽，稀可呈芒状；外稃披针形，具 5 脉，贴生小刺毛，基盘钝圆而被柔毛；内稃稍短于外稃，脊上疏生纤毛。花果期 5—7 月。

生境与分布　见于余姚；生于沟谷林下阴湿处。产于杭州及安吉、泰顺；分布于华中、西南及安徽、陕西；印度、尼泊尔也有。

099 | 大白茅 丝茅 白茅根

学名 **Imperata cylindrica** (Linn.) Raeuschel var.**major** (Nees) C. E. Hubb.　属名 白茅属

形态特征　多年生草本，高 25～80cm。根状茎发达。秆丛生，直立。叶鞘无毛，老时在基部常破碎成纤维状；叶舌干膜质；叶片 15～60cm×4～8mm，扁平，主脉在下面明显凸出并渐向基部变粗而质硬。圆锥花序圆柱状，分枝短缩密集，基部有时较疏松或间断；小穗孪生于细长的总状花序轴上，含 1 两性小花，小穗柄不等长；小穗长 3～4mm，基盘及小穗柄均密生丝状柔毛；第一颖较第二颖狭；第一外稃卵状长圆形，第二外稃稍短，披针形。花果期 3—11 月。

生境与分布　见于全市各地；生于路边、田边、旱地边、堤坝或山坡林下灌草丛中。产于全省各地；分布几遍全国；亚洲东部、南部、西南部及澳大利亚也有。

主要用途　可作牧草；根状茎及嫩花序可食用或入药；也是较难根除的杂草。

附种　血草'**Red Baron**'，叶片血红色，但部分植株在生长过程中有返祖现象。慈溪、北仑、鄞州有栽培。

血草

100 柳叶箬

学名　**Isachne globosa** (Thunb.) Kuntze　　　属名　柳叶箬属

形态特征　多年生草本，高 30～60cm。秆下部常倾卧，稀可丛生而近于直立，节无毛。叶鞘短于节间，仅一侧边缘上部具细小有疣基的纤毛；叶舌纤毛状；叶片条状披针形，3～11cm×3～9mm，先端渐尖，基部钝圆或微心形，两面粗糙，边缘粗糙而呈微波状。圆锥花序卵圆形，每分枝着生 1～3 小穗；分枝、小枝及小穗柄上均具黄色腺体；小穗椭球形，含 2 小花，无芒；颖草质，近相等，顶端钝圆，无毛或先端粗糙；第一小花为雄性，较第二小花稍狭长，内、外稃质地稍软；第二小花为雌性，宽椭圆形，无毛。花果期 5—10 月。

生境与分布　见于除市区外的全市各地；生于山坡、路旁、田边湿润处。产于全省各地；分布于我国南北各地；东亚、东南亚、南亚、大洋洲也有。

附种 1　**日本柳叶箬 *I. nipponensis***，秆细弱，横卧地面，高常不及 30cm；花序轴及分枝不具腺体；小穗的 2 小花同质同形，均为两性花。见于奉化；生于山坡路旁或林下阴湿处。

附种 2　**平颖柳叶箬 *I. truncata***，秆直立或基部倾斜，高可达 85cm；叶鞘通常长于节间，或下部者短于节间；小穗的 2 小花同质同形，均为两性花；颖顶端截平或微凹。见于北仑、宁海、象山；生于山坡草地或林缘。

日本柳叶箬

平颖柳叶箬

101 有芒鸭嘴草

学名 **Ischaemum aristatum** Linn.

属名 鸭嘴草属

形态特征 多年生草本，高70~80cm。秆直立或下部膝曲。叶鞘常疏生长疣基毛；叶舌干膜质；叶片条状披针形，5~16cm×4~8mm，无毛或两面有疣基毛。总状花序常孪生且互相贴近而呈圆柱形；穗轴节间和小穗柄均呈三棱形，外侧边缘均具白色纤毛；小穗孪生，一有柄，一无柄，背腹压扁，各含2小花；无柄小穗披针形；第一颖先端钝或具2齿；第二颖舟形，与第一颖等长；第一外稃稍短于第一颖，第二外稃较第一外稃短1/5~1/4，2深裂至中部，裂齿间伸出长8~12mm的芒，芒在中部以下膝曲；有柄小穗常稍小于无柄小穗，有细短直芒，稀无芒。花果期6—11月。

生境与分布 见于奉化、宁海、象山；生于溪沟边、田边湿地或山坡灌草丛中。产于全省各地；分布于华东、华中、华南及贵州、云南；日本及朝鲜半岛也有。

附种 鸭嘴草 var. *glaucum*，叶鞘通常无毛；无柄小穗无芒或具短直芒；总状花序轴节间和小穗柄的外棱粗糙，无纤毛。见于余姚、奉化、宁海、象山；多生于山坡或沙滩草丛中。

鸭嘴草

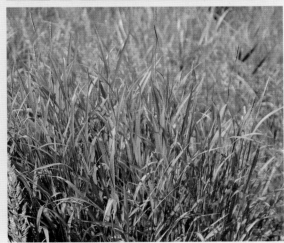

102 假稻

学名 **Leersia japonica** Makino　　　　　　　　属名 假稻属

形态特征　多年生草本，高 60～80cm。秆下部匍匐，上部斜升，节上密生倒毛和多分枝的须根。叶鞘通常短于节间；叶舌膜质，长 1～3mm，先端截平，基部两侧与叶鞘愈合；叶片条状披针形，5～15cm×4～10mm，粗糙或下面光滑。圆锥花序长 8～12cm，分枝常不再分枝，光滑，直立或斜升，具棱角，稍压扁，基部着生小穗；小穗长 5～6mm，草绿色或带紫色，含 1 小花，两侧极压扁；颖退化；外稃脊和内稃中脉上具刺毛；雄蕊 6；花药长约 3mm。花果期 8—10 月。

生境与分布　见于全市各地；生于池塘、溪旁、河边及沟渠旁。产于全省各地；分布于华东、华中、西南及河北、陕西；日本及朝鲜半岛也有。

附种　秕壳草 *L. sayanuka*，圆锥花序长可达 25cm，花序分枝具小枝，分枝下部裸露而无小穗；小穗长 6～8mm；雄蕊 2 或 3；花药长 1～2mm。见于除市区外的全市各地；常生于溪沟边。

秕壳草

103 千金子

| 学名 | **Leptochloa chinensis** (Linn.) Nees | 属名 | 千金子属 |

形态特征　一年生草本，高 30～90cm。根须状。秆丛生，直立或基部膝曲，平滑无毛。叶鞘大多短于节间，无毛；叶舌膜质，多撕裂成小纤毛；叶片 5～25cm×2～6mm，扁平或多少卷折，微粗糙或下面平滑。圆锥花序长 10～30cm，分枝及主轴粗糙；小穗长 2～4mm，多带紫色，含 3～7 小花；颖脊上粗糙，第一颖较短而狭，第二颖通常稍短于第一外稃；第一外稃长 1.5～2mm。颖果长球形。花果期 7—11 月。

生境与分布　见于除市区外的全市各地；生于旱地、田边或路边草丛中。产于全省各地；分布于华东、华中、华南、西南及陕西；非洲、东南亚、南亚及日本也有。

主要用途　全草可作牧草。

附种　**虮子草 *L. panicea***，叶鞘及叶片通常疏生疣基柔毛；小穗长 1～2mm，含 2～4 小花；第二颖通常长于第一外稃；第一外稃长约 1mm。生境与分布同千金子。

虮子草

104 黑麦草

学名 **Lolium perenne** Linn.　　　　属名 黑麦草属

形态特征　多年生草本，高40～80cm。秆多数丛生，基部常倾卧，具柔毛。叶鞘疏松，常短于节间；叶舌短小；叶片质地柔软，10～20cm×3～6mm，扁平，无毛或上面具微毛。穗状花序顶生，直立；小穗含7～11小花，两侧压扁，无柄，单生于穗轴各节；颖短于小穗，通常长于第一小花，边缘狭膜质；外稃披针形，基部具明显基盘，下部小穗之外稃无芒，上部者有芒；内稃较外稃稍短或等长，脊上具短纤毛。花果期4—5月。

地理分布　原产于欧洲、中亚、西亚、北非。全市各地普遍栽培或逸生；生于路边草丛中。

主要用途　优良牧草；也是冬季常见观赏草。

105 淡竹叶

学名 **Lophatherum gracile** Brongn.　　　　　属名 淡竹叶属

形态特征　多年生草本，高 40～80cm。须根中部膨大成纺锤形小块根。秆少数丛生，直立，光滑。叶鞘光滑或外侧边缘具纤毛；叶舌短小，质硬；叶片披针形，6～20cm×1.5～2.5cm，具横脉，基部狭缩成柄状。圆锥花序长 10～40cm，分枝细长，长 5～12cm，斜升或开展；小穗条状披针形，7～12mm×1.5～2mm，在分枝上排列紧密，具极短柄，含数小花，仅第一小花为两性，其他为中性；小穗轴脱节于颖之下；颖先端钝，边缘膜质；第一外稃宽约 3mm，先端具短尖头；内稃较短；不育外稃自下而上逐渐狭小，先端各具短芒。花果期 7—10 月。

生境与分布　见于除市区外的全市各地；生于山坡林下或灌草丛中。产于全省各地；分布于华东、华中、华南、西南；东亚、东南亚、南亚、太平洋群岛也有。

主要用途　全草供药用，具清热泻火、除烦、利尿等功效；嫩枝叶也可制作凉茶。

附种　中华淡竹叶 *L. sinense*，圆锥花序主轴较粗硬，分枝长 2～8cm；小穗卵状披针形，宽 2.5～3.5mm，排列稀疏；第一外稃宽达 5mm。见于北仑；生于山谷或山坡林下。

中华淡竹叶

106 大花臭草

学名 **Melica grandiflora** (Hack.) Koidz.　　　　　　　属名 臭草属

形态特征 多年生草本，高 25～70cm。秆细弱，常少数丛生。叶鞘光滑或稍粗糙；叶舌短小；叶片质地较薄，7～15cm×3～5mm，扁平或干燥后卷折，上面常被短柔毛。圆锥花序狭窄，常退化而呈总状，具少数小穗；小穗长 7～10mm，含 2 孕性小花，不育外稃多枚聚集呈棒状；颖膜质，宽而钝；外稃厚纸质，无芒；第一外稃约与小穗等长；内稃短于外稃，背部及脊上具微细纤毛。花果期 4—6 月。

生境与分布 见于余姚、奉化；生于山坡路边及林下。产于长兴、安吉、临安、诸暨、婺城、磐安、天台、仙居等地；分布于华东、华中、东北、华北；日本及朝鲜半岛也有。

附种 **广序臭草 M. onoei**，植株稍粗壮；圆锥花序开展呈金字塔形；小穗长 5～8mm。见于慈溪、宁海；生于山坡、沟谷林下或灌草丛中。

广序臭草

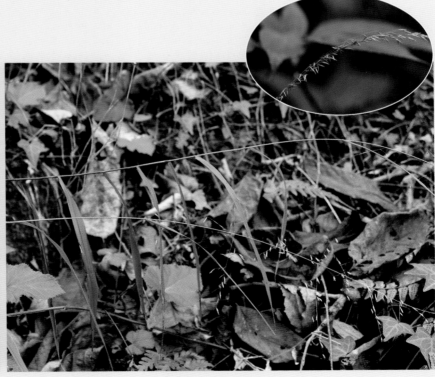

107 柔枝莠竹

学名 *Microstegium vimineum* (Trin.) A. Camus　　　　**属名** 莠竹属

形态特征　一年生草本，高 60～80cm。秆细弱，披散，一侧常有沟。叶鞘短于节间；叶舌膜质，先端具纤毛；叶片条状披针形，3～8cm×5～10mm，两面均有柔毛或无毛，主脉在上面呈绿白色。总状花序 2～4 个，呈指状排列，稀 1 个；穗轴节间较粗，短于小穗，边缘具纤毛；小穗孪生，一有柄，一无柄，长 4～5mm，含 2 小花，基盘具少量短毛；第二小花两性；第一颖披针形，上部具 2 脊，脊上具小纤毛，脊间具 2～4 脉，脉在先端网状汇合；第一小花退化仅留内稃，稀内稃也缺，有时有雄蕊；第二外稃极狭，先端延伸成小尖头或长约 5mm 的短芒，芒下部扭卷，不伸出小穗外，内稃卵形。花果期 9—11 月。

生境与分布　见于全市各地；生于地边、路边或山坡疏林下阴湿处。产于全省各地；分布于华东、华中、华南、华北、西南等地；东北亚、南亚、东南亚也有。

附种 1　莠竹 var. *imberbe*，小穗长 5～6mm；第二外稃之芒伸出于颖外，长可达 9mm。见于余姚、江北、北仑、鄞州、奉化、宁海、象山；生于路边、溪边阴湿处。

附种 2　竹叶茅 *M. nudum*，穗轴节间较纤细，等于或长于小穗，无毛；第一颖脊间具 4 脉，脉在先端不呈网状汇合；第二外稃先端之芒长 10～15mm。见于余姚、宁海、象山；生于沟谷、山坡疏林下或灌草丛中。

莠竹

竹叶茅

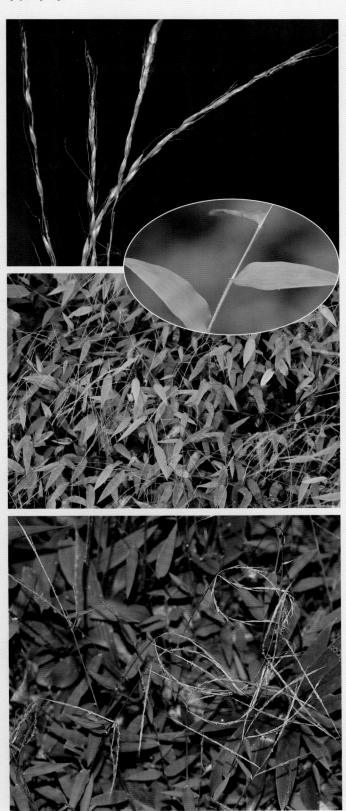

108 粟草

学名 **Milium effusum** Linn.　　　　属名 粟草属

形态特征　多年生草本，高 0.7～1.5m。秆质地较软，光滑无毛。叶鞘上部者短于节间，光滑无毛；叶舌膜质透明，长 2～10mm；叶片条状披针形，5～15cm×3～10mm，边缘微粗糙，常反卷。圆锥花序成熟时开展，10～20cm×5～8cm，分枝细弱，光滑或微粗糙；小穗灰绿色，长 3～4mm；颖草质带膜质，光滑或微粗糙；外稃幼时与颖同质，熟时变为软骨质，长约 3mm，具光泽；内稃约与外稃同质同长。颖果长约 1mm。花果期 5—6 月。

生境与分布　见于宁海、象山；生于山顶、坡地林下或灌草丛中。产于安吉、临安、天台；分布于华东、东北、华北、华中、西南、西北等地；北半球温带也有。

主要用途　植株质地柔软，可作牧草；亦为编织材料；谷粒也可作饲料。

109 五节芒

学名 ***Miscanthus floridulus*** (Labill.) Warb. ex K. Schumann et Lauterbach 属名 芒属

形态特征 多年生高大草本，高 1～2.5m。具根状茎；秆丛生，节下常具白粉。叶鞘无毛或边缘及鞘口有纤毛；叶片条形，30～80cm×1.5～2.5cm，边缘具锋利细锯齿。圆锥花序长 30～50cm，主轴显著延伸几达花序顶端，至少长达花序的 2/3，长于总状花序，具极多分枝；总状花序细弱；小穗孪生，长 3～3.5mm，含 1 两性小花，基盘具较小穗稍长的丝状毛；小穗柄不等长，顶端膨大；两颖近相等；第一外稃长圆状披针形，稍短于颖，边缘有小纤毛，无芒；第二外稃先端具 2 微齿，齿间有芒，芒长 5～11mm，膝曲，内稃极微小或缺。花果期 6—8 月。

生境与分布 见于全市各地；生于山坡、河沟边、路边、疏林下灌草丛中。产于全省各地；分布于华东、华南、华中、西南；东南亚及日本也有。

主要用途 嫩茎叶可作耕牛饲料；茎叶可造纸、盖房，或用于发电；带秆花序可扎扫把；根状茎发达，较难清除。

110 芒

学名 **Miscanthus sinensis** Anderss.　　　属名 芒属

形态特征　多年生草本，高 0.8～2m。秆丛生。叶鞘长于节间，除鞘口具长柔毛外，余均无毛；叶舌长 1～2mm，先端具小纤毛；叶片条形，20～60cm×5～15mm，边缘具细锐锯齿。圆锥花序扇形，长 15～40cm，主轴仅延伸至中部以下，短于总状花序；总状花序较强壮而直立；小穗披针形，长 4～5.5mm，基盘具白色至淡黄褐色丝状毛；小穗柄无毛，顶端膨大；第一颖先端渐尖，具 3 脉；第二颖舟形，边缘具小纤毛；第一外稃长圆状披针形，较颖稍短；第二外稃较窄，较颖短 1/3，芒从先端 2 齿间伸出，长 8～10mm，膝曲。花果期 9—11 月。

生境与分布　见于全市各地；生于山坡、山脊疏林下或灌草丛中。产于全省各地；分布于华东、华南、西南及吉林、河北、湖北、陕西等地；日本及朝鲜半岛也有。

主要用途　嫩茎叶可作饲料；也可用于园林或庭园绿化。

附种　本种在全市各地栽培观赏的园艺品种有**细叶芒 'Gracillimus'**（叶片纤细狭长，植株挺秀，株型圆整丰满）、**花叶芒 'Variegata'**（叶片浅绿色，有奶白色条纹，条纹与叶片等长，花期 9—10 月）、**斑叶芒 'Zebrinus'**（叶片淡黄色夹绿色条纹，有不规则的斑纹，花期 8—9 月）等。

细叶芒

花叶芒

斑叶芒

111 | 荻

学名 **Miscanthus sacchariflorus** (Maxim.) Hack.　　　　属名 芒属

形态特征　多年生草本，高可达 2m。根状茎粗壮。秆直立，节上具须毛。叶舌先端圆钝，具一圈纤毛；叶片条形，10～50cm×4～10mm，除上部叶片的基部生柔毛外其余无毛，中脉白色。圆锥花序顶生，长 20～30cm，由 10～20 个总状花序组成，扇形；小穗长 5～6mm，狭披针形，孪生，含 2 小花，第一小花中性，第二小花两性，具不等长小穗柄，成熟后带褐色，基盘具长约为小穗 2 倍的白色丝状长柔毛；两颖不等长，第一颖膜质，边缘及背面有长柔毛，第二颖舟状；外稃无芒，具纤毛。花果期 8—10 月。

生境与分布　见于全市各地；生于山谷、山坡、滩地、田野及滨海湿地。产于湖州、嘉兴、杭州、绍兴及普陀、兰溪等地；分布于东北及河北、山西、山东、河南、陕西、甘肃等地；东北亚也有。

主要用途　为良好的水土保持植物；小穗基部具白色长毛，成片种植的秋冬季景色十分壮观。

112 乱子草

学名 **Muhlenbergia huegelii** Trin.

属名 乱子草属

形态特征　多年生草本，高 70～100cm。具长而被鳞片的根状茎，鳞片有光泽。秆直，稍扁，质较硬，有时带紫色，通常自基部数节生出 1 或 2 分枝，节下贴生白色微毛。叶鞘除顶端 1 或 2 节外，大多短于节间，平滑无毛；叶舌膜质，无毛或具纤毛；叶片狭披针形，4～10cm×5～7mm，扁平，暗绿色。圆锥花序开展，每节簇生数个细弱的分枝；小穗绿色，长 2.5～3mm，含 1 小花，脱节于颖之上；小穗柄粗糙，大多短于小穗，与穗轴贴生；颖薄膜质，白色透明，无脉，先端钝，第二颖先端尖而具 1 脉，第一颖长 1～1.2mm，第二颖长约 1.5mm；外稃与小穗等长，具铅绿色斑纹，下部 1/5 具柔毛，芒纤细，长 10～12mm。花果期 7—10 月。

生境与分布　见于余姚、鄞州、奉化；生于山坡林下、草丛或石缝中。产于临安、开化；分布于华东、华中、华北、西北、西南、东北；东北亚、南亚及菲律宾也有。

附种　粉黛乱子草（毛芒乱子草）*M. capillaris* **'Regal Mist'**，花序轴、分枝和小穗粉红色或淡紫色；分枝单生；小穗柄细长，毛发状，先端增粗；芒长 6～8cm。原产于美国、墨西哥。慈溪及市区等地有栽培。

粉黛乱子草

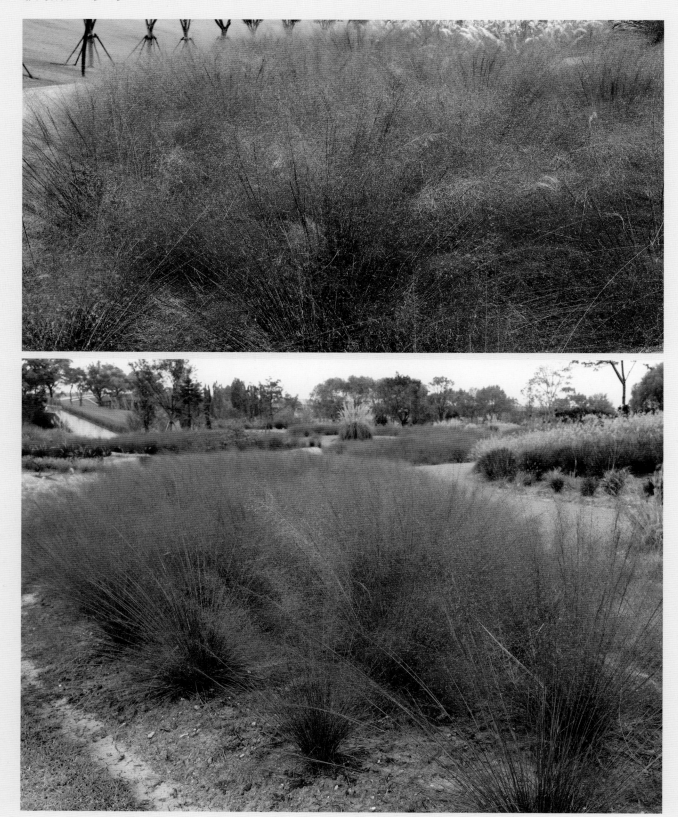

113 山类芦

学名 **Neyraudia montana** Keng   **属名** 类芦属

形态特征 多年生草本，高 40～80cm。秆直立，草质，密集丛生，基部宿存枯萎的叶鞘。叶鞘疏松裹茎，短于节间，上部者光滑无毛，基生者密生柔毛；叶舌密生柔毛；叶片约 60cm×5～7mm，内卷，光滑或上面具柔毛。圆锥花序长 30～60cm，分枝向上斜升；小穗两侧压扁，含 3～6 小花，第一小花为两性；颖长 4～5mm，先端渐尖或呈锥状；外稃近边缘处生较短柔毛，先端具长 1～2mm 的短芒，基盘具长约 2mm 的柔毛；内稃略短于外稃。花果期 7—8 月。

生境与分布 见于除江北及市区外的全市各地；生于山坡、路边及岩石上。产于全省各地；分布于华东及湖北。

主要用途 可作为公路两边边坡绿化或大片裸露岩石生态恢复的先驱植物。

附种 类芦 *N. reynaudiana*，秆稍木质，高可达 2m；叶鞘紧密抱茎，仅沿颈部具柔毛；圆锥花序分枝开展下垂；第一花中性，仅有无毛外稃；颖长约 3mm。见于余姚、北仑、鄞州、奉化、宁海、象山；生于丘陵山区的溪边、山坡或灌草丛中。

类芦

114 求米草

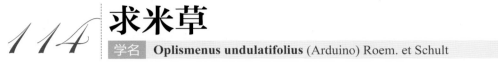

学名 **Oplismenus undulatifolius** (Arduino) Roem. et Schult　　属名 求米草属

形态特征 一年生草本，高 20～50cm。秆细弱，下部匍匐，节处生根。叶鞘有疣基毛；叶舌膜质，短小；叶片披针形，2～8cm×5～18mm，通常皱缩不平，具细毛及横脉。圆锥花序主轴密生疣基长刺毛，分枝缩短；小穗被硬刺毛，几无柄，簇生在主轴或分枝的一侧，或近顶端处孪生，含2小花，第一小花中性，第二小花两性；颖草质，第一颖长约为小穗的1/2，先端具硬芒，第二颖长于第一颖，先端具直芒；第一外稃先端具短芒，内稃通常缺如；第二外稃革质。花果期 7—11 月。

生境与分布 见于全市各地；生于山坡、路边、林下草丛中。产于全省各地；分布于华东、华北、华中、华南、西南及陕西；北半球温带和亚热带地区也有。

115 | 稻

学名 **Oryza sativa** Linn.　　　　　　　　　属名 稻属

形态特征　一年生草本，高可达 1m。秆丛生，直立。叶鞘下部者长于节间，无毛；叶舌膜质而稍硬，披针形，基部两侧下延而与叶鞘边缘结合，长 8～25mm；叶耳幼时明显，成熟后脱落；叶片30～60cm×6～15mm，扁平，粗糙。圆锥花序疏松，成熟时向下弯垂；小穗长圆形，含 1 成熟小花，两侧压扁；颖极退化，仅在小穗柄先端留下半月形痕迹；退化外稃锥刺状，无毛；两性花之外稃被细毛，稀无毛，先端有芒或无芒；内稃亦被细毛。颖果椭球形、近球形或圆柱状。花果期夏秋季。

地理分布　起源于我国长江中下游地区。全市各地普遍栽培。

主要用途　为人类最重要的粮食作物之一，也可制淀粉、酿酒；米糠可用作饲料，或用作雷竹、毛竹"冬笋早出"的增温覆盖材料；稻秆可作饲料及编织、造纸和覆盖草房的原料；谷芽入药，具健脾开胃、和中消食之功效。

116 糠稷

学名 **Panicum bisulcatum** Thunb.　　　　　　　属名 稷属（黍属）

形态特征　一年生草本，高60～100cm。秆直立或基部倾斜。叶鞘松弛，无毛或边缘具纤毛；叶舌短小，具小纤毛；叶片质薄，狭条状披针形，5～15cm×3～10mm，光滑或上面疏生柔毛。圆锥花序主轴直立，分枝细，斜向上升或水平开展；小穗稀疏，椭球形，长2～2.5mm，具细柄，背腹压扁，含2小花，第一小花雄性或中性，第二小花两性；第一颖几呈三角形，长约为小穗的1/2，基部几不包卷小穗；第二颖与第一外稃等长，被细毛。花果期9—11月。

生境与分布　见于全市各地；生于农田、水沟、路旁或山坡草丛中。产于全省各地；分布于华东、华南、华中、西南及黑龙江；太平洋群岛、朝鲜半岛及日本、菲律宾、澳大利亚、印度也有。

主要用途　可作饲料。

117 铺地黍

学名 **Panicum repens** Linn.

属名 稷属（黍属）

形态特征 多年生草本，高 50～100cm。根状茎粗壮发达。秆直立，下部常匍匐或平卧。叶鞘光滑，边缘被纤毛；叶舌膜质，顶端具长纤毛；叶片条形，质硬，5～25cm×3～6mm，干时常内卷呈锥形，上面被毛，下面无毛。圆锥花序开展；小穗椭球形，长约 3mm，无毛，含 2 小花，第一小花雄性或中性，第二小花两性；第一颖薄膜质，长约为小穗的 1/4，基部包卷小穗；第二颖约与小穗近等长，顶端喙尖，第一小花雄性，其外稃与第二颖等长；第二小花结实。花果期 5—10 月。

生境与分布 见于象山；生于海边沙滩。产于温州及温岭；分布于华东、华南及四川、云南；广布于世界热带和亚热带。

主要用途 本种繁殖力特强，根系发达，为高产牧草，但亦是难除杂草之一。

附种 柳枝稷 **P. virgatum**，第一颖长约为小穗的 2/3～3/4；小穗长约 5mm。原产于北美。江北有栽培。

柳枝稷

118 假牛鞭草

学名 **Parapholis incurva** (Linn.) C.E. Hubb.　　　　　　　　**属名** 假牛鞭草属

形态特征　一年生草本，高30～40cm。秆光滑，植株呈铺散状，节部常膝曲。叶鞘光滑，短于节间；叶舌膜质，无毛；叶片条形，5～25cm×3～6mm，扁平或折叠，无毛或上面疏被短毛。穗状花序圆柱形而稍压扁，多呈镰刀状弯曲，单生于主秆或分枝顶端，或因分枝缩短而呈3～5个簇生状；小穗含1小花；颖革质，2片，并列覆盖小花，具膜质边缘，外侧边缘内折，具翼，翼缘具小硬纤毛；外稃披针形，无毛；内稃略短于外稃，顶端浅裂，脉先端及脉间具极微小的糙毛。颖果长椭球状柱形。花期4—6月。

生境与分布　见于慈溪、奉化、象山；多生于海滨、海堤下盐土中。产于舟山、温州；分布于江苏、福建；欧洲、非洲、南亚及土库曼斯坦也有。

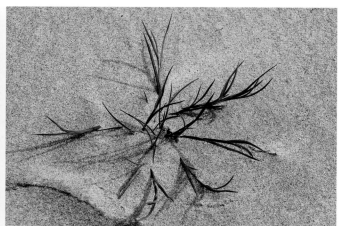

119 双穗雀稗

学名 **Paspalum distichum** Linn.　　　　　　　　　属名 雀稗属

形态特征　多年生草本，高 20～40cm。匍匐茎横走、粗壮，节生柔毛。叶鞘短于节间，背部具脊，边缘或上部被柔毛；叶舌膜质，无毛；叶片披针形，5～15cm×3～7mm，无毛。总状花序常 2 个对生；小穗单生，顶端尖，疏生微柔毛，成 2 行排列于穗轴一侧，含 2 小花，第一小花退化，仅存外稃，第二小花两性；第一颖退化或微小；第二颖膜质，贴生柔毛，具明显中脉；第一外稃顶端尖；第二外稃等长于小穗，顶端尖，被毛，草质。花果期 5—9 月。

生境与分布　见于全市各地；生于田边、路旁、溪沟边。产于全省各地；分布华东、华中、华南、西南；全世界热带至温带地区广布。

主要用途　优良牧草。

120 雀稗

学名 **Paspalum thunbergii** Kunth ex Steud.　　　属名 雀稗属

形态特征　多年生草本，高 50～100cm。秆常丛生，节具柔毛。叶鞘有脊，长于节间，被柔毛；叶舌膜质，褐色；叶片条形，10～25cm×5～8mm，两面密生柔毛，边缘粗糙。总状花序 3～6 个，分枝腋间具长柔毛；小穗单生，椭圆状倒卵形，先端微凸，长约 3mm，散生微柔毛，成 2～4 行排列，含 2 小花，第一小花退化，仅存外稃，第二小花两性；第二颖背面和边缘均被微毛；第二外稃灰白色，与小穗等长，表面细点状，粗糙，革质。花果期 5—10 月。

生境与分布　见于除市区外的全市各地；生于山坡、路边、荒野潮湿地。产于全省各地；分布于华东、华中、华南、西南及陕西；朝鲜半岛及日本、不丹、印度也有。

附种　圆果雀稗 *P. scrobiculatum* var. *orbiculare*，叶鞘无毛，鞘口有少数长柔毛，基部者生白色柔毛；叶片大多无毛；总状花序中部小穗通常孪生，小穗宽倒卵形，长 2～2.2mm，无毛。见于除市区外的全市各地；生于荒坡、草地、路旁及田间。

圆果雀稗

121 狼尾草

| 学名 | **Pennisetum alopecuroides** (Linn.) Spreng. | | 属名 | 狼尾草属 |

形态特征　多年生草本，高 30～100cm。秆直立，花序以下常密生柔毛。叶鞘仅鞘口有毛；叶舌具纤毛；叶片条形，15～20cm×2～6mm，常内卷。圆锥花序紧密，呈圆柱状，主轴密生柔毛；小穗常单生，具梗，条状披针形，长 5～8mm，含 2 小花，第一小花中性或雄性，第二小花两性，其下围以总苞状的粗糙刚毛，刚毛长 1.5～3cm，淡绿色或紫色；第一颖微小或缺；第二颖长为小穗的 1/3～2/3；第一外稃与小穗近等长，具 7～11 脉；第二外稃软骨质，具 5 脉，边缘包着同质的内稃。花果期 6—12 月。

生境与分布　见于全市各地；生于山坡、山脚路边草丛中。产于全省各地；分布于我国南北各地；大洋洲、东南亚、朝鲜半岛及日本、印度也有。

122 御谷

学名 *Pennisetum glaucum* (Linn.) R. Br.　　　　　　**属名** 狼尾草属

形态特征　一年生草本，高达 3m。秆粗壮直立，常单生，在花序以下密生柔毛。叶片 20～100cm×2～5cm，扁平，基部近心形，两面稍粗糙，边缘具细刺；叶鞘疏松，光滑；叶舌连同纤毛长 2～3mm。圆锥花序紧密，40～50cm×1.5～2.5cm，主轴粗壮，硬直，密生短柔毛；花序梗长 2～5mm，密生柔毛；小穗倒卵形，长 3.5～4.5mm；刚毛短于小穗，粗糙或基部生柔毛；第一颖长约 1mm，第二颖长 1.5～2mm；第一小花雄性，外稃先端截平，边缘膜质，具纤毛，内稃薄纸质，具细毛；第二小花两性，外稃长约 3mm，先端钝圆，具纤毛。颖果近球形或梨形，熟时膨大外露，长约 3mm。花果期 9—10 月。

地理分布　原产于非洲。慈溪、奉化有栽培。

主要用途　可作饲料；谷粒供食用。

123 束尾草

学名 **Phacelurus latifolius** (Steud.) Ohwi

属名 束尾草属

形态特征 多年生草本，高1～1.8m。根状茎粗壮发达。秆直立，粗壮，节上常有白粉。叶鞘无毛；叶舌厚膜质，两侧有纤毛；叶片质硬，条状披针形，约40cm×1.5～3cm，无毛。总状花序4～10个，长达20cm，指状排列于秆顶；穗轴节间及小穗柄均为三棱形，等长或稍短于无柄小穗；小穗孪生，一有柄，一无柄，均无芒；无柄小穗披针形，含2小花；第一颖革质，脊上具细刺；第二颖舟形，脊上部亦有细刺；第一小花雄性；第二小花两性。有柄小穗稍短于无柄小穗。颖果披针形。花果期6—10月。

生境与分布 见于除余姚、江北及市区外的全市各地；成片生于河边及滨海草丛中。产于舟山、温州等地沿海地区；分布于华东沿海及河北、辽宁；日本及朝鲜半岛也有。

主要用途 秆叶可盖草屋、作燃料。

附种 狭叶束尾草 var. *angustifolius*，植株较矮小，秆高30～100cm；叶片狭窄，宽0.2～1cm；总状花序较小而短，2～4个，长10～12cm。见于奉化、象山；生境同原种。

狭叶束尾草

124 | 显子草

学名 **Phaenosperma globosa** Munro ex Oliv.　　　　属名 显子草属

形态特征　多年生草本，高 100～150cm。秆单生或少数丛生，直立，坚硬，光滑无毛。叶鞘光滑无毛；叶片长披针形，20～40cm×1～3cm，常反卷而使上面向下，灰绿色，下面向上，深绿色。圆锥花序分枝下部者多轮生，幼时斜向上升，成熟时开展；小穗长 4～4.5mm，背腹压扁，含 1 两性小花，无芒，脱节于颖之下；第一颖长 2～3mm，具

3 脉，第二颖长约 4mm，具 3 脉；内稃略短于或近等长于外稃。颖果倒卵球形，黑褐色，表面具皱纹。花果期 5—7 月。

生境与分布　见于除市区外的全市各地；生于沟谷、山坡疏林下或林缘灌草丛中。产于全省各地；分布于华东、西南及甘肃、广西、湖北、陕西；朝鲜半岛及印度、日本也有。

125 虉草

学名　**Phalaris arundinacea** Linn.

属名　虉草属

形态特征　多年生草本，高 60～120cm。具根状茎。秆直立，单生，稀少数丛生。叶鞘无毛；叶舌薄膜质；叶片 15～30cm×5～15mm，扁平。圆锥花序紧密，狭窄，分枝直向上升，具棱角，密生小穗；小穗长 4～5mm，两侧压扁，含 1 朵两性小花及附于其下的 2 枚退化为条形的外稃；颖之脊上粗糙，上部具极狭翼；中性花的外稃退化成条形，具柔毛；两性花外稃宽披针形，上部具柔毛；内稃披针形，具脊，脊两旁疏生柔毛。花果期 5—6 月。

生境与分布　见于余姚、北仑、奉化；生于溪边、田边湿地。产于杭州及吴兴、安吉、诸暨、开化、庆元、瓯海、文成等地；分布于华东、东北、华北、华中、西北及四川、云南；广布于北半球的温带。

附种　花叶虉草（玉带草）var. *picta*，叶片具白色或黄白色镶嵌的条纹，柔软似丝带。慈溪及市区有栽培。

花叶虉草

126 | 鬼蜡烛

学名 **Phleum paniculatum** Huds.　　　　　　　属名 梯牧草属

形态特征　一年生草本，高 10～40cm。秆细弱，丛生，直立，基部常膝曲。叶鞘短于节间；叶舌薄膜质，两侧下延，与鞘口边缘相结合；叶片 5～15cm×2～6mm，扁平。圆锥花序紧缩成穗状圆柱形；小穗楔状倒卵形，含 1 小花，几无柄，脱节于颖之上；两颖等长，长 2～3mm，脉间具深沟，脊上无毛或具硬纤毛，先端具尖头；外稃卵形，贴生短毛；内稃几等长于外稃。花果期 5—8 月。

生境与分布　见于鄞州、奉化、宁海、象山；生于田边湿地或沟谷草丛中。产于杭州、温州及诸暨、定海；分布于华中、西北及江苏、安徽、山西、四川等地；欧亚大陆温带地区也有。

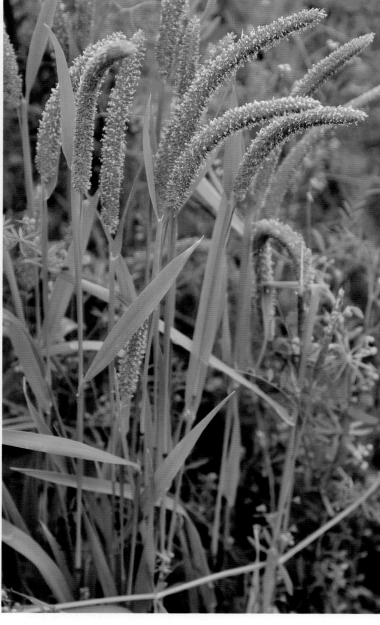

127 | 芦苇

学名 **Phragmites australis** (Cav.) Trin. ex Steud.　　　　　属名 芦苇属

形态特征　多年生草本，高1～3(5)m。根状茎粗壮发达。秆直立，直径5～10mm，基部和上部节间较短，节下被白粉。叶舌极短，边缘密生短纤毛，两侧缘毛易脱落；叶片宽条形至披针状条形，20～50cm×2～5cm，光滑或边缘粗糙。圆锥花序大型，着生稠密下垂的小穗，下部枝腋间具白色柔毛；小穗柄无毛；小穗长12～16mm，含4～7花；颖具3脉，第一颖短于第二颖；第二外稃与第一外稃近等长，具3脉，顶端长渐尖，基盘延长，两侧密生等长或略长于外稃的丝状柔毛；内稃两脊粗糙。花果期8—11月。

生境与分布　见于全市各地；生于海滩、河岸、池塘、沟渠和低湿地。产于全省各地；分布于全国各省份；世界各地广布。

主要用途　优良的固堤护岸植物；为促淤造陆先锋环保植物；秆为造纸原料或作编席织帘及建棚材料，茎、叶嫩时为饲料；根状茎供药用。

附种　金叶芦苇（花叶芦苇）'**Variegata**'，叶片上有黄白色宽窄不等的纵条纹。鄞州及市区等地有栽培。

金叶芦苇

128 | 日本苇

学名 **Phragmites japonicus** Steud.

属名 芦苇属

形态特征 多年生草本，高约 1.5m。具地下横走根状茎和向上竖立的短根状茎；地面具发达的匍匐茎，鞘节被柔毛，节处生不定根，向上伸出直立茎秆，秆直径 3～5mm；叶鞘与其节间等长或稍长；叶舌膜质，边缘具短纤毛，两侧有少许易落的缘毛；叶片 25～45cm×1.5～2.5cm，边缘锯齿状。圆锥花序长 20～40cm，略下垂，主轴与花序以下秆的部分贴生柔毛；小穗柄上散生柔毛；小穗长 6～10mm，含 3～4 小花，带紫色；外稃基盘中上部密生丝状柔毛，毛长为稃体的 3/4。花果期 7—10 月。

生境与分布 见于鄞州、奉化、宁海；生于海拔300m 以下的山区河道鹅卵石滩上或溪沟边岩缝中。产于丽水及临安、淳安、开化、浦江等地；分布于东北；东北亚也有。

主要用途 秆可供造纸；叶可作牛羊饲料；植株低矮密集，清秀雅致，是优良的湿地美化植物；根系发达，生长快速，宜作石质或泥质河岸及湖畔的护坡材料。

129 | 卡开芦

学名　**Phragmites karka** (Retz.) Trin. ex Steud.　　属名　芦苇属

形态特征　多年生草本，高 3～5m。具粗而长的根状茎，节具不定根。秆直立，不分枝，直径 1.5～2.5cm。叶鞘通常平滑，长于节间，具横脉；叶片条形，长达 50cm，背面与边缘粗糙，先端渐尖成丝状。圆锥花序大型，分枝纤细，稠密，略下垂；主轴直立，分枝多数轮生于主轴各节；穗柄无毛；小穗长 8～10mm，含 4～6 小花；颖窄椭圆形，具 1～3 脉，第一外稃不孕；第二外稃上部渐尖，呈芒状；基盘细长，稍弯，疏生较短的丝状柔毛，毛长为其稃体的 1/2～2/3。花果期 8—12 月。

生境与分布　见于宁海、象山；生于海岸沙滩内侧。产于杭州、温州及玉环、景宁；分布于华南及福建、四川、云南；非洲、太平洋群岛、东南亚、南亚及日本也有。

130 早熟禾

学名 *Poa annua* Linn.　　　　　**属名** 早熟禾属

形态特征　二年生或一年生草本，高8～25cm。秆柔软，丛生。叶鞘闭合至中部以下，光滑无毛；叶舌长1～3mm，圆头；叶片柔软，4～12cm×2～4mm，扁平或对折，先端急尖，呈船形。圆锥花序开展，卵圆形，每节具1～3个分枝；小穗含3～5小花；颖质薄，有宽膜质边缘，第一颖具1脉，第二颖具3脉；外稃有宽膜质边缘，无芒，脊及边缘的中部以下有长柔毛，间脉的基部也常有柔毛，基盘无绵毛；内稃与外稃等长或稍短，脊上密生丝状长柔毛。颖果纺锤形。花果期2—5月。

生境与分布　见于全市各地；生于平原及丘陵山区的田边、路边、河边草丛中。产于全省各地；分布于除宁夏外的全国各省份；世界各地广布。

主要用途　可作鸡的青饲料。

附种　白顶早熟禾 *P. acroleuca*，秆高25～50cm；叶鞘闭合几达鞘口；叶舌长0.5～1mm；圆锥花序每节着生2～5分枝；颖有狭膜质边缘；外稃基盘有绵毛。见于除市区外的全市各地；生于山坡、林下、路边草丛中。

白顶早熟禾

131 华东早熟禾

学名 **Poa faberi** Rend.　　　属名 早熟禾属

形态特征　多年生草本，高 30～60cm。秆稍硬直，疏丛生。叶鞘常具倒向粗糙毛，上部压扁成脊；叶舌长 3～8mm，先端尖；叶片狭条形，7～12cm×1.5～2.5mm，两面粗糙。圆锥花序较紧密，每节具 3～5 分枝；小穗含 4 小花；颖披针形，先端锐尖，具 3 脉；外稃披针形，脊中部以下及边脉下部 1/3 处有长柔毛，基盘有中量绵毛；内稃稍短于外稃。花果期 4—6 月。

生境与分布　见于慈溪、余姚、北仑、鄞州、奉化、宁海、象山；生于滩涂、山坡路边及林下草丛中。产于全省各地；分布于华东、华中、西南及甘肃、新疆。

主要用途　可作牧草。

132 棒头草

学名 **Polypogon fugax** Nees ex Steud.　　　　　　属名 棒头草属

形态特征　一年生草本，高 20～70cm。秆丛生，光滑。叶鞘光滑无毛；叶舌膜质，常 2 裂或先端不整齐齿裂；叶片 5～15cm×3～5mm，扁平，微粗糙或下面光滑。圆锥花序长圆柱形，花时较疏松，花后收拢成穗状，具缺刻或有间断；小穗长约 2.5mm（其中基盘长 0.5mm），灰绿色或带紫色，含 1 小花，两侧压扁，小穗柄有关节，小穗自节处脱落；颖长圆形，先端 2 浅裂，裂片间具芒，芒细直，长 1～3mm，短于颖体；外稃光滑，长约 1mm，先端具细齿，中脉延伸成长约 2mm 而易脱落的芒。颖果椭球状圆柱形。花果期 4—6 月。

生境与分布　见于全市各地；生于滩涂、田边、路边、河岸、林缘潮湿处。产于全省各地；分布于华东、华中、华南、西南及山西、陕西、新疆等地；亚洲温带和亚热带地区也有。

附种　长芒棒头草 *P. monspeliensis*，叶鞘粗糙；圆锥花序不间断；小穗基盘长 0.3mm；颖之芒长约 5mm，长于颖体；外稃之芒与稃体等长。见于除市区外的全市各地；生于路边、田边、堤旁潮湿处。

长芒棒头草

133 鹅观草

学名 **Roegneria kamoji** (Ohwi) Keng et S.L. Chen　　**属名** 鹅观草属

形态特征 多年生草本，高 30～100cm。秆直立或基部倾斜；叶鞘光滑，外侧边缘常具纤毛；叶舌纸质，截平；叶片 5～30cm×3～15mm，扁平。穗状花序下垂，穗轴边缘粗糙或具小纤毛；小穗无柄，含 3～10 小花；颖边缘膜质，具 3～5 明显而粗壮的脉；外稃披针形，背部光滑无毛或微粗糙，具宽膜质边缘，第一外稃之芒劲直或上部稍有曲折，长 2～4cm；内稃稍短至稍长于外稃，脊上显著具翼，翼缘有细小纤毛。花果期 4—6 月。

生境与分布 见于全市各地；生于荒地、山坡或路边草丛中。产于全省各地；分布几遍全国；东北亚也有。

主要用途 优良的牲畜饲料。

附种 1 **纤毛鹅观草 *R. ciliaris***，小穗含 7～12 小花；颖具明显 5～7 脉，边缘及脉上具纤毛；外稃背部被粗毛或短刺毛，边缘具长而硬的纤毛；第一外稃的芒向外反曲；内稃长为外稃的 2/3。见于慈溪、余姚、北仑、鄞州；生于路边及田间草丛中。

附种 2 **细叶鹅观草**（竖立鹅观草）***R. ciliaris* var. *hackeliana***，穗状花序直立，稀稍下垂；小穗含 7～9 小花；颖具明显 7～9 脉；外稃背部粗糙，边缘具短纤毛；第一外稃芒向外反曲；内稃长约为外稃的 2/3。见于除市区外的全市各地；生于山坡、林下及路边草丛中。

纤毛鹅观草

细叶鹅观草

134 斑茅

学名 **Saccharum arundinaceum** Retz.　　属名 甘蔗属

形态特征 多年生草本，高2～4m。秆粗壮，无毛。叶鞘长于节间，基部和边缘具柔毛；叶舌短，长1～3mm；叶片条状披针形，1m×2～2.5cm，上面基部密生柔毛，边缘小刺状粗糙。圆锥花序大型，长40～50cm，稠密，每节着生2～4分枝；总状花序轴顶端膨大，节间与小穗柄细条形，被长丝状柔毛；小穗长约4mm，孪生，一无柄，一有柄，各含1两性小花，基盘具短柔毛；颖纸质，第一颖具2脊，背部具长柔毛；第二颖舟形，上部边缘具纤毛；第一外稃上部边缘具纤毛；第二外稃先端具小尖头，内稃长为外稃的1/2～2/3。花果期10—11月。

生境与分布 见于除市区外的全市各地；生于路边、溪滩边或山坡灌草丛中。产于全省各地；分布于华东、华中、华南、西南及河北、陕西、甘肃；南亚、东南亚也有。

主要用途 幼嫩秆叶可作饲料，老时可造纸；秋季花序初放时带粉红色，后变白色，可供绿化观赏；根系发达，可用于固土护坡。

135 | 甘蔗

学名 *Saccharum officinarum* Linn.　　　　　　　　　**属名** 甘蔗属

形态特征　多年生草本，高 3～5m。根状茎不发达。秆粗壮，实心，直径 2～6cm，深紫色、绿带紫色或黄绿色，下部节间较短而粗大，被白粉。叶鞘长于节间，鞘口具柔毛；叶舌极短，生纤毛；叶片 1m×4～6cm，无毛，边缘锯齿状粗糙。本地未见开花结实。

地理分布　原产于亚洲东南部和太平洋岛屿。除市区外的全市各地有栽培。

主要用途　茎秆蔗糖含量高，纤维少，可鲜食或作制糖原料；秆梢与叶片为牛羊等家畜的好饲料，还可供药用、制酒精、养酵母及作建筑等材料。

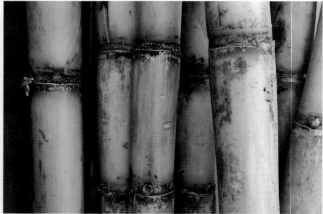

136 沙滩甜根子草

学名 **Saccharum spontaneum** Linn. var. **arenicola** (Ohwi) Ohwi　属名 甘蔗属

形态特征　多年生草本，高 1～1.5m。根状茎发达。秆散生，中空，坚硬，直径约 6mm，基部被叶鞘包裹。叶鞘上部被长柔毛，鞘口具长毛；叶舌膜质，长 1.5～3mm，具纤毛；叶片条形，40～60cm×4～6mm，边缘反卷，下面灰绿色，上面及边缘粗糙。圆锥花序狭窄，直立，长约 30cm，稠密，主轴密生丝状柔毛；分枝直立；小穗柄长 2～3mm；无柄小穗宽披针形，长 4～4.5mm，基盘具长 10mm 的丝状毛。花果期 7—8 月。

生境与分布　见于象山；常片状生于滨海沙滩林缘、风成沙丘、潮上带附近。产于舟山、台州、温州沿海各县（市、区）；日本也有。为本次调查发现的中国新记录植物。

主要用途　根系发达，耐干旱、盐碱，是优良的防风固沙植物和牧草。

137 | 囊颖草

学名 **Sacciolepis indica** (Linn.) Chase　　　　　属名 囊颖草属

形态特征　一年生草本，高 20～70cm。秆直立或基部膝曲，通常少数丛生。叶鞘具棱脊，短于节间，常无毛；叶舌膜质；叶片薄，条形，5～20cm×4～6mm，基部较窄。圆锥花序紧缩成圆柱形，主轴无毛，具棱角；小穗卵状披针形，向顶渐尖而弯曲，长 2～2.5mm，无毛或疏生微毛，含 2 小花，第一小花雄性或中性，第二小花两性；第一颖长为小穗的 1/2～2/3，基部包卷小穗；第二颖等长于小穗，背部弓弯，基部呈囊状；第一外稃等长于第二颖，内稃退化而极短小；第二外稃平滑光亮，长约为小穗的 1/2，边缘包同质内颖。花果期 6—10 月。

生境与分布　见于慈溪、余姚、北仑、鄞州、宁海、象山；生于田边、荒坡、路旁湿润处。产于全省各地；分布于华东、华中、西南及黑龙江、广东、海南；非洲、太平洋群岛、东南亚、南亚及日本、澳大利亚也有。

138 裂稃草

学名 **Schizachyrium brevifolium** (Swartz) Nees 　　属名 裂稃草属

形态特征 一年生草本，高 20～70cm。秆直立或倾斜，细瘦，多分枝。叶鞘短于节间，具脊，无毛；叶舌短，边缘撕裂并具睫毛；叶片条形或长圆形，2～4cm×3～7mm，平展或对折，无毛。总状花序细弱，下面托以鞘状总苞；小穗成对生于各节，一无柄，一具柄；无柄小穗条状披针形，基盘具短髯毛，背腹压扁，具 2 小花；第一颖近革质，背面扁平，具 2 微齿；第二颖膜质，舟形；外稃膜质，透明；第一外稃条状披针形；第二外稃深 2 裂几达基部，裂齿间具 1 膝曲的芒，芒长约 1cm；内稃缺或细小；有柄小穗仅存颖，先端具细直芒。颖果条形。花果期 9—11 月。

生境与分布 见于慈溪、余姚、镇海、北仑、鄞州、奉化、宁海、象山；生于田边、路边、坡地阴湿处。产于全省各地；分布于华东、华中、西南及陕西、河北、广东、海南等地；东亚、东南亚、南亚也有。

主要用途 可作饲料。

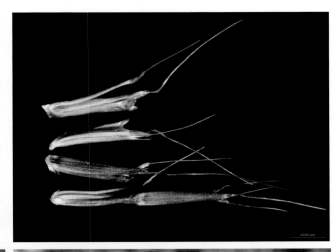

139 | 莩草

学名 **Setaria chondrachne** (Steud.) Honda　　**属名** 狗尾草属

形态特征 多年生草本，高 60～120cm。具横走根状茎，根状茎上的鳞片密生棕色毛。秆直立，基部质地较硬，光滑。叶片条状披针形或条形，5～25cm×0.5～1.5cm，扁平，先端渐尖，基部圆形，两面无毛；叶鞘边缘及鞘口具白色长纤毛；叶舌长约 0.5mm，具纤毛。圆锥花序塔状披针形或条形，长 10～20cm，主轴具棱，具短毛和极疏长柔毛，分枝斜向上举；小穗椭圆形，长约 3mm，常托以 1 枚长 4～10mm 的刚毛；第一颖卵形，长为小穗的 1/3～1/2，第二颖长为小穗的 3/4，顶端尖；第一小花中性，外稃与小穗等长，顶端尖，内稃薄膜质，狭窄，短于外稃；第二外稃等长于第一外稃，顶端呈喙状小尖头，平滑光亮。花果期 8—11 月。

生境与分布 见于奉化、象山；生于林下阴湿处。产于杭州及泰顺；分布于华东、华中、西南及广西；日本及朝鲜半岛也有。

140 粟 小米

学名 **Setaria italica** (Linn.) Beauv. var. **germanica** (Mill.) Schred.　属名 狗尾草属

形态特征 一年生草本，高达 1.5m。秆粗壮，直立。叶鞘松弛，无毛或密具疣毛，边缘具纤毛；叶舌具一圈纤毛；叶片条状披针形，10～45cm×0.5～3cm，先端尖，基部钝圆，上面粗糙，下面光滑。圆锥花序圆柱状，常下垂，长 10～40cm，主轴密生柔毛；小穗椭球形或近球形，长 2～3mm，顶端钝，黄色、橘红色或紫色；第一颖长为小穗的 1/3～1/2，第二颖长为小穗的 3/4 或稍短于小穗；第一外稃与小穗等长，具 5～7 脉，内稃薄纸质，披针形，长为小穗的 2/3；第二外稃卵圆形或圆形，质坚硬，等长于第一外稃，平滑或具细点状皱纹，成熟后自第一外稃基部和颖分离脱落。花果期 6—10 月。

地理分布 余姚、鄞州、奉化、宁海、象山有栽培。

主要用途 谷粒供食用、酿酒或入药；秆叶可作牲畜优良饲料。

141 棕叶狗尾草

学名 **Setaria palmifolia** (J. König) Stapf

属名 狗尾草属

形态特征 多年生草本，高1～2m。秆粗壮，直立。叶鞘松弛，具粗疣基毛，稀无；叶舌具长2～3mm的纤毛；叶片宽披针形，20～60cm×2～6cm，具纵深皱折，基部窄缩成柄状，近基部边缘有疣基毛。圆锥花序呈开展或稍狭窄的塔形，分枝排列疏松；小穗卵状披针形，长3.5～4mm，排列于小枝的一侧，部分小穗具1枚刚毛，含2小花；第一颖三角状卵形，长为小穗的1/3～1/2；第二颖长为小穗的1/2～3/4或略短于小穗；第一小花雄性或中性，外稃与小穗等长或略长，内稃长为外稃的2/3；第二小花两性，外稃具不甚明显的横皱纹，等长或稍短于外稃，先端具小而硬的尖头。颖果熟时常不带颖片脱落。花果期6—12月。

生境与分布 见于除市区外的全市各地；生于山坡或山谷林下阴湿处。产于钱塘江以南区域；分布于华东、华中、华南、西南；亚洲热带地区、非洲也有。

主要用途 颖果含丰富淀粉，可供食用；根可药用，治脱肛、子宫脱垂。

附种 皱叶狗尾草 **S. plicata**，叶片10～25cm×0.5～2.5cm；小穗长3～3.5mm；第二外稃具明显的横皱纹。见于慈溪、余姚、北仑、奉化、象山；生境同棕叶狗尾草。

皱叶狗尾草

142 狗尾草

学名 **Setaria viridis** (Linn.) Beruv.　　属名 狗尾草属

形态特征　一年生草本，高 10～100cm。秆直立或基部膝曲。叶鞘松弛，无毛或具柔毛；叶舌具纤毛；叶片狭披针形或条状披针形，4～30cm×2～15mm，先端渐尖，基部钝圆，通常无毛。圆锥花序紧密，呈圆柱形，直立或稍弯曲；小穗长 2～2.5mm，椭球形，先端钝，3～5 个簇生于花序主轴上，每簇小穗下托以数枚长 4～12mm 的绿色、黄色或紫色刚毛，含 2 小花，第一小花中性或雄性，第二小花两性；第一颖长约为小穗的 1/3；第二颖几与小穗等长；第一外稃与小穗等长，具 5～7 脉，内稃短小、狭窄；第二外稃具细点状皱纹，熟时背部稍隆起。花果期 5—10 月。

生境与分布　见于全市各地；生于山坡、路边、荒地草丛中。产于全省各地；分布于全国各省份；广布于世界各地。

主要用途　可作饲料；秆叶也可入药。

附种 1　**大狗尾草 S. faberi**，花序通常下垂；小穗长 2.5～3mm，先端尖；第二颖长为小穗的 3/4；第二外稃熟时背部极隆起。见于全市各地；生于山坡、路边、荒地草丛中。

附种 2　**金色狗尾草 S. pumila**，小穗通常在一簇中仅一个发育；第二颖长约为小穗的 1/2；小穗刚毛金黄色或带褐色。见于全市各地；生于山坡、路边、田野草丛中。

大狗尾草

金色狗尾草

$\mathit{143}$ 高粱 蜀黍

| 学名 | **Sorghum bicolor** (Linn.) Moen. | | 属名 | 高粱属 |

形态特征 一年生草本，高 3～4m。无根状茎。秆较粗壮，直径 2～4cm，直立，基部节上具支撑根。叶鞘无毛或稍有白粉；叶舌硬膜质，边缘有纤毛；叶片条形至条状披针形，40～70cm×3～5cm，两面无毛。圆锥花序疏松，主轴裸露，分枝 3～7 个，轮生，分枝可再分枝；小穗孪生，一无柄，一有柄；无柄小穗倒卵形或倒卵状椭圆形，4.5～6mm×3.5～4.5mm，基盘有髯毛，两颖均革质，熟后淡红色至暗棕色；外稃透明膜质，第一外稃边缘有长纤毛；第二外稃自裂齿间伸出一膝曲的芒，芒长约 14mm；有柄小穗条形至披针形，长 3～5mm，雄性或中性。颖果两面平凸。花果期6—11 月。

地理分布 原产于非洲。除市区外的全市各地普遍栽培。

主要用途 主要的栽培杂粮，可供食用，也可酿酒或制造淀粉；茎叶可作牲畜饲料。

附种 1 假高粱 *S. halepense*，多年生草本；具根状茎；秆直径 5～10mm；无柄小穗椭圆形，3.5～4mm×2～2.5mm。象山有逸生；生于田边或路边草丛中。

附种 2 匿芒假高粱 *S. halepense* form. *muticum*，与假高粱的区别在于：第二外稃无芒，仅具小尖头；花序分枝上部小穗具芒，下部小穗无芒。象山有逸生；生于路边及海边草丛中。

假高粱

匿芒假高粱

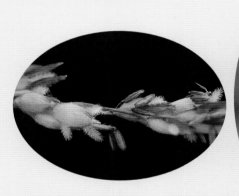

144 互花米草

学名 **Spartina alterniflora** Loisel.

属名 米草属（大米草属）

形态特征 多年生草本，高 1～2.5m。秆粗壮，直径 1cm 以上。叶鞘多长于节间，平滑；叶片条状披针形，30～90cm×1.5～2cm，具排盐的盐腺。圆锥花序具 10～20 个穗形总状花序；总状花序纤细，直立或稍平展，具 16～24 个小穗；小穗长约 1cm，无柄，脱节于颖之下，含 1 小花，两侧显著压扁，覆瓦状排列于穗轴上，无毛或几无毛；下部颖片条形，短于小穗；上部颖片卵状披针形，与小穗等长；外稃披针状长圆形至狭卵形；内稃稍长于外稃；柱头呈白色羽毛状。花果期 8—11 月。

地理分布 原产于北美洲大西洋沿岸；全市沿海区域有归化；生于海滩沼泽中。

主要用途 具良好的促淤和净化作用，但根状茎发达，蔓延快，已成为我国沿海的入侵物种，严重威胁到沿海滩涂的生物安全。

附种 大米草 *S. anglica*，秆高度常在 1m 以下，直径 3～5mm；叶片 11～30cm×0.7～1cm；小穗有短柔毛。原产于英国；奉化、宁海有逸生；生于潮水能经常到达的海滩沼泽中。

大米草

145 大油芒

学名 **Spodiopogon sibiricus** Trin.　　　　属名 大油芒属

形态特征　多年生草本，高1～2m。秆直立。叶鞘无毛或密生柔毛；叶舌干膜质；叶片宽条形，15～20cm×0.6～2cm。圆锥花序由多数近轮生的总状花序组成；总状花序劲直，下部裸露，上部着生数对小穗；小穗孪生，一有柄，一无柄，含2小花，第一小花中性或雄性，第二小花两性；总状花序轴节及小穗柄顶端膨大成棒状，熟后逐节断落；穗轴节间及小穗柄两侧有较长纤毛；第一颖被较长柔毛；第二颖两侧压扁，具脊，顶端有小尖头，无柄小穗的第二颖通常有3脉，脊上部和边缘有长柔毛，有柄者具5～7脉，脉间生柔毛；第一外稃卵状披针形；第二外稃具膝曲而下部扭转的芒。花果期8—11月。

生境与分布　见于除江北及市区外的全市各地；生于竹林下、山坡路边草丛中。产于杭州、衢州、温州及磐安、天台、仙居、龙泉、庆元；分布于除西北及西藏外的全国各省份；东北亚也有。

146 鼠尾粟

学名	**Sporobolus fertilis** (Steud.) W.D. Clayt.
属名	鼠尾粟属

形态特征 多年生草本，高 40～100cm。秆直立，较坚硬，平滑无毛。叶鞘无毛，稀边缘及鞘口具短纤毛；叶舌纤毛状；叶片质较硬，11～60cm×2～4mm，通常内卷，平滑无毛或上部者基部疏生柔毛。圆锥花序紧缩，狭窄成条形，分枝直立，密生小穗；小穗长约 2mm，含 1 两性小花，近圆柱形或两侧压扁，脱节于颖之上；第一颖无脉，长 0.5～1mm，第二颖卵圆形或卵状披针形，长1～1.5mm；外稃具 1 主脉及不明显的 2 侧脉，无芒；雄蕊 3。囊果成熟后红褐色，倒卵状椭球形。花果期 7—11 月。

生境与分布 见于全市各地；生于山坡林缘、田边、路边旷地草丛中。产于全省各地；分布于华东、华中、华南、西南及甘肃、陕西；东南亚、南亚及日本也有。

主要用途 适应性强，可供边坡、堤坝绿化和水土保持。

附种 盐地鼠尾粟 *S. virginicus*，叶片长 3～10cm，老叶和上部者内卷成针状；第一颖长约 2.5mm，具1 脉，第二颖长 2～2.5mm。见于除江北及市区外的全市各地；生于沿海的海滩盐地上。

盐地鼠尾粟

147 细茎针茅 墨西哥羽毛草

学名 **Stipa tenuissima** Trin.　　　　属名 针茅属

形态特征 多年生草本，高 30～70cm。秆密集丛生，细弱柔软，无毛。叶鞘边缘微粗糙；叶舌纸质，长 0.5～2.5mm，无毛；叶片直或稍弯曲，细长如丝状，长可达 50cm，宽不逾 0.5mm。圆锥花序紧缩，柔软下垂，基部常隐藏于叶鞘中，分枝纤细，2 或 3 个簇生，顶端着生少数小穗；小穗狭披针形，长 5～10mm；颖片狭披针形，膜质，第一颖长 8～10mm，第二颖长 5～7mm，具 3 脉，常带紫色；外稃绿色或淡紫色，具丝状芒，芒长 5～9mm，下部略扭曲；内稃短于外稃，无芒；鳞片 2，薄而透明。颖果椭球形，稍扁，长 2～2.5mm。花期 6—9 月。

地理分布 原产于美洲。北仑、鄞州及市区等地有栽培。

主要用途 形态优美，花序深秋变黄色，可供绿化观赏。

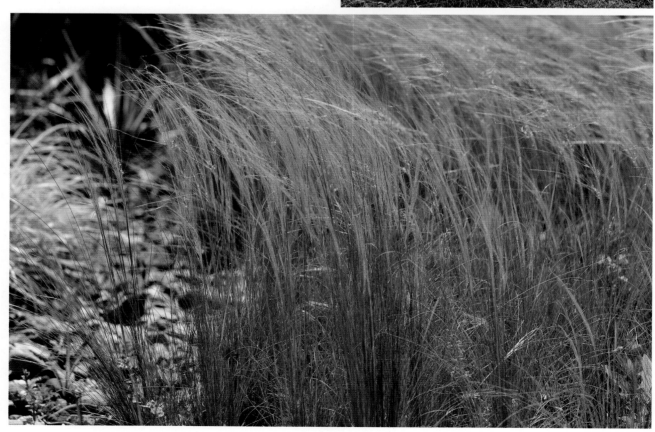

148 黄背草

学名 **Themeda triandra** Forssk.　　　　属名 菅属

形态特征　多年生草本，高 60～120cm。秆直立。叶鞘紧密裹茎，背部具脊，常具硬疣毛；叶舌先端具小纤毛；叶片条形，15～40cm×4～5mm，扁平或边缘外卷，背面常粉白色，基部生硬疣毛。总状花序组成假圆锥花序，较狭窄；总状花序下具佛焰苞，由 7 小穗组成；下部 2 节总苞状雄性小穗位于同一平面上，似轮生，无柄；第一颖背面上方通常被硬疣毛；上部 3 小穗中，2 为雄性或中性，有柄而无芒，1 为两性，无柄而具芒；两性小穗纺锤状圆柱形，长 8～10mm，基盘具长 2～5mm 的棕色柔毛。花果期 7—11 月。

生境与分布　见于除市区外的全市各地；生于山坡灌草丛、沟谷疏林或山顶草地。产于全省各地；分布于华东、华中、西南及河北、海南、陕西等地；东亚、东南亚、南亚、西南亚、非洲及澳大利亚也有。

149 三毛草

学名 **Trisetum bifidum** (Thunb.) Ohwi　　　　　　　　属名 三毛草属

形态特征　多年生草本，高 30～80cm。秆直立或基部膝曲，光滑无毛。叶鞘松弛，常短于节间，无毛；叶舌膜质；叶片柔软，5～18cm×3～7mm，扁平，通常无毛。圆锥花序长圆形，分枝细而平滑；小穗长 6～10mm，含 2～3 小花；第一颖长 2～4mm，第二颖长 4～7mm，具 3 脉；第一外稃背部粗糙，顶端 2 裂，裂齿延伸成芒刺，自顶端以下约 1mm 处伸出芒，芒细弱，常向外反曲，长 7～10mm；内稃长为外稃的 1/2～2/3，背部拱曲，呈弧形，脊上具小纤毛。花果期 4—7 月。

生境与分布　见于余姚、北仑、奉化、宁海、象山；生于荒地、山坡或路边灌草丛中。产于全省各地；分布于华东、华中、华南、西南及甘肃、陕西；东亚及新几内亚岛也有。

主要用途　可作牧草。

150 小麦 普通小麦

学名 **Triticum aestivum** Linn.　　　　　　　　属名 小麦属

形态特征　二年生草本，高可达 1m 以上。叶鞘常短于节间；叶舌膜质，短小；叶片条状披针形，10～25cm×5～15mm，通常无毛。穗状花序长5～10cm；小穗单生于穗轴各节，长 10～15mm，含 3～9 小花，上部花常不结实；颖背部具锐利的脊，先端具短而凸出的尖头；外稃厚纸质，顶端具芒与否、芒长短因品种而异；内稃与外稃等长，脊上具狭翼，翼缘生微细纤毛。颖果卵球形或长球状圆柱形，腹面具深纵沟。花果期 4—6 月。

地理分布　原产于亚洲西部。除市区外的全市各地普遍栽培。

主要用途　世界三大谷物之一，颖果可磨制面粉，供食用或用来生产淀粉、酒精、面筋等，加工后副产品为牲畜优质饲料；未成熟麦粒称"浮小麦"，具益气、除热、止汗作用，成熟麦粒具养心安神、除烦等功效；秆可用于编织工艺品。

151 玉米 玉蜀黍

学名 **Zea mays** Linn.　　　　　　　　　　　　　**属名** 玉蜀黍属

形态特征　一年生草本，高 1～4m。秆通常不分枝，基部各节具气生支持根。叶鞘具横脉；叶片长披针形，50～90cm×3～12cm，边缘波状皱褶，具强壮中脉。小穗单性，雌雄异序；顶生雄性圆锥花序大型；雌花序生于叶腋内，被宽大的鞘状苞片所包藏；雌小穗孪生，含 1 小花，成 8～18 纵行排列于粗壮、中心呈海绵质的穗轴上；两颖等长，甚宽，具纤毛；第一外稃内具内稃或缺；第二外稃似第一外稃，具内稃；雌蕊具极长而细弱的丝线形花柱。成熟果穗长 10～30cm，直径 5～10cm；颖果略呈球形，熟后露出颖片和稃片之外，颜色因品种而异，有黄、白、红、黑等色。花果期常 5—10月，可因栽培季节不同而异。

地理分布　原产于美洲。全市各地都有栽培。

主要用途　为重要的粮食作物之一，谷粒可加工磨制面粉，供食用、酿酒，也是各种牲畜的优质饲料；秆、叶可作为青饲料，亦可造纸；干燥的花柱（玉米须）药用，具降血糖、利尿、消水肿等功效。

152 菰 茭白

| 学名 | **Zizania caduciflora** (Turcz.) Hand.-Mazz. | 属名 | 菰属 |

形态特征 多年生草本，高 1～2m。具匍匐根状茎；须根粗壮。秆高大直立，基部节上生不定根。叶鞘长于节间，肥厚，有小横脉；叶舌膜质，顶端尖；叶片 50～90cm×1.5～3cm，扁平。圆锥花序长 30～50cm，分枝多数，簇生，上升，果期开展；雄小穗长 10～15mm，两侧压扁，着生于花序下部或分枝上部，带紫色，外稃具 5 脉，内稃具 3 脉，中脉成脊，具毛；雌小穗圆筒形，长 15～25mm，着生于花序上部和分枝下方与主轴贴生处，外稃 5 脉粗糙，芒长 15～30mm，内稃具 3 脉。颖果圆柱形，长约 12mm。花果期 7—10 月。

地理分布 原产于东北亚。全市各地均有栽培。

主要用途 秆基嫩茎为真菌 *Ustilago edulis* 寄生后，变粗大肥嫩，称"茭白"，是蔬菜；颖果称菰米，煮饭食用，有较高营养保健价值；全草为优良饲料；也是固堤先锋植物。

153 结缕草

学名 **Zoysia japonica** Steud.　　　　　　属名 结缕草属

形态特征　多年生草本，高 8～15cm。具横走根状茎。秆直立。叶鞘无毛，上部者紧密抱茎，下部者松弛而相互跨覆；叶舌不明显，具白柔毛；叶片较硬，2.5～8cm×3～6mm，常扁平或稍卷折，上部常具柔毛。总状花序 2～5cm×3～5mm；小穗卵圆形，长 2～3.5mm，常变为紫褐色，含 1 两性小花，小穗柄长 3～6mm，常弯曲；第一颖退化，第二颖成熟后革质，顶端具小刺芒，两侧边缘在基部连合，全部包裹外稃及内稃；外稃具 1 脉；内稃微小。花果期 4—6 月。

生境与分布　见于除市区外的全市各地；生于溪边、河滩地、地边石隙或林缘草丛中；市区等地有栽培。产于杭州、温州及德清、安吉、开化、龙泉等地；分布于我国东部沿海地区及台湾；日本及朝鲜半岛也有。

附种　中华结缕草 **Z. sinica**，叶片无毛；小穗披针形或卵状披针形，长 4～5mm，小穗柄长约 3mm。见于鄞州、奉化、宁海、象山；生于海边沙滩、河岸、路旁草丛中。国家 Ⅱ 级重点保护野生植物。

中华结缕草

154 沟叶结缕草 马尼拉

学名 **Zoysia matrella** (Linn.) Merr.　　　　　属名 结缕草属

形态特征　多年生草本。具根状茎。秆直立，每节具1至数个分枝。叶鞘长于节间，鞘口具长柔毛；叶舌短而不明显，顶端碎裂为毛状；叶片质硬，长可达3cm，宽约2mm，内卷，上面具沟，无毛。总状花序细柱形，约2~3cm×2.5mm；小穗卵状披针形，黄褐色或略带紫褐色，长2~3mm，宽约1mm，含1两性小花，小穗柄长约1.5mm；第一颖退化，第二颖革质，具3(5)脉，沿中脉两侧压扁；外稃膜质。颖果长卵球形，棕褐色。花果期5—6月。

生境与分布　见于宁海、象山；生于滨海山坡草丛或石隙中。产于洞头；分布于广东、海南、台湾；东南亚、南亚及日本也有。

附种　细叶结缕草 **Z. pacifica**，具匍匐茎；叶片质地较柔软，宽约1mm，上面无沟，鞘无毛；小穗宽约0.6mm。原产于太平洋岛屿及泰国、菲律宾、日本和我国台湾。全市各地均有栽培。

细叶结缕草

九　莎草科 Cyperaceae*

155 | 鳞茎水葱

学名 **Bolboschoenoplectus × mariqueter** (Tang et F.T. Wang) Tatanov　属名 鳞茎水葱属

形态特征　多年生草本，高 25～80cm。根状茎匍匐，木质。秆近散生，三棱形。叶通常 2 片，短于秆，宽 2～3mm。苞片 2，其中 1 枚为秆的延伸，长于小穗，另 1 枚小，与小穗几等长；小穗单一，假侧生，卵球形或宽卵球形，长 8～12mm，具多数花，无柄；鳞片卵形，棕色，长 5～6mm；下位刚毛 4，长约为小坚果的 1/2，疏生倒刺；雄蕊 3；柱头 2。小坚果宽倒卵形，平凸状，顶端截平，具小尖头。花果期 5—8 月。

生境与分布　见于除市区外的全市各地；生于海边滩涂地或沙地。产于杭州市区、普陀、岱山、椒江、天台、瑞安；分布于江苏、上海、河北。

主要用途　秆可作编织材料或造纸原料。

---

* 宁波有 18 属 96 种 1 杂种 3 亚种 5 变种 3 品种，其中栽培 4 种 3 品种。本图鉴收录 17 属 78 种 1 杂种 3 亚种 4 变种 2 品种，其中栽培 2 种 2 品种。

156 扁秆荆三棱 扁秆藨草

学名　***Bolboschoenus planiculmis*** (F. Schmidt) T.V. Egorova　属名　荆三棱属

形态特征　多年生草本，高 60～100cm。具匍匐茎和块茎。秆较细，锐三棱柱形，平滑，基部膨大，靠近花序部分粗糙。叶基生或秆生；叶片细条形，宽 2～5mm，扁平，具长叶鞘。苞片 1～3，叶状，长于花序；聚伞花序常短缩成头状；小穗 1～6个，卵球状长圆球形，长 10～16mm，锈褐色，具多数花；鳞片长圆形，长 6～8mm，顶部具撕裂状缺刻，具短芒；下位刚毛 4～6，有倒刺，长为小坚果的 1/2～2/3；雄蕊 3；花柱长，柱头 2。小坚果宽倒卵球形，两面微凹或稍凸，长 3～3.5mm。花果期 5—7 月。

生境与分布　见于慈溪、镇海、鄞州；生于海边滩涂、水沟旁、水田边。产于普陀、岱山；分布于华东、东北、华北、华中、西北及云南；欧亚大陆广布。

主要用途　块茎供药用，具祛瘀、止痛、通经、消积功效；也可作工业原料，主要供制电木粉、绝缘隔音板、浮生圈及酒精、甘油、炸药等。

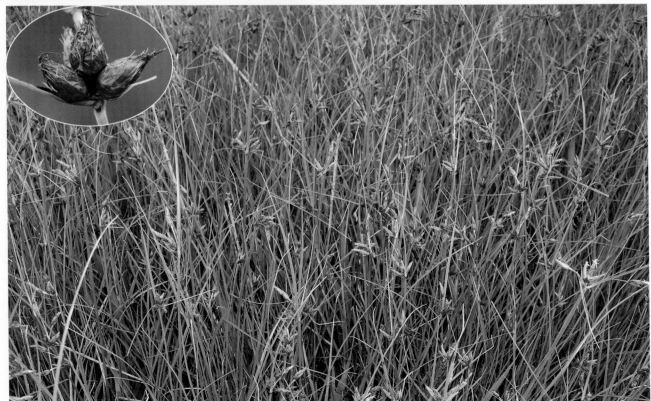

157 丝叶球柱草

学名 **Bulbostylis densa** (Wall.) Hand.-Mazz.   属名 球柱草属

形态特征 一年生草本，高 10～20cm。无根状茎。秆丛生，纤细。叶条形，宽 0.5mm，先端渐尖，全缘，边缘微外卷，背面叶脉间疏被微柔毛；叶鞘顶端具长柔毛。苞片 1 或 2，条形；聚伞花序简单或近复出，具 1，稀 2 或 3 个散生小穗；顶生小穗长圆球状卵形或卵球形，长 5～8mm，无柄，舟状，具 7～14 花或更多；鳞片卵形或宽卵形，褐色，先端钝，稀急尖，仅下部无花鳞片有时具芒状短尖，背面具龙骨状凸起，具 1～3 脉；雄蕊 2；柱头 3。小坚果倒卵球形，三棱状，熟后灰紫色，表面具排列整齐的透明小突起，顶端具盘状花柱基。花果期 5—11 月。

生境与分布 见于慈溪、余姚、北仑、宁海、象山；生于水田边、岩石上、山坡灌草丛及沼泽、溪边等阴湿处。产于杭州、金华、温州及安吉、普陀、开化、江山、天台、临海等地；广布于亚洲、非洲、大洋洲。

附种 球柱草 **B. barbata**，苞片 2 或 3；聚伞花序密集成头状，具小穗 3 至数个；小穗卵状披针形；鳞片棕色或黄绿色，具 1 脉，先端具反曲短尖；雄蕊 1(2)。见于北仑、宁海、象山；生于海边沙地、田边、溪沟边湿地。

球柱草

158 栗褐薹草 褐果薹草

学名 **Carex brunnea** Thunb.   属名 薹草属

形态特征 多年生草本，高 30～60cm。根状茎缩短。秆丛生，纤细，三棱形，上部粗糙。叶长或短于秆；叶片条形，宽 2～3mm，粗糙。下部苞片叶状，具长鞘，上面者刚毛状；小穗多数，疏离，单生或 2～5 个并生，排成总状花序，雄雌顺序，狭圆柱形，长 2～3cm，密生花，小穗柄细长，下垂；雄花鳞片狭卵形，黄褐色，先端急尖，背面具 1 脉；雌花鳞片长圆状卵形，先端渐尖或急尖，两侧锈褐色。果囊椭球形或近球形，扁平凸状，栗褐色，上部被白色短硬毛，顶端具中等长的喙，喙口具 2 小齿。小坚果紧包于果囊内，近球形，平凸状，黄褐色；花柱基部增粗；柱头 2，稍长于果囊。花果期 7—12 月。

生境与分布 见于除市区外的全市各地；生于山坡林下、沟谷溪边或灌草丛中。产于杭州、温州、丽水及定海、普陀、磐安、开化等地；分布于华东、华中、华南、西南及陕西、甘肃；朝鲜半岛及日本、越南、印度、菲律宾、澳大利亚、尼泊尔也有。

附种 1 湖北薹草（亨氏薹草）*C. henryi*，叶片宽 3～4mm，基部套叠；小穗极多数，排成复出的圆锥花序，疏生花；果囊仅边缘具毛。见于余姚、宁海；生于溪沟边、稻田边、山坡路旁及林下阴湿处。

附种 2 细梗薹草（长柱头薹草）*C. teinogyna*，叶片上面具沟；小穗疏生花；雌花鳞片先端具长芒；果囊边缘及脉上被短粗毛；柱头长于果囊 2～3 倍。见于北仑、象山；生于山坡林下阴湿处、沟谷边、溪边岩缝中。

湖北薹草

细梗薹草

159 中华薹草

学名 **Carex chinensis** Retz.　　　　　　　　属名 薹草属

形态特征　多年生草本，高 30～50cm。根状茎缩短，木质，斜生，粗大。秆中生，钝三棱形。叶长于秆；叶片质硬，长条形，宽 3～5mm，边缘外卷。苞片叶状，上部者有时短叶状，具长鞘；小穗 4 或 5，圆柱形，远离，顶生者雄性，具长柄，侧生者雌性，密生花，稀基部具数朵雄花；雄花鳞片披针形，淡棕色，顶端具短芒；雌花鳞片长椭圆形，绿白色，先端截形，具粗糙长芒。果囊倒卵球形，长 3～4mm，疏被短柔毛，熟时微呈镰形弯曲，上部具喙，喙口 2 裂。小坚果三棱状菱形，长约 2mm，棱面凹，顶端具短喙，喙顶端膨大成环状；花柱短，基部呈圆锥状；柱头 3。花果期 3—5 月。

生境与分布　见于北仑、象山；生于山坡林缘、林下、溪边岩石上或草丛中。产于杭州、温州、丽水及安吉、开化、磐安等地；分布于西南及江西、福建、湖南、广东、陕西。

附种 1　短尖薹草 C. brevicuspis，根状茎极长，竹节状；叶片扁平；侧生小穗顶端常具数朵雄花；雌花鳞片条状披针形，先端具短芒尖；果囊长 6～7mm，几无毛。见于余姚、北仑、鄞州、奉化、宁海、象山；生于山谷溪边及山坡林下阴湿处。

附种 2　相仿薹草 C. simulans，秆侧生；叶短于或近等长于秆，背面苍白色，密被乳头状突起；侧生小穗顶端常具数朵雄花；雌花鳞片卵状披针形，先端渐狭成芒尖，两侧锈褐色；果囊长 6～8mm，无毛；小坚果椭球形，长约 4mm，棱面下部凹入，喙直。见于北仑；生于山坡林下或路边草丛中。模式标本采自宁波（北仑）。

短尖薹草

相仿薹草

160 垂穗薹草 二型鳞薹草

学名 **Carex dimorpholepis** Steud.　　　　属名 薹草属

形态特征　多年生草本，高 40～60cm。秆丛生，粗壮，锐三棱形，棱粗糙。叶短于或等长于秆；叶片条形，宽 4～7mm，扁平，边缘及背面中脉粗糙，具明显 3 脉。下部苞片叶状，长于花序，上部者刚毛状，无鞘；小穗 4～6，近生，圆柱形，具长柄，常下垂，顶生小穗雌雄顺序，常在小穗两端或中部亦生有雄花，侧生小穗雌性，宽 5～6mm；雄花鳞片长圆状披针形，先端渐尖，具短芒；雌花鳞片倒卵状长圆形或卵状长圆形，先端微凹或截平，具粗糙长芒。果囊扁凸状宽卵球形，长 2.5～3.5mm，有红褐色斑点，具短柄及短喙。小坚果宽卵球形，双凸状，疏松包于果囊内；花柱基部增大；柱头 2。花果期 4—6 月。

生境与分布　见于余姚、北仑、鄞州、奉化、宁海、象山；生于沟边潮湿处及路边、草地。产于杭州及长兴、诸暨、瑞安、文成；分布于华东、华中及辽宁、广东、四川、陕西、甘肃；东亚、东南亚、南亚也有。

附种　锈果薹草（金穗薹草）**C. metallica**，雌花鳞片先端急尖或微凸；果囊长椭球状卵球形，长 6～7mm，具细长喙；小坚果三棱状；花柱基部不增大；柱头 3。见于宁海；生于溪边、路边湿地草丛中。

锈果薹草

161 签草 芒尖薹草

学名　**Carex doniana** Spreng.

属名　薹草属

形态特征　多年生草本，高30～50cm。根状茎具细长匍匐枝。秆丛生，粗壮，扁三棱形，粗糙。叶片宽7～10mm，较柔软，下面密布灰绿色小点，具显著3脉。苞片叶状，最下面1片长于花序，无鞘；小穗4～6，近生，顶生小穗雄性，狭圆柱形，具短柄；侧生小穗雌性，圆柱形，靠上者具短柄，向下近无柄，密生多花；雄花鳞片卵状披针形，淡黄色，先端渐尖成短尖，背面具1条绿色中脉；雌花鳞片披针形或卵状披针形，先端具芒尖。果囊斜展或下弯，三棱状椭球形，淡绿色，顶端具喙，喙口2齿裂，透明。小坚果稍松地包于果囊内，倒卵球状三棱形，褐色；花柱基部稍增粗；柱头3。花果期4—9月。

生境与分布　见于余姚、镇海、北仑、鄞州、奉化、宁海、象山；生于溪边、沟边、林下及路旁潮湿处。产于杭州、温州、台州、丽水及长兴、安吉、开化、江山、磐安、武义等地；分布于华南及江苏、福建、湖北、四川、云南、陕西；朝鲜半岛及日本、菲律宾、尼泊尔也有。

162 穿孔薹草

学名 **Carex foraminata** C.B. Clarke　**属名** 薹草属

形态特征　多年生草本，高 40～60cm。根状茎粗壮。秆侧生，三棱柱形。叶长于或等长于秆；叶片革质，条形，宽 4～5mm。苞片短叶状，具长鞘；小穗 4～6，疏离，顶生者雄性，圆柱形，小穗柄长 3.5～4.5cm，侧生者雌性，狭圆柱形，花稍密生，弯垂，基部小穗柄长 4～8cm，顶端常下垂；雄花鳞片倒披针形，长 6～7mm，背面中部具 1 条绿白色中脉；雌花鳞片卵状披针形或长椭圆形，长 3～3.5mm，先端长渐尖，有短尖，具 3 条绿色中脉，两侧栗色。果囊钝三棱状卵球形，微呈镰形弯曲，微被微毛，有短柄，近无喙，短于鳞片。小坚果三棱状倒卵球形，长 1.5～2mm，中部缢缩，基部具短而弯的柄，顶端缢缩成环盘；花柱基部稍膨大；柱头 3。花果期 3—5 月。

生境与分布　见于鄞州；生于山坡林下或林缘、溪沟边。产于杭州、温州及长兴、安吉、开化、江山、遂昌、龙泉等地；分布于华东及贵州。

附种 1　**披针薹草**（大披针薹草）**C. lanceolata**，秆高 10～30cm，纤弱；叶宽 1～2mm，质软，花后延伸；苞片佛焰苞状；上部小穗近生，下部者疏离，花疏生；雌花鳞片先端急尖或呈芒尖，两侧白色；果囊倒卵球形，密被短柔毛，具多数明显隆起脉；小坚果长约 2.5mm，顶端无膨大环盘。见于余姚、鄞州；生境同穿孔薹草。

附种 2　**天目山薹草 C. tianmushanica**，叶片具小横脉；侧生雌性小穗上花疏生，直立；雌花鳞片条状倒披针形，长 8～8.5mm；果囊椭球形，较鳞片长或近等长；小坚果椭球形。见于余姚、鄞州、象山；生境同穿孔薹草。

披针薹草

天目山薹草

163 穹隆薹草

学名 **Carex gibba** Wahlenb.　　　　　　　　　属名 薹草属

形态特征　多年生草本，高 30～50cm。根状茎短，木质。秆丛生，钝三棱形，柔软，基部稍膨大。叶长于或近等长于秆；叶片柔软，条形，宽2～3mm，扁平，边缘粗糙。苞片叶状，长于花序；穗状花序间断；小穗 5～9，长圆球形，雌雄顺序；雌花鳞片卵圆形，中间绿色，两侧白色，先端圆，具短芒，3 脉。果囊长于鳞片，宽卵球形，平凸状，淡绿色，无脉，边缘具翅，上部边缘具不规则的细齿。小坚果紧包于果囊内，卵球形，平凸状，具短柄；花柱基部不增粗；柱头 3。花果期4—7 月。

生境与分布　见于余姚、北仑、鄞州、奉化、宁海、象山；生于山谷湿地、山坡草地或林下、田边等湿润处。产于杭州、台州、丽水、温州及长兴、安吉、磐安、开化、浦江等地；分布于华东；日本及朝鲜半岛也有。

附种 1　翼果薹草 *C. neurocarpa*，全体密生锈色点线；秆扁钝三棱形；穗状花序紧密，呈尖塔状圆柱形；小穗雄雌顺序；雌花鳞片中间黄白色，两边淡锈色；果囊褐棕色，两面具多脉；小坚果疏松地包于果囊内；柱头 2。见于余姚、象山；生于潮湿草丛中。

附种 2　书带薹草 *C. rochebrunii*，叶片宽约 2mm，下垂；雌花鳞片卵状披针形，先端渐尖，1 脉；果囊卵状披针形，背面具脉，顶端具长喙；柱头 2。见于余姚、北仑、鄞州、奉化、宁海、象山；生于林下、路旁、草地阴湿处。

翼果薹草

书带薹草

164 珠穗薹草 狭穗薹草

学名 **Carex ischnostachya** Steud.　　　　属名 薹草属

形态特征 多年生草本，高 30～50cm。根状茎粗短，具短匍匐茎。秆丛生，较细，三棱柱形。叶长于秆；叶片条形，宽 3～5mm，扁平，柔软。苞片叶状，长于花序，具长鞘；小穗 4～5，狭圆柱形，上部者接近，基部 1～2 个稍疏远；顶生小穗雄性，狭圆柱形，长 2～4cm，侧生小穗雌性，长 3～6cm，直立，疏生多花；雄花鳞片披针形，先端渐尖，背面具 1 条中脉；雌花鳞片宽卵形，先端急尖，淡褐色。果囊长于鳞片，卵状椭球形，长 3～5mm，钝三棱状，无毛，具多数隆起细脉，顶端具长喙，喙口 2 裂。小坚果宽椭球状三棱形，长

1.5～2mm，顶端具弯曲短喙；花柱基部增大；柱头 3。花果期 4—6 月。

生境与分布 见于慈溪、余姚、北仑、奉化、宁海、象山；生于山坡林下、路旁草丛中或水边。产于杭州、温州、丽水及长兴、安吉、临海等地；分布于华东及湖南、广东、广西、四川、贵州；日本及朝鲜半岛也有。

165 | 砂钻薹草 筛草

学名 **Carex kobomugi** Ohwi　　　　　　　　　　　　　　　属名 薹草属

形态特征　多年生草本，高 10～20cm。根状茎粗壮，匍匐或垂直向下。秆散生，粗壮，钝三棱形，坚硬，平滑。叶基生，长于秆；叶片革质，宽条形，宽 3～8mm，平展，边缘锯齿状，具长鞘。苞片短叶状，长于花序；雌雄异株，稀同株；小穗多数，聚集成穗状花序；雄花序长圆形，长 4～5cm；雌花序卵形至长圆形，长 4～6cm，宽约 3cm；雄花鳞片披针形至狭披针形，顶端渐狭成粗糙短尖；雌花鳞片革质，卵状披针形，先端渐狭成芒尖。果囊稍短于鳞片，卵状披针形，平凸状，弯曲，厚革质，边缘具狭翅，基部圆形，具短柄及长喙，喙口深 2 齿裂。小坚果紧包于果囊内，长球状倒卵球形，顶部圆形，基部略呈楔形，橄榄色；花柱基部略膨大；柱头 2。花果期 4—8 月。

生境与分布　见于象山；生于滨海沙滩上。产于杭州市区、普陀、岱山；分布于东北、华东及河北、青海；东北亚也有。

166 舌叶薹草

学名 **Carex ligulata** Nees

属名 薹草属

形态特征 多年生草本，高 30～60cm。秆疏丛生，较粗壮，三棱形，棱上粗糙。叶排列稀疏；叶片质较软，条形，宽 5～11mm，扁平，边缘粗糙；叶鞘较长，不重叠，疏松抱秆，鞘口有明显锈色叶舌。苞片叶状，长于花序；小穗 5～7，近生或下部者疏离，顶生小穗雄性，条形，侧生小穗雌性，圆柱形，密生多花，具短柄；雄花鳞片狭卵形，淡锈色，先端渐尖；雌花鳞片卵状三角形，长约 2.5mm，先端钝而具芒尖，背面具 3 条绿色中脉。果囊倒卵球状钝三棱形，长约 4mm，锈褐色，密被灰白色柔毛，顶端具中等长的喙，喙不弯曲。小坚果椭球状三棱形，褐色；花柱基部稍增粗；柱头 3。花果期 4—11 月。

生境与分布 见于慈溪、余姚、镇海、北仑、鄞州、奉化、宁海、象山等地；生于山坡林下或草地、山谷沟边或河边湿地。产于全省山区、半山区；分布于华东、华中、西南及山西、陕西；南亚及日本也有。

附种 密叶薹草（套鞘薹草）*C. maubertiana*，叶密生，宽 4～6mm，质地坚硬，边缘强烈席卷，叶鞘常上下互相套叠，紧密抱秆；果囊顶端的喙稍内弯。见于余姚、北仑、鄞州、奉化、宁海、象山；生于山坡林下或路边阴湿处。

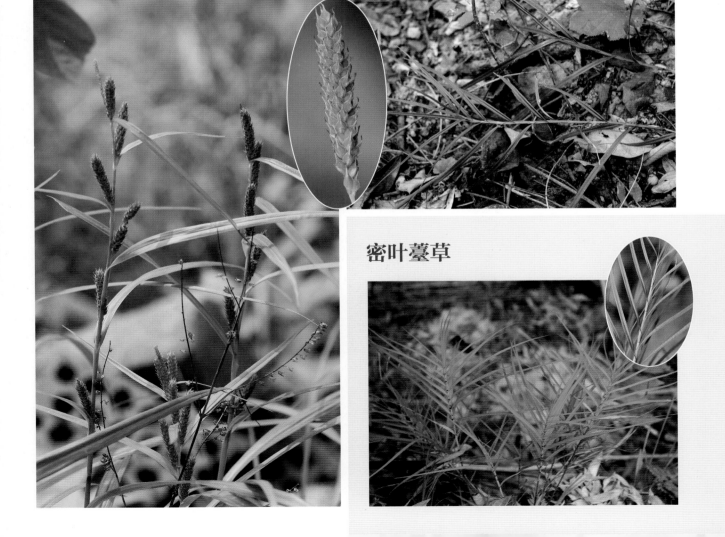

密叶薹草

167 线穗薹草 条穗薹草

学名 **Carex nemostachys** Steud.

属名 薹草属

形态特征 多年生草本，高 40～90cm。根状茎粗短，具地下匍匐茎。秆丛生，较粗壮，三棱柱形。叶长于秆；叶片较坚挺，宽 6～8mm，下部对折，上部扁平，具明显 3 脉。苞片下面者叶状，上面者刚毛状，短叶状，无鞘；小穗 5～8，常聚生于秆的顶部，排成罩状，近无柄，直立，顶生小穗雄性，狭圆柱形，长 5～10cm，侧生小穗雌性，长圆柱形，长 4～12cm，密生多数花；雌花鳞片狭披针形，苍白色，先端具长芒。果囊近等长于鳞片，卵状三棱形，顶端具长喙，喙向外弯，喙口斜截形，疏被短硬毛。小坚果宽倒卵球形或近椭球形，三棱状，顶端具稍弯曲的短喙；花柱基部不增粗；柱头 3。花果期 9—12 月。

生境与分布 见于余姚、北仑、鄞州、宁海；生于溪边、沟边水湿地。产于杭州、温州、衢州、丽水及诸暨、磐安、天台等地；分布于华东、华中及贵州、云南、广东；东南亚及印度、孟加拉国、日本也有。

附种 硬果薹草 *C. sclerocarpa*，叶片宽 3～5mm；苞片具长鞘；下部 1 或 2 个小穗疏离，具长 3～5cm 的柄；雌花鳞片先端骤尖；果囊稍长于鳞片，密被短柔毛。见于北仑、鄞州；生于路边、沟边水湿地。

硬果薹草

168 粉被薹草

学名 **Carex pruinosa** Boott

属名 薹草属

形态特征　多年生草本，高 40～60cm。秆丛生，稍坚挺。叶与秆近等长；叶片条形，宽 3～5mm，下面密生乳头状突起，边缘外卷。苞片叶状，长于花序，具鞘；小穗 4～6，顶生小穗雄性，狭圆柱形，长 2.5～3.5cm，有时具数朵雌花，侧生小穗雌性，顶部有时具雄花，圆柱形，长 3～6cm，宽 3～5mm，具长柄而下垂；雌花鳞片长圆状披针形，长 3～3.5mm，先端渐尖，具短尖，两边密生锈色点线，具 3 条绿色中脉。果囊长圆状卵球形，双凸状，长 2.5～3mm，密生乳头状凸起和红棕色树脂状小凸起，顶端具喙，喙口微凹。小坚果宽卵球形，双凸状；花柱基部不增粗；柱头 2。花果期 4—8 月。

生境与分布　见于余姚、北仑、奉化、象山；生于山谷、溪旁潮湿处、草地。产于杭州、温州、丽水及开化、磐安、天台、临海等地；分布于华东、华中及广东、广西、四川、云南；泰国、印度尼西亚、印度、不丹也有。

附种　镜子薹草 *C. phacota*，雌花鳞片长圆形或长圆状卵形，长约 2mm，先端截形或微凹，具芒。见于慈溪、余姚；生于水沟边草丛中，水边和路旁潮湿处。

镜子薹草

169 | 矮生薹草

学名 **Carex pumila** Thunb. 　　　　　　　　属名 薹草属

形态特征　多年生草本，高 10～30cm。根状茎具细长发达的匍匐枝。秆疏丛生，三棱柱形，节间较短，几全部被叶鞘所包裹。叶呈束状、集生，长于或近等于长秆；叶片革质，条形，宽 3～4mm，扁平或干时外卷，脉上和叶缘粗糙。苞片叶状，长于花序，在雄小穗基部者为芒状或鳞片状，具短鞘；小穗 3～6，近生，上部 2 或 3 个为雄性，狭圆柱形，其余为雌性，短圆柱形，具多数稍疏生的花及短柄；雄花鳞片狭披针形，淡黄褐色，顶端渐尖；雌花鳞片卵状披针形，先端有芒尖。果囊卵球形，长 6～7mm，木栓质，橙黄色或淡黄色，具凹陷的粗肋脉，具短柄及短喙，喙口 2 裂，带紫红色。小坚果稍紧密地包于果囊中，宽倒卵球状三棱形，长 2～3mm；花柱基部稍增粗；柱头 3。花果期 5—7 月。

生境与分布　见于象山；生于海边沙地。产于普陀、岱山、苍南；分布于华东及辽宁、河北；东北亚也有。

附种　糙叶薹草 **C. scabrifolia**，植株较高大，高 30～60cm；叶片宽 2～3mm，中间具沟，边缘稍内卷；小坚果长 4～5.5mm。见于除江北、市区外的全市各地；生于沿海滩涂地、河岸边或海边沙地。

糙叶薹草

170 反折果薹草

学名 **Carex retrofracta** Kükenth.　　　属名 薹草属

形态特征　多年生草本，高 60～100cm。根状茎粗壮，长而匍匐。秆疏丛生，较粗壮，扁三棱形，平滑，下部生叶。叶短于秆；叶片宽 1～1.8cm，平展，下面常疏被短硬毛，具长叶鞘。苞片叶状，长于花序，下部苞片具较长的苞鞘，上部者鞘很短；小穗 4 或 5 个，长圆柱状，上部者较紧密，下部 2 个疏离；顶生小穗雄性，长 3～6cm，侧生小穗雌性，长达 4～10cm，疏生多数花；雄花鳞片披针形，暗紫褐色，先端渐尖，背面具 1 条暗绿色中脉；雌花鳞片卵形，具长芒。果囊卵形，顶端具紫色长喙，后期水平张开或向下反折。小坚果椭球状三棱形；花柱基部微增粗；柱头 3。花果期 3—6 月。

生境与分布　见于鄞州；生于林下、林缘阴湿处。产于杭州市区、长兴、安吉、开化；分布于湖南、台湾、贵州、四川。

171 大理薹草 点囊薹草

学名 **Carex rubrobrunnea** C.B. Clarke var. **taliensis** (Franch.) Kükenth.　属名 薹草属

形态特征　多年生草本，高 40～60cm。根状茎短缩，具褐色须根。秆丛生，三棱形，稍坚挺。叶长于秆；叶片条形，宽 3～5mm，边缘粗糙。苞片叶状，长于秆，无鞘；小穗 4～6，接近，排成帚状，顶生小穗雄性或雌雄顺序，侧生小穗雌性，花密生；雄花鳞片披针形，黄褐色，先端急尖；雌花鳞片狭披针形，先端具芒尖，背面具 1 条黄绿色中脉，两侧紫红色。果囊稍短于鳞片，长圆球形，双凸状，密生褐色微凸起的点和线，顶端具长喙。小坚果卵球形，双凸状，紧包于果囊中，光滑；花柱短，基部稍增粗；柱头 2。花果期 3—7 月。

生境与分布　见于余姚、北仑、鄞州、宁海、象山；生于山坡林下、溪沟边、沟谷湿地等处。产于杭州、温州、丽水及诸暨、磐安、开化、临海等地；分布于华东及湖北、广东、广西、四川、云南、陕西、甘肃。

172 柄果薹草 褐绿薹草

学名 **Carex stipitinux** C.B. Clarke ex Franch.　　　属名 薹草属

形态特征 多年生草本，高60～80cm。根状茎短缩。秆丛生，粗壮，三棱形。叶生于秆的中部或上部；叶片宽3～4mm，近革质，粗糙。苞片短叶状或刚毛状，具苞鞘；小穗多数，单生，或2～5排列成侧生的支总状花序，顶生者雄性，狭圆柱形，长2.5～3.5cm，余者雄雌顺序，圆柱形，长1～3cm，小穗柄纤细，直立；雄花鳞片卵状披针形，黄褐色，长约4.5mm，先端急尖，背面具1脉；雌花鳞片卵形，两侧锈褐色，有白色膜质狭边，长约2mm，先端钝尖或急尖，具1条绿色中脉。果囊宽椭球形，平凸状，褐绿色，长约3mm，具多条细脉，顶端具长喙，喙被毛，喙口具2小齿。小坚果椭球形，平凸状，长约2mm；花柱基部稍增大；柱头2。花果期4—12月。

生境与分布 见于北仑、象山；生于山坡林下、路边、溪沟边灌草丛中。产于杭州、温州、丽水及开化、江山；分布于华中及安徽、江西、广西、四川、贵州、陕西、甘肃。

173 | 三穗薹草

学名　**Carex tristachya** Thunb.　　　属名　薹草属

形态特征　多年生草本，高 15～30cm。秆中生，纤细。叶长于或短于秆；叶片条形，宽 2～3mm。苞片叶状，与花序近等长，具长鞘；小穗 3～5，上部者密集顶端，排成帚状，无柄，下部者有间隔，具柄，顶生小穗雄性，棒状，侧生小穗雌性，长圆柱形，疏生花；雄花鳞片宽卵形，绿白色，先端平截，花丝膨大合生；雌花鳞片宽椭圆形，中间绿色，两侧淡黄色，先端具短尖。果囊卵状纺锤形，有三棱，被短柔毛，喙极短，喙口具 2 小齿。小坚果椭球形，三棱状，顶端缢缩成环状；花柱基部圆锥形；花柱 3。花果期 3—8 月。

生境与分布　见于慈溪、余姚、北仑、奉化、象山；生于山坡路边或林下、田边、溪沟边、沼泽等处。产于杭州、温州、台州、丽水及长兴、安吉、诸暨、普陀、岱山、开化、龙游、磐安、武义等地；分布于华东、华南及湖南、四川；朝鲜半岛及日本也有。

附种 1　**皱苞薹草**（仲氏薹草）*C. chungii*，苞片刺芒状，短于花序；雌花鳞片苍白色，先端具长芒；小坚果中部棱上和棱面两端凹陷。见于象山（南田岛）；生于山坡草丛中。

附种 2　**青绿薹草** *C. breviculmis*，最下部的苞片叶状，长于花序，其余为刚毛状；雄小穗紧靠其下面的雌小穗；雌花鳞片苍白色，先端具长芒。见于余姚、北仑、鄞州、奉化、宁海、象山；生于山坡路边、沟边或林下。

皱苞薹草

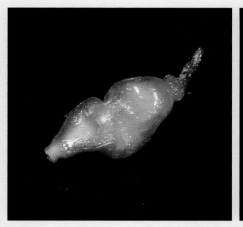

青绿薹草

174 截鳞薹草

学名 **Carex truncatigluma** C.B. Clarke

属名 薹草属

形态特征 多年生草本，高 15～30cm。根状茎斜生。秆侧生，纤细，三棱柱形。叶长于秆；叶片草质，条形，宽 6～10mm。苞片短叶状，具鞘；小穗 4～6，疏离，顶生小穗雄性，狭圆柱形，侧生小穗雌性，长圆柱形，花稀疏，最上部的 1 个雌小穗长于雄小穗，其小穗柄包藏于苞鞘内；雌花鳞片宽倒卵形，深黄色，先端截形，具白色膜质宽边和 3 条绿色中脉。果囊纺锤形，钝三棱状，长 4～6mm，长于鳞片，褐绿色，被短柔毛，具短柄及短喙，喙口具 2 小齿。小坚果纺锤形，三棱状，顶端具一个显著粗壮的圆柱状喙；花柱基部膨大成圆锥状；柱头 3。花果期 4—7 月。

生境与分布 见于余姚、北仑；生于林下、山坡草地或溪旁。产于杭州及安吉、开化、天台、遂昌、永嘉、泰顺；分布于长江以南各省份；东南亚也有。模式标本采自宁波。

175 滨海薹草 健壮薹草

学名 **Carex wahuensis** C.A. Mey subsp. **robusta** (Franch. et Sav.) T. Koyama　属名 薹草属

形态特征　多年生草本，高 30～60cm。秆中生，三棱形，纤细，基部具深褐色纤维状鞘。叶短于或长于秆，宽 3～10mm，边缘粗糙，内卷。苞片短叶状，短于花序，具鞘；小穗圆柱形，2 或更多，远离，顶生者雄性，侧生者雌性，密生多花，小穗柄伸出苞鞘；雌花鳞片卵形，长 3～3.5mm，先端微凹，延伸成粗糙的长芒，背面具 3 条绿色中脉。果囊卵球形，三棱状，长 5～7mm，斜展，无毛，具多条细脉，顶端渐缩成喙，喙口具 2 齿。小坚果卵球形，三棱状，长约 4mm，中部不缢缩，有时缢缩，基部具短柄，先端喙扭转；花柱基部膨大；柱头 3。花果期 4—5 月。

生境与分布　见于镇海、宁海、象山；生于海边岩石缝隙中或滨海山地。产于普陀、岱山、苍南等地；分布于山东、台湾；日本及朝鲜半岛也有。

176 华克拉莎

学名 **Cladium jamaicence** Crantz subsp. **chinense** (Nees) T. Koyama ex Hara　**属名** 克拉莎属

形态特征　多年生草本，高 1～2.5m。具短匍匐根状茎。秆丛生，粗壮，圆柱形。叶秆生；叶片革质，条形，60～80cm×0.8～1cm，基部对折，上端渐狭且呈三棱形，顶端细长，呈鞭状，边缘及背面中脉具细锯齿，无叶舌。苞片叶状，具鞘，向上渐短；圆锥花序长 30～60cm，由 5～8 个伞房花序组成，花序梗扁平；小穗 4～12 个聚成小头状；小穗卵球形或宽卵球形，暗褐色；鳞片 6，下部 4 片内无花，上部 2 片内具两性花，仅最上 1 朵发育；无下位刚毛；柱头 3。小坚果长圆状卵球形，褐色，具紫红色脉纹，光亮，喙极不明显。花果期 4—11 月。

生境与分布　见于奉化、宁海、象山；生于滨海草地上或山坡水沟边。产于台州及定海、普陀、苍南、平阳；分布于华南及云南、西藏；太平洋群岛、朝鲜半岛及日本、印度、尼泊尔、越南也有。

177 阿穆尔莎草

学名 **Cyperus amuricus** Maxim.   属名 莎草属

形态特征 一年生草本，高 20～30cm。秆丛生，稀单生，纤细，扁三棱形，平滑，基部具多数叶。叶短于秆；叶片长条形，宽 2～3mm，扁平，边缘平滑。叶状苞片 3 或 4，长于花序；聚伞花序简单，具 3～5 个辐射枝；穗状花序宽卵形，长 1.5～2.5cm，具 5 至多数小穗；小穗排列疏松，近水平开展，具 10～16 花，小穗轴具宿存的白色透明翅；鳞片圆形或宽倒卵形，背部中脉具绿色龙骨状凸起，中间绿色，两侧紫红色或红褐色，先端有长约 1mm 的尖头，具 5 脉；花柱极短，柱头 3。小坚果倒卵球状三棱形，与鳞片近等长，顶端具小短尖，黑褐色，具密而微突的细点。花果期 6—11 月。

生境与分布 见于余姚、镇海、北仑；生于山坡草丛、河岸沙地、湿地或水边。产于丽水及临安、淳安、普陀、嵊泗、开化、江山、浦江、武义、天台；分布于华东、东北、华北、华中、西南及广西、陕西；东北亚也有。

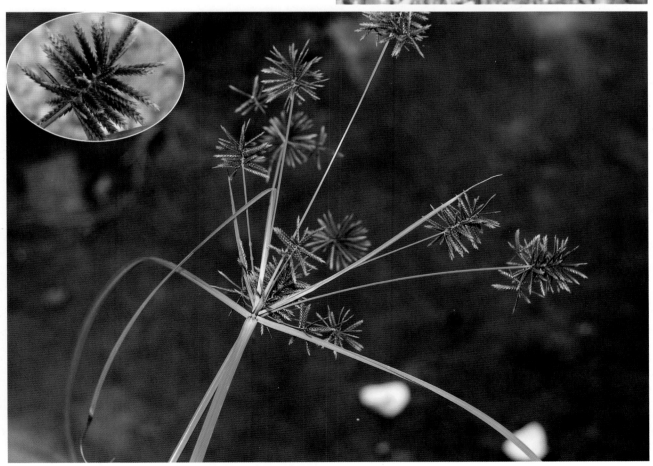

178 扁穗莎草

学名 **Cyperus compressus** Linn.　　　　　　　　**属名** 莎草属

形态特征　一年生草本，高 15～35cm。秆丛生，较细，三棱形，基部具多数叶。叶片条形，宽 1.5～2mm，短于秆；叶鞘紫褐色。叶状苞片 3～5，长于花序；聚伞花序简单；穗状花序近头状，花序轴很短，具 5～12 小穗；小穗排列紧密，斜展，条状披针形，具 10～18 花，小穗轴具狭翅；鳞片覆瓦状紧密排列，宽卵形，先端具细长尖头，背面龙骨状突起，有 7 或 9 脉，两侧苍白色或麦秆色，有时有锈色斑点；花柱长，柱头 3。小坚果三棱状倒卵球形，长约 1mm，侧面凹陷，深棕色，表面具密细点。花果期 6—12 月。

生境与分布　见于余姚、鄞州、奉化、宁海、象山；生于空旷的田间、河岸或滨海沙地。产于杭州、温州及吴兴、柯城、开化、缙云、龙泉等地；分布于华东、华北、华中、华南、西南及辽宁、甘肃；日本及南亚、东南亚、美洲也有。

179 长尖莎草

学名　**Cyperus cuspidatus** Kunth ex Humboldt et al.　　属名　莎草属

形态特征　一年生草本，高 10～15cm。秆丛生，细弱，三棱形，平滑。叶少，短于秆；叶片条形，宽 1～2mm，常向内折合。叶状苞片 2 或 3，长于花序；聚伞花序具 2～5 个辐射枝；小穗 5 至多数，排列呈折扇状，长圆形，长 4～12mm，具 8～26 花，小穗轴无翅；鳞片疏松排成 2 列，长圆形，先端截形，具反曲细长尖头，背面具绿色龙骨状凸起，两侧紫红色，具 3 脉；柱头 3。小坚果长球状三棱形，长为鳞片的 1/2，深褐色，具疣状小突起。花果期 8—11 月。

生境与分布　见于除市区外的全市各地；生于溪边、河岸沙地。产于龙泉、永嘉；分布于华东、华南、西南；东南亚、南亚、非洲、北美洲、大洋洲也有。

180 异型莎草

学名 ***Cyperus difformis*** Linn.　　　　　　　　　　**属名** 莎草属

形态特征　一年生草本，高 10～30cm。秆丛生，稍细弱，扁三棱形，平滑，具纵条纹。叶短于秆；叶片条形，宽 2～5mm，扁平。叶状苞片 2 或 3，长于花序；聚伞花序简单，少数复出，具 3～9 个辐射枝；穗状花序头状，直径 6～8mm；小穗多数，密聚，披针形，具 10～15 花，小穗轴无翅；鳞片排列稍松，扁圆形，中间淡黄色，两侧褐紫色，边缘白色透明，先端圆钝，背面具 3 条不明显的脉；花柱短，柱头 3。小坚果倒卵球状三棱形，与鳞片等长，淡褐色。花果期 6—11 月。

生境与分布　见于除市区外的全市各地；生于荒田、山坡、沙滩或水边潮湿处。产于杭州、温州、金华、丽水及吴兴、安吉、桐乡、柯城、普陀、岱山、开化、江山、椒江、天台等地；除西藏、青海外全国广布；亚洲大部、非洲、欧洲、大洋洲也有。

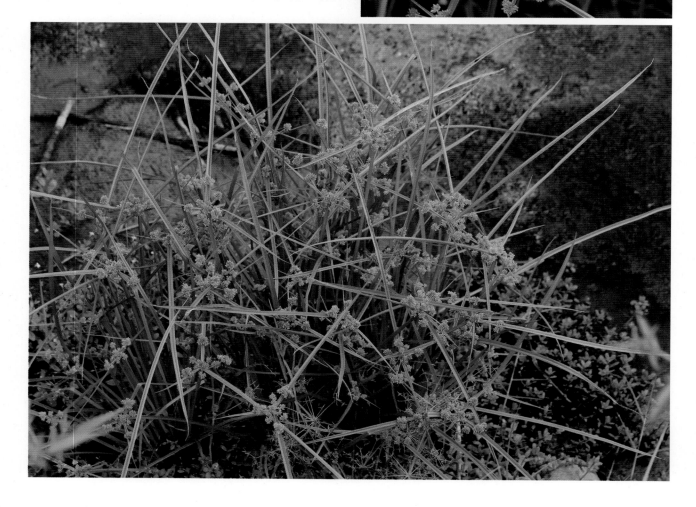

181 长穗高秆莎草

学名　**Cyperus exaltatus** Retz. var. **megalanthus** Kükenth.　　属名　莎草属

形态特征　多年生草本，高达 100cm。根状茎短。秆散生，粗壮，钝三棱形，平滑，基部具较多叶。叶与秆近等长；叶片宽 6～10mm，边缘粗糙，具紫褐色长鞘。叶状苞片 3～6，下部者长于花序；大型聚伞花序复出或多次复出，具 5～10 个第一次辐射枝，辐射枝长短不等；第二次辐射枝向外展开，长 1～4cm；穗状花序圆筒形，具柄和多数小穗；小穗近于 2 列，排列紧密，长达 14mm，有 12～25 花，小穗轴具白色透明狭翅；鳞片卵形或倒卵形，覆瓦状排列，长约 1.5mm，背面具绿色龙骨状突起，具 3～5 脉，两侧黄褐色；柱头 3。小坚果倒卵球状三棱形，长不及鳞片的 1/2，光滑。花果期 4—9 月。

生境与分布　见于宁海、象山；生于溪边、水田草丛中。产于杭州、嘉兴；分布于华东。

主要用途　秆可编制草席。

182 | 畦畔莎草

学名 **Cyperus haspan** Linn.　　　　　　　　　　　　属名 莎草属

形态特征　多年生草本，高 20～75cm。秆丛生或散生，稍细弱，扁三棱形，平滑。叶短于秆；叶片条形，宽 2～3mm，有时仅剩叶鞘而无叶片。叶状苞片 2，较花序短，稀长于花序；聚伞花序复出或简单，稀多次复出，具多数细长松散的第一次辐射枝；小穗常 3～6 个呈指状排列，条形或条状披针形，长 4～8mm，具 4～8 花，小穗轴无翅；鳞片密覆瓦状排列，长圆状卵形，先端具短尖，背面稍具龙骨状凸起，绿色，两侧紫红色或苍白色，具 3脉；柱头 3。小坚果倒卵球状三棱形，长约 0.5mm，淡黄色，具疣状小突起。花果期 6—12 月。

生境与分布　见于慈溪、余姚、北仑、鄞州、宁海、象山；生于山坡、溪边、田边、浅水塘、库尾等湿润处。产于杭州、温州、金华、丽水及普陀、开化、江山、天台、临海等地；分布于长江流域及以南各省份；亚洲大部、非洲、北美洲、大洋洲也有。

183 风车草 旱伞草

学名 **Cyperus involucratus** Rottb.　　　　　属名 莎草属

形态特征 多年生草本，高 30～150cm。根状茎粗短，木质。秆丛生，较粗壮，近圆柱状，上部稍粗糙，基部具无叶的鞘。叶片带状，宽 2～10mm。叶状苞片 20 余片，几等长，较花序长约 2 倍；聚伞花序复出，具多数第一次辐射枝，每个第一次辐射枝具 4～10 个第二次辐射枝；小穗密集于第二次辐射枝上端，椭圆形或长圆状披针形，压扁，具 6～26 花，小穗轴不具翅；鳞片紧密覆瓦状排列，卵形，苍白色，有锈褐色斑点，具 3 或 5 脉。小坚果三棱状椭球形，褐色，长为鳞片的 1/3。花果期 5—11 月。

地理分布 原产于非洲和西南亚。全市各地广泛栽培。

主要用途 叶色亮绿，姿态清秀，常栽于湿地旁或盆中，供观赏。

184 碎米莎草

学名　**Cyperus iria** Linn.　　　　属名　莎草属

形态特征　一年生草本，高 15～50cm。秆丛生，扁三棱形，下部具多数叶，无毛。叶片短于秆，细长条形，宽 2～3.5mm，扁平；叶鞘红棕色或棕紫色。叶状苞片 3～5，长于花序；聚伞花序复出；穗状花序有 5 至多数小穗；小穗排列松散，斜展，条状披针形，压扁，黄色或麦秆黄色，具 8～16 花；小穗轴近于无翅；鳞片宽倒卵形，先端微凹，具极短的短尖，尖头不突出于鳞片顶端，背面具绿色龙骨状凸起，具 3 或 5 脉，两侧黄色或麦秆黄色；柱头 3。小坚果倒卵球状三棱形，与鳞片等长，褐色，具密的微突细点。花果期 6—11 月。

生境与分布　见于除市区外的全市各地；生于田间、山坡、路旁阴湿处。产于全省各地；分布几遍全国；广布于亚洲、非洲北部、美洲及澳大利亚等地。

附种　具芒碎米莎草 *C. microiria*，鳞片先端有明显的短尖头；小穗轴具白色透明狭翅。见于余姚、北仑、鄞州、奉化、宁海、象山；生于河岸、路旁或旷野水湿处。

具芒碎米莎草

185 旋鳞莎草

学名 **Cyperus michelianus** (Linn.) Link

属名 莎草属

形态特征 一年生草本，高2～25cm。秆密丛生，扁三棱形，平滑。叶长于或短于秆；叶片条形，宽1～2.5mm，平展，有时对折；基部叶鞘紫红色。叶状苞片3～6，基部宽，远长于花序；聚伞花序缩短成头状，卵球形或球形，直径5～15mm，有极多数密集小穗；小穗卵形或披针形，长3～4mm，具10～20花，小穗轴无翅；鳞片螺旋状排列，长圆状披针形，淡黄白色，稍透明，有时上部中间具黄褐色或红褐色条纹，中脉呈绿色龙骨状突起，先端有短尖；柱头2(3)。小坚果狭长圆状三棱形，长约1mm，表面包有一层白色透明的疏松细胞。花果期5—10月。

生境与分布 见于奉化、宁海、象山；生于路边、水边潮湿处。产于杭州市区、桐庐、桐乡、开化；分布于华东、东北、华中及河北、广东、广西、云南、西藏、新疆；亚洲大部、非洲、大洋洲、欧洲也有。

附种 白鳞莎草 *C. nipponicus*，聚伞花序短缩成头状，直径1～2cm；小穗轴具白色透明翅；鳞片2列。见于慈溪；生于路边水湿地。

白鳞莎草

186 | 毛轴莎草

学名　**Cyperus pilosus** Vahl

属名　莎草属

形态特征　多年生草本，高 30～70cm。根状茎细长，匍匐。秆粗壮，锐三棱形。叶片短于秆，宽 6～8mm，平展，边缘粗糙；叶鞘淡褐色。叶状苞片通常 3，长于花序；聚伞花序复出；穗状花序卵形，具多数小穗，花序轴被淡黄色粗硬毛，无花序梗；小穗条状披针形，长 5～10mm，排成 2 列，具 10～18 花，小穗轴有白色透明狭翅；鳞片排列稍松，宽卵形，具 5～7 脉，中间绿色，两侧红褐色，具白色透明边缘；柱头 3。小坚果宽椭球状三棱形，长约 1mm，熟时黑色。花果期 5—12 月。

生境与分布　见于慈溪、奉化、宁海、象山；生于山坡灌丛、田边、河边潮湿处或路边草丛中。产于杭州、温州、台州、丽水及普陀、武义、衢江、开化等地；分布于华东、华中、华南、西南及山西；东南亚、南亚、大洋洲及日本也有。

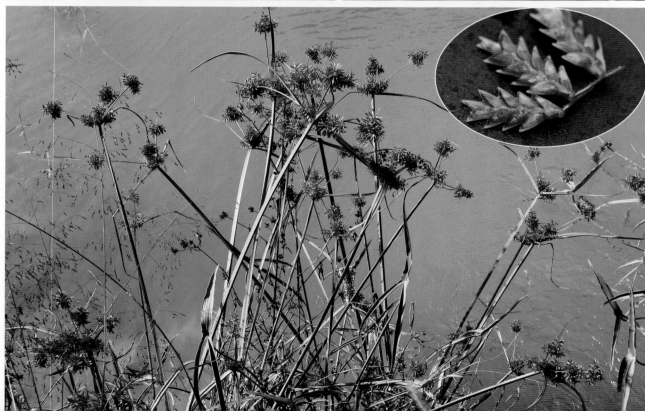

187 香附子 莎草

| 学名 | **Cyperus rotundus** Linn. | 属名 | 莎草属 |

形态特征　多年生草本，高 15～50cm。具细长匍匐的根状茎和块茎。秆散生，稍细弱，锐三棱形，平滑，下部具多数叶。叶片短于秆，宽 3～4mm，扁平；叶鞘常裂成纤维状。叶状苞片 2～4，常长于花序；聚伞花序简单或复出，具 3～8 个不等长辐射枝；穗状花序有 4～10 个小穗；小穗条状披针形，长 2～3cm，两侧紫红色或棕红色，压扁，具10～36 花，小穗轴具白色透明翅；鳞片卵形或长圆状卵形，密覆瓦状排列，中间绿色，两侧紫红色或红棕色，具 5 或 7 脉；柱头 3，伸出鳞片外。小坚果三棱状倒卵球形，具细点。花果期 5—11 月。

生境与分布　见于全市各地；生于山坡、荒地、田埂草丛中或水边潮湿处。产于杭州、温州及平湖、桐乡、嵊州、绍兴市区、普陀、嵊泗、开化、江山、浦江、椒江、天台、龙泉等地；分布几遍全国；世界各地广布。

主要用途　本种块茎名为"香附子"，可供药用，具通经、健胃、镇痉之功效。

188 | 荸荠

学名 **Eleocharis dulcis** (Burm. f.) Trin. ex Henschel　　　　　**属名** 荸荠属

形态特征　多年生草本，高 40～80cm。根状茎细长，匍匐，顶端膨大成球茎。秆丛生，圆柱状，直径 3～5mm，有多数横隔膜。叶片缺如，仅在秆基部有 2 或 3 个叶鞘；叶鞘近膜质，黄绿色、棕红色或褐色，鞘口斜截。小穗顶生，圆柱状，长 2～4cm，淡绿色，具多数花；鳞片松散，卵状长圆形，先端钝圆，背部近革质，具 1 条中脉，基部 2 鳞片内中空无花，抱小穗基部一周，其余鳞片全部有花；下位刚毛 7，长为小坚果的 1.5 倍，具倒刺；柱头 3。小坚果宽倒卵球形，双凸状，顶端不缢缩，长约 2.5mm，棕色，近光滑；花柱基部骤狭且扁而呈三角形，具领状环，环宽约为小坚果的 1/2。花果期 6—11 月。

生境与分布　见于鄞州；生于稻田或水湿地；除市区外的全市各地有栽培。产于杭州、温州、丽水及吴兴、嵊州、浦江、开化、天台等地；分布于华中、华南及江苏、福建；东亚、东南亚、南亚、热带非洲、大洋洲北部也有。

主要用途　球茎富含淀粉，供食用，味甘美；也可供药用，具开胃解毒功效。

189 透明鳞荸荠

学名 **Eleocharis pellucida** J. Presl et C. Presl　　属名 荸荠属

形态特征　一年生草本，高 5～30cm。根状茎缩短。秆丛生或密丛生，细弱，直径 0.5～1mm，圆柱形，具少数肋条和纵槽。叶片缺如，仅在秆的基部有 2 叶鞘，鞘口几平截，顶端具三角形小齿。小穗直立，长圆状卵形或披针形，苍白色或淡红褐色，长 3～8mm，密生少数至多数花；鳞片长圆形或近长圆形，淡锈色，中脉 1，基部 1 鳞片内无花；下位刚毛 6，不向外展开，长为小坚果的 1.5 倍，有密而短的倒刺；柱头 3。小坚果三棱状倒卵球形，长 1.2mm，各棱具狭翼；花柱基金字塔形，长约为小坚果的 1/4。花果期 4—11 月。

生境与分布　见于北仑、宁海、象山；生于水稻田、沼泽、林下草丛、水塘或湖边湿地。产于杭州、温州、金华、衢州、丽水及吴兴、秀洲等地；分布于除西北外的全国各地；东北亚、东南亚及印度、斯里兰卡也有。

附种　稻田荸荠 var. *japonica*，秆较矮，细如发；下位刚毛稍短于小坚果，具较稀倒刺；小坚果长 0.8～0.9mm；花柱基常较长。见于北仑、奉化、宁海、象山；生于水田边、路边及草丛中。

稻田荸荠

190 龙师草

学名 **Eleocharis tetraquetra** Nees   属名 荸荠属

形态特征 多年生草本，高 30～50cm。根状茎无，稀具短的匍匐状根状茎。秆丛生，锐四棱柱状，无毛及横隔膜。叶片缺如，仅在秆基部有 2 或 3 个叶鞘，鞘口近平截，顶端具三角形小齿。小穗稍斜生，椭球形，长 8～11mm，具多数花；鳞片长圆形，舟状，背部绿色，具 1 脉，两侧淡锈色，基部 3 鳞片内无花；下位刚毛 6，硬毛状，几与小坚果等长，具少数粗硬倒刺；柱头 3。小坚果扁三棱状倒卵球形，淡褐色，有短柄；花柱基圆锥形，长约为小坚果的 2/3，有少数乳头状突起。花果期 5—11 月。

生境与分布 见于慈溪、余姚、鄞州、奉化、宁海、象山；生于水塘边、溪沟边、沼泽、路边草丛等潮湿处。产于温州、丽水及杭州市区、临安、武义、开化、天台等地；分布于黄河以南各省份及东北；亚洲各地及澳大利亚北部也有。

附种 羽毛鳞荸荠 **E. wichurae**，下位刚毛羽毛状。见于北仑、象山；生于路旁、水边沼泽地。

羽毛鳞荸荠

191 牛毛毡

| 学名 | **Eleocharis yokoscensis** (Franch. et Sav.) Tang et F.T. Wang | 属名 | 荸荠属 |

形态特征　多年生草本，高 5～10cm。根状茎缩短，具细长匍匐茎。秆密丛生，细如毛发，具沟槽。叶片鳞片状，具红褐色鞘。小穗顶生，卵球形，长 2～4mm，淡紫色，仅具数花；鳞片膜质，全部有花，下部鳞片近 2 列，卵形，先端急尖，背面具绿色龙骨状凸起，具 1 脉，两侧紫色；下位刚毛 1～4，长为小坚果的 2 倍，具粗硬倒刺；柱头 3。小坚果椭球形，长约 2mm，淡黄白色，有细密整齐的横线状网纹；花柱基圆锥形，与果顶连接处收缩，长约为小坚果的 1/3。花果期 4—11 月。

生境与分布　见于除市区外的全市各地；生于水田中、池塘边及路边水湿地。产于全省各地；分布几遍全国；东北亚、东南亚及印度也有。

192 | 夏飘拂草

学名 **Fimbristylis aestivalis** (Retz.) Vahl　　　　　　　**属名** 飘拂草属

形态特征 一年生草本，高 3～12cm。根状茎缺，具须根。秆密集丛生，纤细，扁三棱形，平滑，基部具少数叶。叶短于秆；叶片宽 0.5～1mm，丝状，通常扁平或边缘稍内卷，两面被疏柔毛；叶鞘短，棕色，外被长柔毛。叶状苞片 3～5，被硬毛，短于或等于花序；聚伞花序复出，疏散；小穗单生，卵球形、长球状卵球形或披针形，长 2.5～5mm，具棱角和多数花；鳞片卵形或长圆形，红棕色，先端圆，具短尖，背面具绿色龙骨状凸起，3 脉；柱头 2，极

短。小坚果双凸状倒卵球形，黄色，表面近于光滑或具极不明显的六角形网纹。花果期 5—8 月。

生境与分布 见于北仑、奉化、象山；生于荒草地、稻田边。产于杭州市区、临安；分布于华东、华中、华南、西南及黑龙江、陕西；东南亚、南亚、大洋洲及日本、俄罗斯远东地区也有。

附种 **复序飘拂草** *F. bisumbellata*，小坚果宽倒卵球形，表面具明显横向圆形网纹。见于奉化；生于江边草丛或平原荒地上。

复序飘拂草

193 两歧飘拂草

学名　**Fimbristylis dichotoma** (Linn.) Vahl

属名　飘拂草属

形态特征　一年生草本，高 20～50cm。秆丛生，钝三棱形，常被疏柔毛。叶片丝状或长条形，略短于秆或与秆等长，宽 1～2.5mm。叶状苞片 3 或 4，常 1 或 2 长于花序；聚伞花序复出，稀简单，具 2～5 个辐射枝；小穗卵球形或长球状卵球形，淡褐色，长 4～12mm，具多数花；鳞片卵形或长圆形，有光泽，具 3 或 5 脉；柱头 2。小坚果宽倒卵球形，双凸状，具 7 或 8 条显著隆起的纵肋及横长圆形网纹，基部具褐色短柄。花果期 6—11 月。

生境与分布　见于余姚、北仑、鄞州、奉化、宁海、象山；生于田边、路边、河边、林下湿地。产于杭州、温州、台州、丽水及安吉、桐乡、普陀、开化、江山、磐安等地；分布于除黑龙江、吉林、宁夏、青海外的全国各地；东亚、南亚、中亚、非洲、大洋洲、美洲及越南、泰国也有。

附种　长穗飘拂草 *F. longispica*，植株无毛；小坚果狭长球形，表面具六角形网纹，纵肋不隆起，无柄。见于奉化；生于江边草丛中。

长穗飘拂草

194 日照飘拂草 水虱草

学名 **Fimbristylis littoralis** Gaudichaud　　属名 飘拂草属

形态特征 一年生草本，高 10～40cm。根状茎缺。秆丛生，扁四棱形，具纵槽，基部有 1～3 个无叶片的压扁鞘。叶片剑状，长条形，宽 1～2mm，先端渐狭成刚毛状，边缘有稀疏细齿；叶鞘侧扁，背面呈锐龙骨状。苞片 2～4，刚毛状，基部宽，具锈色膜质边，短于花序；聚伞花序复出或多次复出，稀简单，有多数小穗；小穗单生，球形或近球形，长 1.5～5mm；鳞片卵形，栗色，背面龙骨状凸起，具 3 脉；柱头 3。小坚果倒卵球状三棱形，长约 1mm，麦秆黄色，具疣状突起和横长圆形网纹。花果期 6—11 月。

生境与分布 见于全市各地；生于水田边、沟边及路边草丛潮湿处。产于杭州、温州、金华、丽水及吴兴、桐乡、诸暨、普陀、开化、江山、椒江、天台等地；分布于华东、华中、华南、西南、西北及河北；大洋洲、东亚、南亚、东南亚也有。

附种 面条草（拟二叶飘拂草）**F. diphylloides**，叶鞘不压扁；苞片 4～6；聚伞花序简单或近于复出；小穗卵球形或长球状卵球形。见于余姚、鄞州、奉化、象山；生长于路边、田埂上、溪旁、水塘中或稻田中。

面条草

195 绢毛飘拂草

学名 **Fimbristylis sericea** (Poir.) R. Br.　　　　属名 飘拂草属

形态特征　多年生草本，高 15~30cm。全体被白色绢毛。根状茎长，斜升或横走。秆散生，钝三棱形。叶基生，短于秆；叶片宽 1.5~3.2mm，弯卷，先端急尖。叶状苞片 2 或 3，短于花序；聚伞花序简单；小穗 3~15 个聚集成头状，长球状卵形或长球形，长 5~10mm；鳞片卵形，先端具短硬尖，中部有紫红色短条纹，具白色宽边，1 脉；柱头 2。

小坚果倒卵球形，双凸或平凸状，长约 1.2mm，熟时紫黑色，近于光滑。花果期 5—11 月。

生境与分布　见于象山；生于海滨沙地上。产于普陀、嵊泗；分布于华东、华南；东亚、东南亚、非洲、大洋洲及印度也有。

主要用途　新鲜的根状茎有似甘菊的香味，可作为甘菊的代用品。

196 弱锈鳞飘拂草

学名 **Fimbristylis sieboldii** Miq. ex Franch. et Sav.　　属名 飘拂草属

形态特征 多年生草本，高 15～30cm。根状茎短，木质。秆丛生，较细弱，扁三棱形。下部叶仅具叶鞘，上部叶片丝状，宽约 1mm，短于秆，常折叠。苞片 1～3，条形，1 片与花序近等长，其余短于花序；聚伞花序有 1～4(12) 个小穗；小穗长球状披针形，长 6～12mm，密生多数花；鳞片宽卵形，棕色，先端略具短尖，边缘具缘毛，1 脉；柱头 2。

小坚果倒卵球形或宽倒卵球形，扁双凸状，表面较平滑，熟时棕色或棕黑色。花果期 5—11 月。

生境与分布 见于慈溪、余姚、镇海、北仑、鄞州、奉化、宁海、象山；生于海边潮湿地或岩石缝中。产于杭州市区及全省沿海和岛屿；分布于华东、华南；朝鲜半岛及日本也有。

197 烟台飘拂草

学名 **Fimbristylis stauntonii** Debeaux et Franch.　　　属名 飘拂草属

形态特征 一年生草本，高 4~40cm。根状茎缺，具须根。秆丛生，扁三棱形，具纵槽，基部有少数叶。叶短于秆；叶片宽 2~2.5mm，扁平，长条形。苞片 2 或 3，叶状，不等长，稍长或稍短于花序；聚伞花序简单或复出；小穗卵球形或椭球形，长 3~5mm，具多数花；鳞片长圆状披针形，锈色，长 1.5~2mm，膜质，先端的短尖不向外弯，背部具绿色龙骨状突起，具 1 脉；花柱基部膨大成球形，柱头 2 或 3。小坚果椭球形，不明显三棱状或双凸状，黄白色，长约 1mm，顶端稍膨大如盘，顶端以下缩成短颈，表面具长圆形的横向网纹，花柱不脱落。花果期 7—9 月。

生境与分布 见于慈溪、象山；生于河边草丛或水塘边。产于杭州市区、临安、开化、瑞安、泰顺；分布于华东、华中及辽宁、河北、四川、陕西、甘肃；日本及朝鲜半岛也有。

198 匍匐茎飘拂草

学名 **Fimbristylis stolonifera** C.B. Clarke

属名 飘拂草属

形态特征　多年生草本，高 30～70cm。具匍匐根状茎；叶片条形，长约为秆的 1/3，宽 1.5～2mm，两面被毛，背面中脉明显。叶状苞片 2 或 3，常短于花序；长侧枝聚伞花序简单或近复出，具 3～6个辐射枝；小穗单生、2 或 3 个簇生于辐射枝顶端，卵球形或长球状卵球形，下面 1 或 2 片鳞片内无花；有花鳞片长圆状卵形，栗色，有光泽，背面有5～7 条隆起脉，先端具短尖；柱头 2。小坚果倒卵球形，双凸状，白色或淡棕色，具横向圆形网纹。花果期 7—9 月。

生境与分布　见于余姚、北仑；生于山坡路边、沼泽草丛中。产于丽水；分布于西南及河北、广东；南亚也有。

199 双穗飘拂草

学名 **Fimbristylis subbispicata** Nees et Mey.　　属名 飘拂草属

形态特征　一年生草本，高 10～40cm。根状茎缺。秆丛生，纤细，扁三棱形，基部具少数叶。叶短于秆，叶片稍坚挺，宽约 1mm，平展，上部边缘有小刺。苞片 1 或无，条形，长于花序；小穗 1(2)，顶生，椭球状卵球形或椭球状披针形，长 8～30mm，具多数花，全部鳞片螺旋状排列；鳞片卵形或宽卵形，长大于宽，先端钝，具硬短尖，棕色，有锈色短条纹，具多条脉；柱头 2。小坚果倒卵球形，扁双凸状，褐色，表面具不明显的六角形网纹，基部具褐色短柄。花果期 5—11 月。

生境与分布　见于奉化、宁海、象山；生于山坡路边草丛、沼泽地、溪边、旷地湿润处。产于温州及杭州市区、临安、定海、普陀、江山、磐安、天台、缙云、松阳等地；分布于华东、华中、华北、华南及辽宁、贵州、陕西；朝鲜半岛及日本、越南也有。

附种　**独穗飘拂草 F. ovata**，叶片细条形，宽 0.5～1mm，边缘稍内卷；苞片 1～3，鳞片状；小穗扁平，下部鳞片 2 列；鳞片黄绿色；柱头 3；小坚果三棱状，苍白色，具疣状突起。见于宁海、象山；生于海边山坡、路边潮湿处或滨海沙地。

独穗飘拂草

200 水蜈蚣 短叶水蜈蚣

学名 **Kyllinga brevifolia** Rottb.　　　　　**属名** 水蜈蚣属

形态特征　多年生草本，高 20～30cm。具匍匐根状茎。秆散生，纤细，扁三棱形，下部具叶。叶长于或近等长于秆；叶片条形，宽 1.5～2mm；叶鞘常淡紫红色，鞘口斜，最下 1 或 2 个鞘无叶片。叶状苞片 3，开展；穗状花序单一，卵球形，直径 5～7mm，密生多数小穗；小穗长球形或长球状披针形，长约 3mm，先端稍钝，具 1 两性花，基部具关节；鳞片卵形，先端具外弯突尖，背面龙骨状凸起上具数个白色透明刺，两侧常具锈色斑点；柱头 2。小坚果倒卵球形，扁双凸状，褐色，表面具微凸起的细点。花果期 5—11 月。

生境与分布　见于全市各地；生于山坡林下、路边、水沟边草丛中。产于杭州、丽水、温州及桐乡、上虞、普陀、开化、磐安、武义、椒江、天台等地；分布于华东、东北、华中、华南、西南及山西、陕西、甘肃；亚洲大部、美洲、大洋洲、热带非洲也有。

主要用途　全草药用，具疏风解表、消肿、止痛功效。

附种　光鳞水蜈蚣 var. *leiolepis*，鳞片背面的龙骨状突起上无刺。见于除市区外的全市各地，生境同水蜈蚣。

光鳞水蜈蚣

201 湖瓜草

学名 **Lipocarpha microcephala** (R. Br.) Kunth   属名 湖瓜草属

形态特征 一年生矮小草本，高 10～20cm。秆丛生，纤细，扁，具槽，被微柔毛。叶基生，最下部的叶鞘无叶片；叶片狭条形，长不及秆的 1/2，宽约 1mm，边缘内卷，两面无毛。叶状苞片 2，远长于花序；小苞片刚毛状；穗状花序 1～3 个簇生，卵球形，长 3～5mm，具多数鳞片和小穗；鳞片倒披针形，长 1～1.5mm；小穗具 2 小鳞片和 1 两性花，基部具关节；小鳞片长卵形，长约 1mm，膜质，透明，具 2 或 3 条粗脉；柱头 3，被微柔毛。小坚果长球状倒卵球形，三棱状，黄褐色，先端具短尖，表面有细皱纹。花果期 7—10 月。

生境与分布 见于北仑、宁海；生于田边、沟边、草地中或路边潮湿处。产于杭州、丽水及普陀、新昌、开化、江山、磐安、永嘉、泰顺；分布于华东、华中、华南、西南及辽宁、河北；东亚、东南亚、南亚、大洋洲也有。

202 | 砖子苗

学名 **Mariscus umbellatus** Vahl.

属名 砖子苗属

形态特征　多年生草本，高 20～50cm。秆疏丛生，锐三棱形，平滑，基部膨大，具鞘，多叶。叶常短于秆或与秆近等长；叶片条形，宽 3～6mm，下部常折合，向上渐平展；叶鞘褐色或红棕色。叶状苞片 6～8，常长于花序；聚伞花序简单，具 6～12 个辐射枝；穗状花序圆筒形，长 1～2.5cm，具多数密生的小穗；小穗条状披针形，平展或稍俯垂，具 1 或 2 花，小穗轴具宽翅；鳞片排成 2 列，淡黄色或黄绿色，先端钝，边缘内卷，背面具多数脉，中间具明显绿色 3 脉；柱头 3，细长。小坚果三棱状椭球形，长约为鳞片的 2/3，黄褐色，表面具微突细点。花果期 5—11 月。

生境与分布　见于除市区外的全市各地；生于山坡草地、路边、田边、河边、溪沟边或沙滩。产于杭州、温州、丽水及吴兴、安吉、开化、婺城、义乌、天台、临海等地；分布于华东、华中、华南、西南及陕西、宁夏；东亚、东南亚、南亚、热带非洲、大洋洲北部也有。

203 球穗扁莎

学名 **Pycreus flavidus** (Retz.) T. Koyama

属名 扁莎属

形态特征　多年生草本，高 10～60cm。根状茎短。秆丛生，细弱，钝三棱形，一面有沟，平滑，下部具少数叶。叶片条形，短于秆，宽 1～2mm，折合或平展。叶状苞片 2～4，细长，长于花序；聚伞花序简单，具 3～5 个不等长的辐射枝，每 1 辐射枝具 5～17 个小穗；小穗密集于辐射枝上部成球形，辐射展开，极扁，小穗轴近四棱形，两侧有具横隔的槽；鳞片长圆状卵形，先端钝，背面龙骨状突起，绿色，具 3 脉，两侧黄褐色、红褐色或紫褐色，边缘白色透明；柱头 2，细长。小坚果倒卵球形，双凸状，褐色，具白色透明有光泽的细胞层和密的细点。花果期 6—12 月。

生境与分布　见于余姚、北仑、象山；生于田边、沟边、路旁潮湿地。产于杭州、温州、台州、丽水及新昌、普陀、开化、江山、磐安、武义等地；分布于除青海外的全国各地；亚洲大部分、非洲、大洋洲、南欧也有。

附种　红鳞扁莎 *P. sanguinolentus*，叶片宽 3～4mm；鳞片背面龙骨状突起黄绿色，具 3 或 5 脉，两侧有淡黄白色的宽槽，边缘暗褐红色或紫红色。见于慈溪、余姚、北仑、宁海、象山；生于山谷、田边、河岸旁潮湿处。

红鳞扁莎

204 | 多穗扁莎 多枝扁莎

学名 **Pycreus polystachyus** (Rottb.) Beauv.　　　　属名 扁莎属

形态特征　多年生草本，高 15～60cm。秆密丛生，坚挺，扁三棱形，平滑，下部具叶。叶片条形，短于秆，宽 2～4mm。叶状苞片 4～6，长于花序；聚伞花序复出，具多数辐射枝，辐射枝有时短缩，具多数小穗；小穗条形，排列极密，扁平，长 10～25mm，具 20～30 余花，小穗轴多次回折，具狭翅；鳞片密覆瓦状排列，黄色或红棕色，背面具绿色 3 脉；柱头 2，细长，伸出于鳞片之外。小坚果近长球形，为鳞片长的 1/2，双凸状，褐色，表面具微突的细点。花果期 8～11 月。

生境与分布　见于奉化；生于海滨沙滩草地中。产于浙江东部沿海各地；分布于福建、台湾、广东；朝鲜半岛及日本、越南也有。

205 华刺子莞

学名 **Rhynchospora chinensis** Nees et Mey. ex Nees　　属名 刺子莞属

形态特征　多年生草本，高 40～60cm。根状茎极短。秆丛生，纤细，三棱形，基部有 1 或 2 无叶片的叶鞘。叶基生和秆生；叶片条形，宽 1.5～2.5mm，几与秆等长。苞片叶状，下部者具鞘，上部者无鞘或具短鞘；圆锥花序由顶生和侧生伞房花序组成；小穗常 4～8 个簇生成头状，披针形，褐色；鳞片 7 或 8 片，下部 2 或 3 片和最上部 1 片无花，中部各有 1 朵两性花，仅其中最下 1 朵结实；下位刚毛 6，被顺刺，比小坚果长；柱头 2。小坚果宽倒卵球形，双凸状，熟时栗褐色，表面具皱纹；宿存花柱基较小坚果长或近等长。花果期 7—10 月。

生境与分布　见于北仑、奉化、宁海、象山；生于山坡灌草丛或路边水湿地。产于温州及开化、天台、缙云等地；分布于华东、华南及湖北；东南亚、南亚及日本也有。

206 刺子莞

学名 **Rhynchospora rubra** (Lour.) Makino　　　　　　　　　　**属名** 刺子莞属

形态特征　多年生草本，高 30～60cm。根状茎极短，直立或斜生。秆丛生，钝三棱柱形，无毛。叶基生；叶片条形，宽 1.5～3.5mm，短于秆。叶状苞片 4～10，不等长，下部或基部密生缘毛；头状花序顶生，球形，具多数小穗；小穗狭披针形，长约 8mm；鳞片 6～8，下部 3 片和最上部 1 片无花，中部 1 片有 1 朵雌花，其上 2 片各有 1 朵雄花；下位刚毛 4～6，长短不一，长不及小坚果的 1/2 或 1/3；柱头 (1)2。小坚果倒卵球形，双凸状，黑褐色，表面具细点；宿存花柱基短小，三角形。花果期 5—12 月。

生境与分布　见于除市区外的全市各地；生于山坡路边及溪沟边。产于杭州、温州、丽水及天台、临海；分布于长江流域以南各省份；东亚、南亚、东南亚、非洲、大洋洲也有。

207 水毛花

学名 **Schoenoplectus mucronatus** (Linn.) Palla subsp. **robustus** (Miq.) T. Koyama

属名 水葱属

形态特征 多年生草本，高50～70cm。根状茎粗短，具细长须根。秆丛生，稍粗壮，锐三棱形，基部具2叶鞘，无叶片。苞片1，为秆的延长，直立或稍展开；小穗6～8聚集成头状，假侧生，卵球形或长球状卵球形，长1～1.5cm，具多数花；鳞片卵形或长圆状卵形，长4～4.5mm，淡棕色，具红棕色短条纹；下位刚毛6，等于或短于小坚果，具倒刺；柱头3。小坚果倒卵球形或宽倒卵球形，扁三棱状，熟后暗棕色，具光泽，稍有波纹。花果期5—11月。

生境与分布 见于余姚、北仑、鄞州、奉化、宁海、象山；生于水塘边、沼泽地、溪边草地。产于杭州、丽水及诸暨、开化、浦江、磐安、天台、普陀、永嘉、苍南；分布于华东、华中、华南、西南及黑龙江、山西、陕西；东亚、非洲、欧洲南部及马来西亚、印度尼西亚、印度、斯里兰卡也有。

附种 萤蔺 **S. juncoides**，植株高20～50cm；秆圆柱状，有时稍具棱；小穗2～5个聚成头状；小坚果平凸状。见于慈溪、余姚、北仑、宁海、象山；生于田边或溪边水湿地。

萤蔺

208 水葱

学名 Schoenoplectus tabernaemontani (Gmel.) Palla　　**属名** 水葱属

形态特征　多年生挺水草本，高1～2m。根状茎匍匐，粗壮。秆散生，粗壮，圆柱状，基部具3或4个膜质叶鞘，最上面1个具叶片。叶片条形，长1.5～11cm。苞片1，为秆的延长，钻状，常短于花序；聚伞花序简单或复出，假侧生，具4～13或更多辐射枝；小穗单生、2或3个簇生，卵球形或椭球形，长5～10mm，具多数花；鳞片椭圆形或宽卵形，棕色或紫褐色，长约3mm；下位刚毛6，与小坚果等长，具倒刺；柱头2(3)。小坚果倒卵球形，双凸状，平滑。花果期6—9月。

地理分布　原产于东北、华北、华中、西南、西北及江苏、台湾、广东；亚洲大部、北非、大洋洲、美洲、欧洲也有。全市各地有栽培。

主要用途　秆形可爱，常见的水体美化植物；秆可编织或造纸；根状茎可药用，具清凉利尿功效。

附种1　金线水葱 'Albescens'，秆具淡黄色纵条纹。鄞州及市区有栽培。

附种2　花叶水葱 'Zebrinus'，秆绿白相间。镇海及市区有栽培。

金线水葱

花叶水葱

209 茸球藨草 庐山藨草

学名 **Scirpus lushanensis** Ohwi　　　　属名 藨草属

形态特征　多年生草本，高50～80cm。根状茎粗短。秆散生，粗壮，坚硬，钝三棱形。叶基生和秆生，短于秆；叶片宽8～10mm；叶鞘常红棕色。苞片2～4，叶状，常短于花序；聚伞花序顶生，多次复出，小穗极多；小穗单生，稀2～4个簇生，椭球形或近球形，长3～6mm，密生多数花；鳞片三角状卵形、卵形或长圆状卵形，锈色，长3～5mm，先端急尖，背面具淡绿色1脉；下位刚毛6，长为小坚果的1.5倍，下部卷曲，上端疏生顺刺；柱头3。小坚果倒卵球状扁三棱形，顶端具喙。花果期3—10月。

生境与分布　见于北仑、宁海；生于溪沟边、林下潮湿处、沼泽草丛或岩石上。产于丽水、温州及安吉、临安、桐庐、开化、磐安、天台；分布于华东、东北、华中、西南及广东、广西、陕西；东北亚、东南亚及印度也有。

附种1　**海南藨草 S. hainanensis**，秆丛生；聚伞花序顶生或侧生，组成圆锥花序；小穗单生，长5～7mm；鳞片长2～2.5mm；下位刚毛长约为小坚果的2/3，基部光滑，上端密生黄棕色毛发状毛。见于奉化（溪口）；生于路边草丛中。为本次调查发现的浙江分布新记录植物。

附种2　**华东藨草 S. karuizawensis**，秆丛生；聚伞花序顶生或侧生，组成圆锥状；小穗5～10个组成小头状花序，长5～7mm；鳞片长圆状卵形或披针形，长约3mm；下位刚毛长为小坚果的3～4倍。见于余姚、北仑、奉化、象山；生于沼泽地、沟边草丛中。

海南藨草

华东藨草

210 毛果珍珠茅

学名 **Scleria levis** Retz.

属名 珍珠茅属

形态特征 多年生草本，高 60～80cm。根状茎匍匐，木质，念珠状，外被紫黑色鳞片。秆疏丛生或散生，三棱形，被微柔毛，粗糙。叶片条形，宽 7～10mm；基部叶鞘褐色，鞘口具 3 个大小不等的齿，中部叶鞘绿色，具 1～3mm 宽的翅；叶舌近半圆形，被粗糙硬毛。苞片叶状，与花序近等长；圆锥花序由顶生和 1 或 2 个侧生支花序组成；花序轴和分枝多少被柔毛，有棱，有时具狭翅，无毛；小苞片刚毛状，基部有耳，耳上有髯毛；小穗单性，单生或双生，无柄；雄小穗长球形或长球状披针形，鳞片具稀疏缘毛；雌小穗生于分枝基部，狭卵状披针形，鳞片背面具龙骨状突起，有锈色短线，两侧褐色或棕色，先端具短尖或短芒；柱头 3。小坚果近球形，三棱状，白色或淡褐色，顶端具短尖，表面光滑或具隆起的横皱纹，被小硬毛；下位盘 3 深裂，先端急尖或具 2 或 3 齿，边缘反折。花果期 5—11 月。

生境与分布 见于鄞州、奉化、宁海、象山；生于山坡草地、林下或潮湿灌草丛中。产于温州、丽水及临安、普陀、开化等地；分布于华东、华中、华南、西南；东南亚、南亚、大洋洲及日本也有。

附种 **小型珍珠茅 *S. parvula***，植株矮小，高 30～60cm；无根状茎；叶片宽 4～5mm；秆中部叶鞘具狭翅，被长柔毛；小坚果被短柔毛；下位盘 3 浅裂。见于北仑、宁海、象山；生于山坡、沟边潮湿处。

小型珍珠茅

211 玉山针蔺 龙须草 类头状花序蔺草

学名 **Trichophorum subcapitatum** (Thwaites et Hook.) D.A. Simpson　属名 针蔺属

形态特征　多年生草本，高30～70cm。秆密丛生，细长，无节，圆柱状，无秆生叶，基部具5或6叶鞘。叶片钻状，长约1.5cm。苞片鳞片状，卵形或长圆形，长4～6mm，先端具较长的短尖；蝎尾状聚伞花序具2～4小穗，稀单生；小穗卵球形或披针形，长5～10mm，具5～12花；鳞片卵形或长圆状卵形，淡黄色或棕色，排列疏松；下位刚毛6，较小坚果长约1倍，上部疏生短刺；雄蕊3；柱头3。小坚果椭球形，三棱状，棱明显隆起，黄褐色。花果期3—11月。

生境与分布　见于余姚、北仑、鄞州、奉化、宁海、象山；生于溪沟边、山坡岩石上及林缘。产于杭州、温州、台州、丽水及安吉、诸暨、江山、浦江、武义等地；分布于华东、华中、华南、西南；东南亚、南亚及日本也有。

十　棕榈科 Arecaceae[*]

212 | 布迪椰子

学名 **Butia capitata** (Mart.) Becc.　　　　　属名 布迪椰属

形态特征　常绿小乔木，高 3～8m。茎干单一，粗壮，有残存的老叶基包裹。羽状叶长 2～3m，厚革质，银灰色，弓形弯曲，具小叶片 25～50 对；小叶片沿叶轴两侧呈 2 列排列，长 0.4～0.7m，先端尖锐；叶柄具刺。雌雄同株；花序腋生，长 0.8～0.9m；花序梗及花瓣紫红色。果实卵球形，长 2.4cm，直径约 2.6cm，熟时橙红色。种子近球形，黄褐色，表面粗糙，果壳坚硬，具 3 个萌发孔。花期 3—5 月，果期 9—11 月。

地理分布　原产于南美洲。全市各地有零星栽培。

主要用途　形态优美，叶色悦目，较耐低温，是理想的行道树及庭园树种；果实可食用，也可加工成果酱、果冻。

*宁波有 8 属 10 种，其中习见栽培 9 种。本图鉴收录 6 属 7 种，其中栽培 6 种。

213 蒲葵 扇叶棕

学名 **Livistona chinensis** (Jacq.) R. Br. ex Mart.　　　　属名 蒲葵属

形态特征　常绿乔木，高达 20m。茎单一，圆柱形，下部有密集环纹。叶顶生丛出；叶片宽肾状扇形，直径达 1m 以上，掌状深裂至中部，裂片多数，条状披针形，宽 4～5cm，先端 2 深裂，柔软而下垂；叶柄长 1～2m，下部边缘有 2 列逆刺。肉穗花序圆锥状，腋生；佛焰苞革质，管状，棕色，2 裂；花小，黄绿色。核果椭球形，长 1.8～2cm，直径 1cm，熟时黑色。花期 4—5 月，果期 8—10 月。

地理分布　原产于我国南部；中南半岛也有。全市各地有栽培。

主要用途　叶大形美，为优良观叶植物，但不耐冻，在宁波需室内越冬。嫩叶可制蒲扇，老叶可制笠帽、蓑衣、船篷等，叶裂片的中脉可制牙签；果实和根可药用。

214 加拿利海枣

学名 **Phoenix canariensis** Chab.

属名 刺葵属

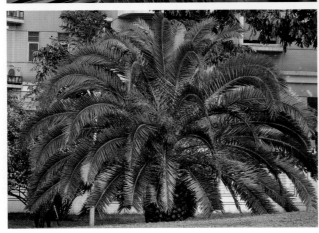

形态特征 常绿乔木，高达20m。树干单一，粗壮，直径达80cm，密被残存的扁菱形老叶柄基部，排列整齐。羽状复叶，全裂，长5～6m，略弯垂，顶生丛出，上面深绿色，两面光亮；裂片每侧100～200片，披针状条形，劲直；叶柄基部由黄褐色网状纤维包裹，具粗壮而坚硬的刺，常2枚聚生而交叉排列。雌雄异株；肉穗花序具分枝，腋生；花小，黄褐色。果实椭球形，黄色，有光泽。种子纺锤形。花期5—6月，果期8—9月。

地理分布 原产于非洲加拿利群岛。全市各地多有栽培。

主要用途 茎干粗壮，直立雄伟，形态优美舒展，富有热带风韵，是著名的景观树。寒冬季节，幼树及大树顶部生长点需做好防护，避免冻害。

附种 银海枣（中东海枣）**Ph. sylvestris**，茎干略细；叶灰绿色，裂片稍柔软；茎干上残存的老叶基不呈扁菱形，排列不整齐。原产于印度、缅甸；全市各地均有栽培，其耐寒性不如加拿利海枣，越冬需加强防护。

银海枣

215 棕竹

学名 **Rhapis excelsa** (Thunb.) Henry ex Rehd.　　**属名** 棕竹属

形态特征　常绿灌木，高 1～3m。茎密集丛生，圆柱形，有节，直径 1.5～3cm，上部覆盖褐色粗纤维质的老叶鞘。叶掌状深裂，裂片 3～10，常宽披针形，15～25cm×2～8cm，具 3 至多脉，边缘及主脉上具褐色小锐齿；叶柄长 8～15cm，顶端的小戟突略呈半圆形。圆锥状肉穗花序较长；佛焰苞 2 或 3，被棕色弯卷绒毛。浆果球形，直径 5～8mm。花期 6—8 月，果期 9—11 月。

地理分布　原产于我国南部；日本也有。全市各地常见栽培。

主要用途　株形紧密秀丽，叶色常绿而有光泽，甚耐阴，为优良的室内喜阴盆栽观叶植物。

216 | 棕榈

学名 *Trachycarpus fortunei* (Hook.) H. Wendl. | **属名** 棕榈属

形态特征 常绿乔木，高达 10m。茎圆柱形，被不易脱落的老叶柄基部及密集的网状纤维，人工剥除后留下环纹。叶片圆扇形，直径 0.5～1m，掌状 30～45 深裂；裂片条状披针形，皱折，先端具 2 浅裂，硬直，老时常下垂，上面深绿色，有光泽，下面微被白粉；叶柄坚硬，与叶片近等长，具 3 棱，基部扩大成抱茎的鞘。肉穗花序圆锥状；佛焰苞革质，多数，被锈色绒毛；花小，黄白色，单性，雌雄异株。核果肾状球形，直径约 1cm，熟时蓝黑色，有白粉。花期 4—5 月，果期 8—10 月。

生境与分布 见于余姚、鄞州、奉化、宁海；生于山地疏林中；全市各地普遍栽培。产于浙南地区；分布于长江以南各省份；日本也有。

主要用途 树形优美，是"长三角"地区营造热带景观的常用树种；陈久之老叶鞘纤维和果实均可入药，具收敛止血之功效；纤维可编制绳索、蓑衣、棕绷等，也可作沙发、床垫等的填充物；嫩叶漂白后可制扇及编制草帽；未开放的花苞称"棕鱼"，有小毒，经去毒处理后可食用。

217 丝葵 华盛顿棕榈 老人葵

学名 **Washingtonia filifera** (Lind. ex André) H. Wendl. 　　属名 丝葵属

形态特征 常绿乔木，高可达 15m。茎粗壮，通直，近基部略膨大，树冠以下常被覆垂下的枯叶，去掉枯叶后可见明显的纵向裂缝及不太明显的环状叶痕；叶基密集，不规则。叶簇生干顶；叶片圆扇形，直径达 1.5～1.8m，50～80 掌状中裂，每裂片先端再分裂，裂片间及边缘具灰白色丝状纤维；叶柄与叶片近等长，基部扩大成革质的鞘，上面扁平，背面拱凸，老树叶柄下半部边缘具小刺。肉穗花序大型，长于叶，弓状下垂，多分枝；花小，白色。核果卵球形，长约 9.5mm，直径约 6mm，熟时亮黑色。花期 5—7 月，果期 8—10 月。

地理分布 原产于美国西南部及墨西哥。全市各地有零星栽培。

主要用途 供绿化观赏。

十一　天南星科 Araceae*

218 | 菖蒲 水菖蒲

学名　**Acorus calamus** Linn.　　　　　属名　菖蒲属

形态特征　多年生常绿水生草本。根状茎粗壮，直径 0.5～2.5cm，芳香，肉质根多数，具毛发状须根。叶基生；叶鞘两侧的膜质部分宽 4～5mm，向上渐狭，约延至叶长 1/3 处；叶片剑状条形，90～150cm×1～3cm，两面中脉明显隆起，侧脉 3～5 对。总花梗长 15～50cm，三棱形；叶状佛焰苞剑状条形，长 20～40cm；肉穗花序锥状圆柱形，长 4～9cm，直径 6～20mm；花黄绿色。浆果红色，椭球形。花期 4—6 月，果期 8 月。

生境与分布　见于除市区外的全市各地；生于水边、池塘或沼泽湿地；市区有栽培。产于全省各地；分布几遍全国；世界温带、亚热带地区广布。

主要用途　叶色秀丽，可供浅水区绿化；根状茎入药，为芳香健胃剂，也可作农药。

附种　花叶菖蒲 'Variegatus'，叶片 25～40cm×0.5cm，纵向近一半宽为金黄色。市区有栽培。

花叶菖蒲

---

* 宁波有 8 属 19 种 2 变种 1 变型 3 品种，其中归化 2 种，栽培 6 种 3 品种。本图鉴收录 8 属 18 种 2 变种 1 变型 3 品种，其中归化 2 种，栽培 5 种 3 品种。

219 石菖蒲 九节菖蒲 岩菖蒲

学名　**Acorus tatarinowii** Schott　　　　　属名　菖蒲属

形态特征　多年生常绿草本。丛生状。根状茎直径5～15mm，根肉质，具多数须根。叶鞘两侧的膜质部分宽2～5mm，向上渐狭，约延至叶片中部；叶片条形，10～50cm×7～13mm，无中脉，平行脉多数。总花梗长4～15cm，三棱形；叶状佛焰苞长13～25cm，常为肉穗花序长的2倍以上；肉穗花序圆柱状，长2.5～10cm，直径3～7mm；花白色。果熟时黄绿色或黄白色。花果期4—7月。

生境与分布　见于除市区外的全市各地；生于湿地或溪边、河边石上；市区等地有栽培。产于全省各地；分布于黄河以南各省份；泰国北部至印度东北部也有。

主要用途　可供浅水区和低洼地绿化；也可盆栽或附栽在景石上观赏；根状茎入药，具开窍化痰、辟秽杀虫之功效。

附种1　金边石菖蒲 'Ogon'，叶片具金黄色纵条纹。市区有栽培，作地被或花境观赏。

附种2　金钱蒲 **A. gramineus**，叶片宽不及6mm；叶状佛焰苞长3～9cm，常短于至等长于肉穗花序。产于余姚、北仑、鄞州、奉化、宁海、象山；生于水旁湿地或石上。

附种3　花叶金钱蒲 **A. gramineus** 'Variegatus'，叶片具黄色条斑。奉化及市区有栽培。

金边石菖蒲

金钱蒲

花叶金钱蒲

220 海芋

学名 **Alocasia odora** (Linn.) Schott 　　　　属名 海芋属

形态特征 多年生大型常绿草本。具匍匐根状茎和直立的地上茎，基部长出不定芽条。叶多数，螺状排列，粗厚，长可达 1.5m，基部连鞘宽 5～10cm，展开；叶片亚革质，箭状卵形，50～90cm×40～90cm，边缘波状；叶柄长，绿色或污紫色。花序轴 2 或 3 个丛生，圆柱形，绿色，有时污紫色；佛焰苞管部绿色；檐部黄绿色或绿白色，略下弯，先端喙状；肉穗花序芳香，雌花序白色，不育雄花序绿白色，能育雄花序淡黄色；附属器淡绿色至乳黄色，圆锥状，嵌以不规则的槽纹。浆果红色，卵球形，内具种子 1 或 2。花期 3—5 月，果期 7—8 月。

地理分布 原产于华南、西南及江西、福建、湖南的热带和亚热带地区；南亚及菲律宾、印度尼西亚也有。全市各地均有栽培。

主要用途 叶大浓绿，花奇果艳，常作盆栽观赏。

221 华东魔芋 东亚魔芋

学名 **Amorphophallus kiusianus** (Makino) Makino　　　　属名 魔芋属

形态特征　多年生草本。块茎扁球形。鳞叶 2，卵形或披针状卵形，有青紫色、淡红色斑块。叶掌状 3 全裂，每裂片二歧分叉后再羽状分裂，小裂片常 8～30，狭卵形或卵形，4～10cm×3～3.5cm；叶柄粗壮，绿色，具白色斑点，长达 1.5m，光滑。总花梗长 25～45cm；佛焰苞长 15～20cm，管部席卷，外面绿色，具白色斑纹，内面暗青紫色，基部有疣状突起，檐部展开为斜漏斗状，外面淡绿色，内面淡红色，边缘带杂色，两面均有白色圆形斑块；肉穗花序圆柱形；附属体长圆锥形，约与花序着花部分等长，暗紫色，散生紫黑色长硬毛。浆果红色，熟时呈蓝色。花期 5—6 月，果期 7—8 月。

生境与分布　见于慈溪、余姚、北仑、鄞州、奉化、宁海、象山；生于山坡林下、灌丛中。产于普陀、常山、天台、龙泉等地；分布于华东及广东、湖南；日本也有。

主要用途　叶形和花奇特，果色艳丽，可作林下地被；块茎入药，有消肿解毒之功效；块茎可加工为魔芋豆腐食用，但全株有毒，宜慎用。

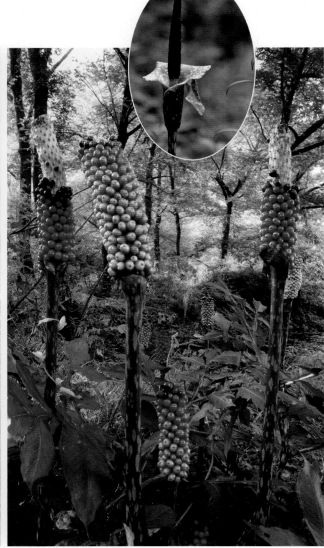

222 一把伞南星

学名 *Arisaema erubescens* (Wall.) Schott　　　**属名** 天南星属

形态特征　多年生草本。块茎扁球形，直径2～6cm，表皮黄色或淡红紫色。鳞叶有紫褐色斑纹。叶1(2) 片；叶片放射状分裂，裂片7～20，无柄，披针形、长圆形至椭圆形，7～24cm×2～3.5cm；叶柄长40～80cm，下部具鞘。总花梗短于叶柄，具褐色斑纹；佛焰苞绿色，背面有白色条纹，或紫色而无条纹，管部圆柱形，喉部边缘截形或稍外卷，檐部先端条状尾尖；肉穗花序单性，附属物棒状。浆果红色，种子1或2。花期5—7月，果期8—9月。

生境与分布　见于余姚、北仑、鄞州、奉化、宁海、象山；多生于山沟、阴湿林下。产于临安、文成、开化、天台、遂昌；我国除东北及江苏、山东、新疆、内蒙古外，其他省份均有分布；泰国、缅甸、尼泊尔、印度也有。

主要用途　果色艳丽，叶形美观，可作林下地被观赏；块茎药用，具祛痰、解痉、消肿毒等功效。

**223** | **天南星** 异叶天南星

学名 **Arisaema heterophyllum** Bl.　　　　属名 天南星属

形态特征　多年生草本。块茎近球形，直径1.5～4cm。鳞叶4或5；叶片1，鸟足状分裂，裂片7～19，全缘，无柄或具短柄，中裂片较侧裂片几短1/2；叶柄圆柱形，长25～50cm，下部3/4鞘状。总花梗常短于叶柄；佛焰苞喉部截形，边缘稍外卷，檐部常下弯成盔状，先端骤狭渐尖；肉穗花序具两性花序和单性雄花序；附属物细长，绿白色，鼠尾状，长10～20cm，伸出佛焰苞外而呈"之"字形上升，无柄。浆果黄红色、红色，圆柱形；种子黄色，具红色斑点。花期4—5月，果期7—9月。

生境与分布　见于除市区外的全市各地；生于山坡林下或沟谷。产于全省山区、半山区；分布于除西北、西藏外的大部分省份；朝鲜半岛及日本也有。

主要用途　花果亮丽，可作林下地被种植，或作花境材料；块茎入药，称"天南星"，具解毒消肿、祛风定惊、化痰散结之功效。

附种　**云台南星**（江苏南星）**A. silvestrii**，叶片2；附属物缩短，呈长圆柱状，长4～7cm，基部具少数中性花。产于北仑、鄞州、宁海；生境同天南星。

云台南星

224 普陀南星 开口南星

学名 **Arisaema ringens** (Thunb.) Schott　　**属名** 天南星属

形态特征　多年生草本。块茎扁球形，直径达8cm。叶常 2(1) 片；叶片 3 全裂，裂片全无柄，中裂片宽椭圆形，侧裂片偏斜，先端渐尖，常具尾状细尖，侧脉多数；叶柄长 15～30cm，下部 1/3 具鞘。总花梗常短于叶柄；佛焰苞外面绿色，具多数淡蓝或乳白色脉纹，喉部常具宽耳，耳的内面深紫色，外卷，檐部下弯成盔状，前檐具卵形唇片，下垂，先端向外弯；肉穗花序单性；雄花序圆柱形，雌花序近球形；附属物棒状或长圆锥状。果序近球形或短圆柱形，直径约 5cm；浆果熟时鲜红色，种子 2～4。花期 4—5 月，果期 10—11 月。

生境与分布　见于象山（韭山列岛）；生于滨海山坡阴湿林下或林缘草丛中。产于普陀；分布于江苏、台湾；日本及朝鲜半岛也有。

主要用途　叶大形美，佛焰苞奇特，耐阴性强，是优良的园林观赏植物，适作地被、花境或室内盆栽；块茎入药，具燥湿化痰、祛风定惊、消肿散结之功效。

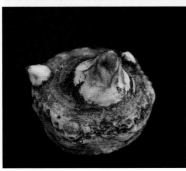

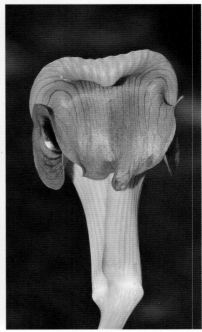

225 全缘灯台莲

学名 **Arisaema sikokianum** Franch. et Sav.　　　　属名 天南星属

形态特征　多年生草本。块茎扁球形，直径2～3cm。鳞叶2；叶片2，鸟足状分裂，常5裂，裂片卵形、长卵形或长圆形，全缘，中裂片先端锐尖，基部楔形，具柄，侧裂片具短柄或无；叶柄长20～30cm，下部1/2具鞘。总花梗较叶柄稍短或近等长；佛焰苞具淡紫色条纹，喉部边缘近截形，无耳；肉穗花序单性，雄花序圆柱形，雌花序近圆锥形；附属物棒状或长圆形，具细柄。浆果黄色，长圆锥状，内具种子1～3。花期5月，果期6—9月。

生境与分布　见于慈溪、余姚、北仑、鄞州、奉化、宁海、象山；生于溪边、山谷、林缘等阴湿处。产于杭州及遂昌；分布于华东及湖北；日本也有。

主要用途　株形秀丽美观，可供室内盆栽观赏或作林下地被植物片植。

附种1　灯台莲 var. *serratum*，叶裂片边缘具不规则的细锯齿至粗锯齿。见于慈溪、余姚、北仑、鄞州、奉化、宁海、象山；生境同全缘灯台莲。

附种2　绿苞灯台莲 var. *viridescens*，佛焰苞绿色，具白色条纹。见于北仑、象山；生境同全缘灯台莲。

灯台莲

绿苞灯台莲

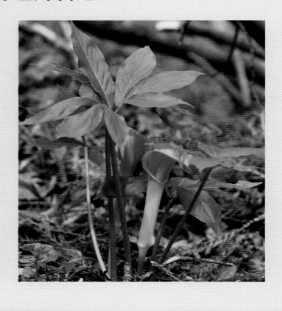

$\mathcal{226}$ | 芋 芋头

学名 **Colocasia esculenta** (Linn.) Schott　　　　　　　　属名 芋属

形态特征　多年生湿生草本。块茎卵形至长椭球形，常生多数小球茎。叶 2～5，基生；叶片盾状卵形，长 20～50cm，先端急尖或短渐尖，侧脉 4 对；叶柄绿色，长 20～90cm，无白粉，基部鞘状抱茎。总花梗 1～4，短于叶柄；佛焰苞长约 20cm，管部绿色，檐部淡黄色；肉穗花序椭球形，短于佛焰苞；雌花序仅含单一的雌蕊；附属物钻形，长约 1cm，粗不及 1mm。果未见。花期 7 月。

地理分布　原产于亚洲南部。余姚、北仑、鄞州、奉化、宁海有逸生；生于溪边或田边水湿处；全市各地广为栽培。

主要用途　叶形独特，可作向阳处地被种植；块茎可作羹菜，也可代粮食或制淀粉；全株为常用的猪饲料。

附种 1　**大野芋 C. gigantea**，植株具圆柱形或倒圆锥形的根状茎；叶片长可达 130cm，具白粉；佛焰苞白色。余姚、北仑、鄞州、奉化、宁海、象山及市区有栽培。

附种 2　**紫芋 C. tonoimo**，叶柄紫色；雌花序中夹杂许多黄色棒状的中性花；附属物角状，长 2cm，粗约 4mm。全市各地均有栽培。

大野芋

紫芋

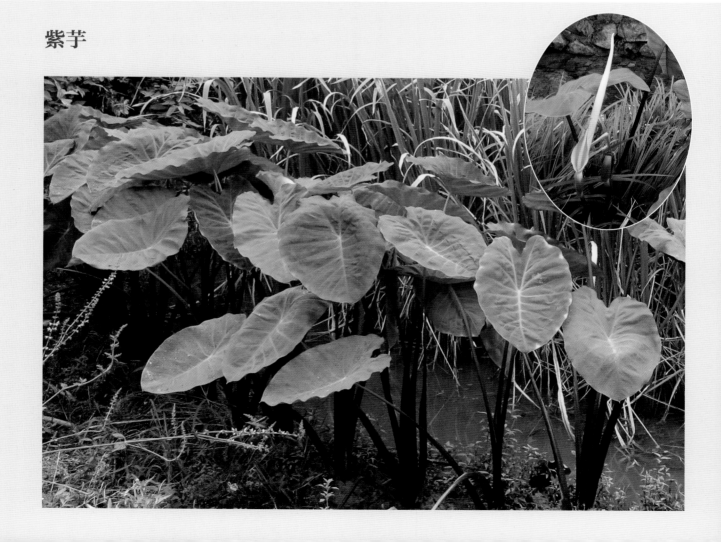

227 滴水珠

学名　**Pinellia cordata** N.E. Br.　　　属名　半夏属

形态特征　多年生草本。块茎球形、卵球形或长球形，直径1～1.8cm。叶片1片，长圆状卵形、长三角状卵形或心状戟形，5～10cm×3～8cm，先端长渐尖，有时呈尾状，基部深心形，常在弯曲处上面有1珠芽，下面常带淡紫色，全缘；叶柄长8～25cm，紫色或绿色，具紫斑，几无鞘，在中部以下生1珠芽。总花梗短于叶柄；佛焰苞绿色、淡黄带紫色或青紫色，长2～7cm，檐部椭圆形；肉穗花序；附属器绿色，常弯曲呈"之"字形上升。花期3—6月，果期7—9月。

生境与分布　见于余姚、北仑、鄞州、奉化、宁海、象山；生于林下溪旁、潮湿草地、岩隙中或岩壁上。产于全省各地；分布于华东、华中及贵州、广东、广西等地。

主要用途　耐阴湿，可作林下地被观赏；块茎入药，具解毒止痛、散结消肿之功效。

228 掌叶半夏 虎掌

学名 **Pinellia pedatisecta** Schott　　　　　　　属名 半夏属

形态特征　多年生草本。块茎近圆球形，直径达4cm，四周常生数个小块茎。叶片 1～3 或更多，鸟足状分裂，裂片 6～11，披针形、楔形；叶柄长20～70cm，下部具鞘。总花梗长 20～50cm；佛焰苞绿色，管部长圆形，檐部长披针形；肉穗花序，雄花部分长 5～7cm，雌花部分长 1.5～3cm；附属物长 8～12cm。浆果小，卵球形，绿色至黄白色。

花期 6—7 月，果期 8—11 月。

地理分布　产于杭州；分布于黄河流域以南各地。慈溪、奉化有栽培。

主要用途　可作林下地被种植；块茎入药，习称"虎掌南星"，具止呕、化痰、消肿、止痛等功效，部分地区作"天南星"入药。

229 半夏

学名 **Pinellia ternata** (Thunb.) Tenore ex Breit.　　属名 半夏属

形态特征　多年生草本，高 15～35cm。块茎圆球形，直径 1～2cm。叶 (1)2～5，幼苗叶片卵心形至戟形，全缘，成长植株叶片 3 全裂，裂片长椭圆形；叶柄长达 25cm，基部具鞘，鞘内、鞘部以上或叶片基部有 1 珠芽。总花梗长于叶柄；佛焰苞绿色，管部狭圆形，檐部长圆形，有时边缘呈青紫色；肉穗花序贴生于佛焰苞；附属物绿色至带紫色。浆果卵球形，黄绿色。花期 5—7 月，果期 7—8 月。

生境与分布　见于全市各地；生于草坡、荒地、田边或疏林下。产于全省各地；分布于我国除西藏、青海、新疆、内蒙古外的其他省份；朝鲜半岛及日本也有。

主要用途　块茎入药，具燥湿化痰、降逆止呕之功效，外用可消痈肿。

附种　**狭叶半夏** form. *angustata*，裂片披针形或长披针形。见于余姚、鄞州、奉化；生境同半夏。

狭叶半夏

230 | 大藻

学名 **Pistia stratiotes** Linn.　　　　　　　属名 大藻属

形态特征　多年生漂浮草本。具长而悬垂的白色纤维根；主茎节间极短。叶簇生，呈莲座状；叶常倒卵状楔形，长 2.5～10cm，先端钝圆而呈微波状，基部厚，几无柄，两面均被茸毛，叶脉 7～15，扇状伸展，下面隆起；叶鞘托叶状。肉穗花序；佛焰苞白色，长 0.5～1.2cm，外被茸毛。果未见。花期夏秋季。

地理分布　原产于世界热带和亚热带地区。全市各地均有逸生；多生于池塘等水域中。

主要用途　全株作猪饲料；也可养于鱼缸中观赏。

231 马蹄莲

学名　**Zantedeschia aethiopica** (Linn.) Spreng.　属名　马蹄莲属

形态特征　多年生粗壮草本。具肉质块茎。叶基生；叶片较厚，心状箭形或箭形，15～45cm×10～25cm，先端锐尖、渐尖或尾尖，基部心形或戟形，全缘或波状；叶柄长 0.4～1.5m，下部具鞘。总花梗长 40～50cm，光滑；佛焰苞管部短，黄色，檐部白色，卵形，先端尖尾状；肉穗花序圆柱形，鲜黄色，先端无附属体。浆果淡黄色，短卵球形，花柱宿存。花期 2—3 月，果期 4—9 月。

地理分布　原产于非洲南部。全市各地均有栽培。

主要用途　常见盆栽观赏植物，也可做切花。

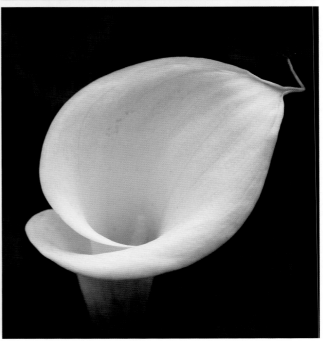

十二　浮萍科 Lemnaceae*

232 | 浮萍 青萍

学名 **Lemna minor** Linn.　　　　　　　属名 浮萍属

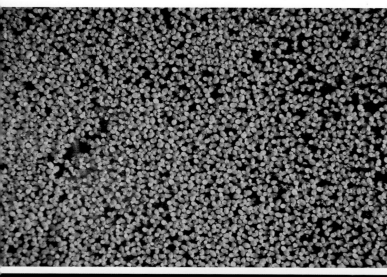

形态特征　多年生飘浮小草本。叶状体宽倒卵形或椭圆形，2～5mm×2～4mm，两侧对称，两面平滑、绿色，全缘，具不明显的 3 脉，无柄，下面中部垂生 1 条丝状白色根；叶状体基部两侧具囊，囊内着生营养芽和花芽；根冠钝头，根鞘无翅。繁殖时营养芽萌发形成新个体。花、果未见。

生境与分布　见于全市各地；多生于池塘、水田、湖泊及水沟中。产于全省各地；全国各地广布；亚洲大部、非洲、欧洲、北美洲也有。

主要用途　全草药用，具发汗、利水、清肿之功效；也可作饲料和绿肥用。

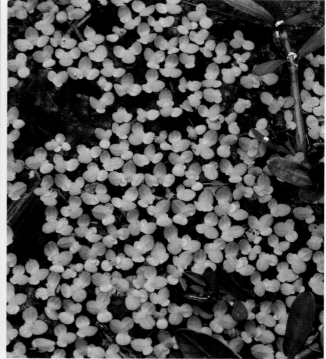

---

* 宁波有 3 属 4 种。本图鉴收录 3 属 3 种。

233 | 紫萍 紫背浮萍

学名 **Spirodela polyrhiza** (Linn.) Schleid.　　　　　**属名** 紫萍属

形态特征　一年生漂浮小草本。叶状体扁平，倒卵形或椭圆形，5～8mm×4～6mm，两端圆钝，单生或2～5个簇生，上面绿色，下面常呈紫红色，具掌状脉5～11条，下面中部簇生5至多数细根；叶状体基部两侧具囊；根长3～5cm。繁殖时叶状体两侧出芽，形成新个体。花、果未见。

生境与分布　见于全市各地；多生于池塘、湖泊、水田及水沟中。产于全省各地；广布于全国及世界各地。

主要用途　全草药用，具宣散风热、发汗、利尿、止血之功效；也是良好的家禽饲料。

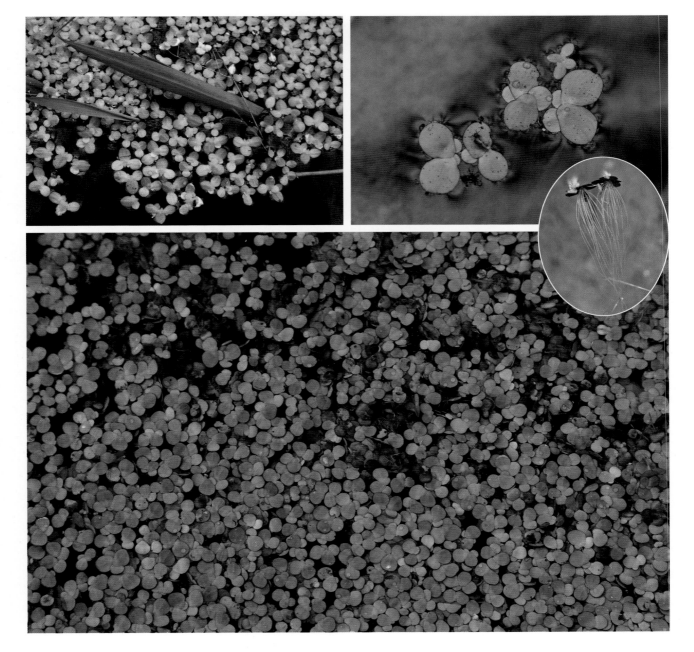

234 无根萍

学名 **Wolffia globosa** (Roxb.) Hart. et Plas　　　　　　　**属名** 无根萍属

形态特征　极微小的漂浮草本。叶状体椭圆形或卵形，长 1.3～1.5mm，一端近平截，一端钝尖，上面绿色，扁平，下面明显凸起，淡绿色，无叶脉及根，基部具 1 侧囊。顶端凹入处（侧囊）分裂，产生新的芽体，与母体套叠在一起。

生境与分布　见于全市各地；生于静水小池塘中。产于全省各地；广布于全国及世界各地。

主要用途　可作鱼类的优良饵料。

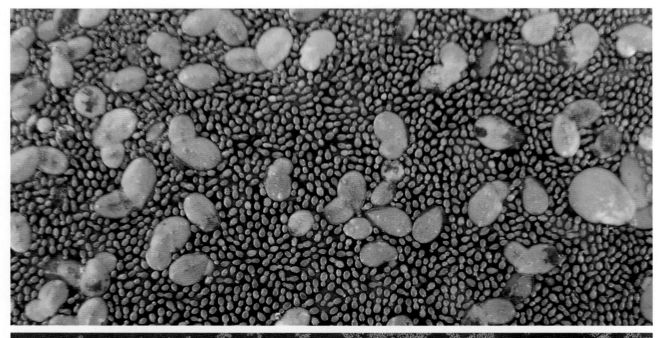

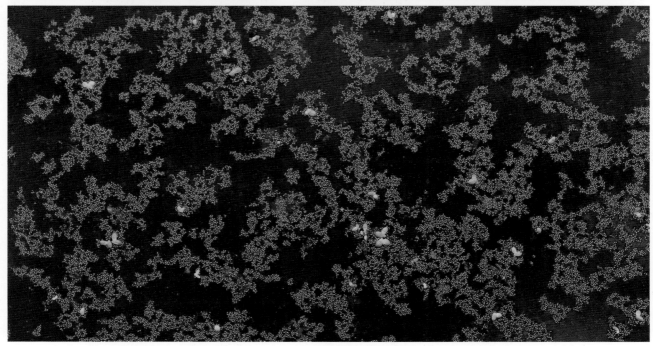

十三　谷精草科 Eriocaulaceae*

235 | 谷精草

学名 **Eriocaulon buergerianum** Koern.　　　属名 谷精草属

形态特征　密集丛生草本。总苞片背面上部、苞片上部、花托、雄花萼片先端均具白色柔毛。叶基生；叶片长披针状条形，6～20cm×4～6mm，有横脉。总花梗多数，长短不一，高可达25(～30)cm；头状花序球形，直径4～6mm；总苞片倒卵形至近圆形，长2～2.5mm，麦秆黄色；苞片倒卵形；萼片3，合生成先端具3齿裂的佛焰苞状；花瓣3；雄花花瓣合生成上部3浅裂的高脚蝶状，雄蕊6；雌花花瓣离生，棍棒状，近先端具1黑色腺体；花药黑色；子房3室；柱头3。种子长椭球形，直径约1mm。花果期9—10月。

生境与分布　见于全市各地；多生于稻田、水边、溪沟等阴湿处。产于全省各地；分布于长江以南各省份；日本也有。

主要用途　全草入药，具祛风散热、明目退翳等功效。

附种1　**江南谷精草 E. faberi**，总苞片背面无毛；柱头1；子房1室。见于鄞州、奉化、宁海、象山；生于稻田、水沟、沼泽地。宁波为模式标本产地。

附种2　**四国谷精草 E. miquelianum**，总苞片条状披针形至披针形，长6～7.5mm，超出花序。见于余姚、宁海、象山；生于山地沼泽湿地。

---

* 宁波有1属6种。本图鉴全部收录。

江南谷精草

四国谷精草

236 白药谷精草

学名 *Eriocaulon cinereum* R. Br.　　　　　　　　　**属名** 谷精草属

形态特征 密集丛生草本。叶基生；叶片狭条形，1.5～8cm×1.3～1.5mm，有横脉。总花梗多数，高7～12cm，具4～6棱；头状花序卵球形，直径3～6mm；总苞片椭圆形，长2～2.5mm，先端钝，膜质，麦秆黄色或灰黄色，背面无毛；苞片长椭圆形，无毛或背部偶有长毛，中央常褐色；雄花花萼呈佛焰苞状结合，3裂，花冠裂片3，各有1黑色或棕色的腺体，雄蕊6，花药白色、乳白色至淡黄褐色；雌花萼片2，离生，花瓣缺，子房3室，花柱分枝3。种子卵球形。花果期9—10月。

生境与分布 见于宁海；生于浅水旁或水田沟中。产于温州、丽水及桐庐、临安。分布于华东、华中、华南、西南及甘肃、陕西等地；东南亚、南亚、非洲及日本、澳大利亚也有。

237 长苞谷精草

学名 **Eriocaulon decemflorum** Maxim.

属名 谷精草属

形态特征 密集丛生草本。苞片背面、雄花花萼背面与顶端、雌花花萼上部有短毛。叶基生；叶片宽条形或条形，5～11cm×1～2mm，具不明显横脉。总花梗多数，高6～22cm，具4～5纵沟；头状花序倒圆锥形，直径4～5mm；总苞片长椭圆形，长3.5～6mm，显著长于花，麦秆黄色，先端急尖；苞片倒披针形；花托无毛或有毛；雄花花萼常2深裂，花冠裂片(1)2，下部合生成管状，裂片近先端有1黑色腺体，雄蕊4，花药黑色；雌花萼片2，离生，花瓣2，上部内侧有黑色腺体，子房(1)2室，花柱分枝(1)2。种子近球形，直径0.8～1mm。花果期9—10月。

生境与分布 见于北仑、鄞州、奉化、宁海、象山；生于路边、溪旁湿地及稻田。产于温州、丽水及临安、磐安、武义等地；分布于华东、东北、华中、华南；日本、俄罗斯也有。

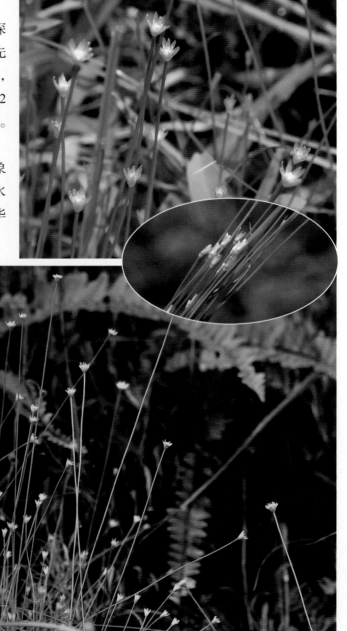

238 华南谷精草

学名 **Eriocaulon sexangulare** Linn.　　　　属名 谷精草属

形态特征　密集丛生草本。叶片条形，10～37cm×4～13mm，对光能见横格。总花梗5～20，高可达60cm，具4～6棱，扭转；花序近球形，直径6～7mm；总苞片倒卵形，禾秆色，平展；苞片倒卵形至倒卵状楔形，背上部有白色短毛；雄花花萼合生，佛焰苞状，近轴处深裂至半裂，顶端(2)3浅裂，两侧裂片具翅，翅端为不整齐齿状，花冠裂片3，裂片条形，常各有1不明显的腺体，裂片顶端有短毛，雄蕊6，花药黑色；雌花萼片3，两侧萼片舟形，背面有宽翅，中片较小，无翅，花瓣3，中间者稍大，近顶处各有1不明显腺体，子房3室，花柱分枝3。种子卵球形，直径0.6～0.7mm。花果期8—12月。

分布与生境　见于宁海；生于沼泽湿地。产于泰顺；分布于华南及福建；东南亚、南亚也有。

主要用途　花序可作中药"谷精珠"入药。

十四　鸭跖草科 Commelinaceae[*]

239　鸭跖草 蓝花草

学名　**Commelina communis** Linn.　　　　属名　鸭跖草属

形态特征　一年生草本。茎上部直立，下部匍匐，长可达50cm，多分枝。叶片卵形至披针形，3～10cm×1～2cm，先端急尖至渐尖，基部宽楔形，两面无毛或上面近边缘处微粗糙，无柄或近无柄；叶鞘近膜质，紧密抱茎，散生紫色斑点，鞘口有长睫毛。聚伞花序单生于主茎或分枝顶端；总苞片佛焰苞状，心状卵形，长1～2cm，折叠，边缘分离；花瓣卵形，后方2枚蓝色，有长爪，长1～1.5cm，前方1枚白色，无爪，长5～7mm；子房2室。蒴果椭球形，长5～7mm，2瓣裂，种子4。种子近肾形，长2～3mm，具不规则窝孔。花果期6～10月。

生境与分布　见于全市各地；生于田边、路边及山坡沟边阴湿处。产于全省各地；分布于云南、甘肃以东的南北各省份；东北亚、中南半岛、北美洲也有。

主要用途　可供盆栽观赏或湿地片植；全草药用，具清热解毒、凉血、利尿之功效。

附种　饭包草 *C. benghalensis*，多年生草本；全株被柔毛；叶片卵形，3～5cm×2～3cm，先端钝，稀急尖，具柄；叶鞘疏松抱茎；总苞片较小，长1～1.5cm，近漏斗形，下部边缘合生；花较小，后方2枚花瓣长5～8mm，前方1枚长3～4mm；子房3室；蒴果3瓣裂。见于全市各地；生于沟边、田边或山坡林下潮湿处。

饭包草

＊宁波有7属12种，其中栽培4种。本图鉴全部收录。

240 露水草 蛛丝毛蓝耳草

学名 **Cyanotis arachnoidea** C.B. Clarke

属名 蓝耳草属

形态特征　多年生草本，高 15～30cm；茎直立，簇生；全体常被白色蛛丝状绵毛，以总苞片和苞片上尤甚。叶基生兼茎生；基生叶丛生，叶片宽条形，8～15cm×7～12mm，茎生叶较小；叶鞘膜质。聚伞花序缩短成头状花序，顶生兼腋生；总苞片佛焰苞状，卵状披针形，长于花序；萼片基部合生；花瓣蓝紫色，中部合生成筒状，两端分离；花丝有念珠状长柔毛。蒴果三棱状倒卵球形，长约 3mm，顶端簇生长刚毛。花期 8—10 月，果期 10—12 月。

生境与分布　见于宁海；生于山坡草丛中。产于乐清、平阳等地；分布于华南及福建、云南；中南半岛及印度、斯里兰卡也有。

主要用途　花美丽，可供观赏。

241 裸花水竹叶

学名 **Murdannia nudiflora** (Linn.) Brenan　　　**属名** 水竹叶属

形态特征　多年生草本，高 10～30cm。茎细长，直径约 1.5mm，多分枝，直立或基部匍匐，无毛。叶几全部茎生，稀具 1 或 2 片条形基生叶；叶长圆状披针形，2.5～7cm×5～10mm，边缘近基部具睫毛；叶鞘疏生长柔毛。聚伞花序多花，排列成疏松的顶生圆锥花序；花梗长 3～4mm；花瓣紫色，与萼片近等长或稍短；发育雄蕊 2，退化雄蕊 2～4，顶端 3 全裂。蒴果卵球形，长 3～4mm，顶端急尖。种子遍体有窝孔。花果期 7—10 月。

生境与分布　见于全市各地；生于沼泽湿地、田边、沟边及路边潮湿处。产于全省各地；分布于华东、华中及广东、广西、四川、云南；东南亚、南亚及日本也有。

主要用途　花色美丽，可供水边、湿地或林下种植观赏。

附种　牛轭草 **M. loriformis**，茎直立，有 1 列短柔毛；叶基生兼茎生，基生叶丛生；聚伞花序排列成紧缩的顶生或兼腋生的圆锥或伞房花序；花梗长约 2mm；种子有辐射状纵棱，无窝孔；花果期 5—7 月。见于宁海、象山；生于溪边、路边潮湿处。

牛轭草

242 水竹叶

学名 **Murdannia triquetra** (Wall. ex C.B. Clarke) Brückn.　　**属名** 水竹叶属

形态特征　一年生草本。茎细长，匍匐，多分枝，直径 1～2mm，有 1 列短柔毛。叶片长圆状披针形，3～4cm×4～6mm；叶鞘边缘密生短柔毛。聚伞花序退化成 1 花，生于分枝的顶端和近顶端叶腋；花梗长 1～1.5cm；萼片长圆状卵形，散生紫色斑点，先端簇生短柔毛；花瓣淡紫色或淡红色，狭倒卵圆形，长于萼片；发育雄蕊 3，退化雄蕊 3，顶端戟状。蒴果椭球形，长 5～7mm，顶端稍钝。种子稍压扁，有沟纹和窝孔。花果期 9—10 月。

生境与分布　见于全市各地；生于田边、沟边及路边潮湿处。产于全省各地；分布于华东、华中、华南、西南各省份；印度也有。

主要用途　花色美丽，可供水边、湿地或林下种植观赏。

附种　疣草 **M. keisak**，茎较粗壮，直径 1.5～4mm；叶片 4～8cm×5～10mm；聚伞花序常 1 花，稀 2 或 3 花，多散生于叶腋；蒴果长 7～8mm，顶端急尖。见于余姚、北仑、鄞州、奉化、宁海、象山及市区；生于水边、田边或路边潮湿处。

疣草

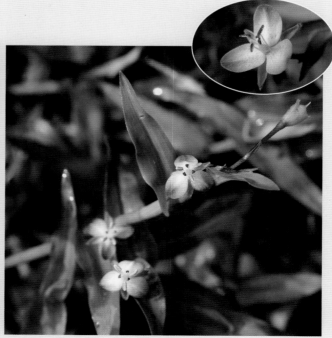

243 杜若

学名　**Pollia japonica** Thunb.　　　　属名　杜若属

形态特征　多年生草本，高 30～90cm。茎单一，直立或上升，有时基部匍匐。叶片常椭圆形或长椭圆形，20～30cm×3～6cm，先端渐尖，基部渐狭成柄状，两面微粗糙；无柄；叶鞘疏生短糙毛。疏离轮生的聚伞花序组成伸长的圆锥花序；总花梗至花梗被白色短柔毛；总苞片叶状，较小；花具短梗；萼片白色，宿存；花瓣白色，稍带淡红色，3枚，长于萼片。果为浆果状，球形或卵球形，熟时蓝色。种子多角形，有皱纹和窝孔。花期 6—7 月，果期 8—10 月。

生境与分布　见于余姚、北仑、鄞州、奉化、宁海；生于山坡林下或沟边潮湿处。产于全省各地；分布于贵州、四川以东的长江以南各省份；朝鲜半岛、中南半岛及日本也有。

主要用途　叶色翠绿，可作耐阴观叶植物；全草入药，具活血、益肾、解毒之功效。

244 紫竹梅

学名 *Setcreasea pallida* Rose　　　　　　　　**属名** 紫竹梅属

形态特征　多年生常绿草本。全株紫堇色。茎上部斜生，下部匍匐，长可达 50cm，直径 5～10mm，多分枝。叶片长圆形或长圆状披针形，7～15cm×3～5cm，先端急尖或渐尖，基部宽楔形，两面及边缘疏生长柔毛；叶鞘边缘和鞘口有睫毛。聚伞花序缩短成近头状花序；总苞片 2 枚，舟状，稍小于叶片；萼片膜质，长圆形，外面基部密被白色长柔毛；花瓣淡紫色，离生，长于萼片；花丝有念珠状长柔毛。蒴果。花果期 6—11 月。

地理分布　原产于墨西哥。全市各地有栽培。

主要用途　叶色美观，为优良室内观叶植物，也可作林下地被及花坛、花境或林缘镶边材料。

245 紫露草 紫鸭跖草

学名 **Tradescantia ohiensis** Raf.　　　　　　　　　　**属名** 紫露草属

形态特征 多年生常绿草本，高 50～70cm。茎直立，丛生，上部有分枝。叶片条形至条状披针形，25～35cm×1cm，边缘近基部疏生睫毛；无柄。聚伞花序缩短成顶生伞形花序；总苞片叶状，1 长 1 短，长者可达 20cm；花梗细长，稍下垂，无毛；萼片绿色，稍带紫色，长 7～8mm，无毛或仅顶部被毛；花瓣蓝紫色，长于萼片；花丝蓝紫色，密被念珠状长柔毛。蒴果椭球形。种子近半球形，有窝孔。花期 6—8 月，果期 8—10 月

地理分布 原产于北美洲。余姚、鄞州、象山及市区有栽培。

主要用途 花、叶俱美，为优良的室内盆栽和园林地被观赏植物。

附种 **毛萼紫露草** **T. virginiana**，花梗与萼片疏生长柔毛。原产于北美洲。奉化及市区有栽培。

毛萼紫露草

246 | 吊竹梅

学名 **Zebrina pendula** Schnizl.　　　　　　　属名 吊竹梅属

形态特征　多年生常绿草本。茎匍匐，多分枝，披散或悬垂。叶互生；叶片卵状椭圆形，4～10cm×2～4cm，先端渐尖，基部宽楔形，两面绿色，或上面有白色条纹，或下面紫色，边缘有短睫毛；叶鞘边缘和鞘口有长睫毛。聚伞花序缩短成近头状花序；总苞片 2 枚，舟状，稍小于叶片；萼片白色，大部分合生成管状；花瓣中部以下合生成管状，花冠筒白色，裂片紫红色，近圆形；花丝有念珠状长柔毛。花期 6—9 月，果未见。

地理分布　原产于墨西哥。全市各地普遍栽培。

主要用途　叶色秀丽、耐阴性好，常作室内盆栽悬垂植物；全草药用，具清热、凉血、利尿之功效。

十五　雨久花科 Pontederiaceae[*]

247 凤眼莲 水葫芦 凤眼蓝

学名 **Eichhornia crassipes** (Mart.) Solms　　　属名 凤眼莲属

形态特征　多年生漂浮草本，或在浅水处根生泥中，高 30～50cm。须根发达；根状茎极短，侧生长匍枝，可形成新植株。叶基生，莲座状；叶片卵形、菱状宽卵形或肾圆形，长 3～15cm，长宽近相等，先端圆钝，基部浅心形、截形、圆形或宽楔形，全缘，无毛，有光泽；叶柄长 4～16(25)cm，近中部膨大成球形或纺锤形气囊，密集生长时则气囊不明显，基部具鞘，略带紫红色。花茎单生，长于叶，中部具鞘状苞片；花多朵排列成穗状花序；花被蓝紫色，长 4.5～6cm，花被管外面有腺毛；花被裂片 6，上方裂片较大，有周围蓝色中心黄色的斑块；雄蕊 3 长 3 短。花期 7—9 月，果期 8—10 月。

地理分布　原产于美洲热带。全市各地有归化；常生于池塘、河渠静水处或水田中。

主要用途　可用于湿地、公园的水体绿化；茎叶可作饲料；全草入药，具清热解毒、除湿祛风之功效。因繁殖速度快，已成为入侵物种，应谨慎使用，严格控制其生长。

_____

* 宁波有 3 属 4 种 1 品种，其中归化 1 种，栽培 2 种 1 品种。本图鉴全部收录。

248 鸭舌草

学名 **Monochoria vaginalis** (Burm. f.) Presl ex Kunth　　　　**属名** 雨久花属

形态特征　沼生或水生草本，高 10～30cm。根状茎短，下生须根；茎直立或斜上。叶纸质；叶片形状和大小多变，宽卵形、卵形、披针形或条形，2～7cm×0.5～6cm，先端渐尖，基部圆形、截形至心形，全缘，具弧状脉，两面无毛；叶柄长可达 20cm，基部成长鞘。总状花序生于枝上端叶腋，具花 2～7(10) 朵，花后常下垂；花蓝色，长约 1cm，花被片披针形或卵形。蒴果椭球形，顶端有宿存花柱。种子多数，有纵沟。花期 6—9 月，果期 7—10 月。

生境与分布　见于全市各地；生于水田、水沟及池沼地，以平原地区较多。产于全省各地；分布于华东、华中、华南、西南及河北、陕西、甘肃；日本、马来西亚、印度及非洲热带地区也有。

主要用途　优良湿地观叶植物；全草入药，具清热解毒、止痛、止血之功效。

249 梭鱼草

学名　**Pontederia cordata** Linn.

属名　梭鱼草属

形态特征　多年生挺水植物，高可达 150cm。根状茎粗壮；茎直立。基生叶广卵圆状心形，先端急尖或渐尖，基部心形，全缘；茎生叶叶形多变，常为倒卵状披针形，长可达 25cm，宽可达 15cm，深绿色，光滑；叶柄绿色，圆筒形，横切断面具膜质物。穗状花序顶生，长 5～20cm，常高出叶面；花多数，蓝紫色带黄斑点，直径约 1cm；花被裂片 6，裂片基部连接为筒状。果实熟时褐色；果皮坚硬。种子椭球形，直径 1～2mm。花果期 5—10 月。

地理分布　原产于美洲热带至温带地区。全市各地均有栽培。

主要用途　叶色翠绿，花色雅致，花期较长，可用于大型盆栽及庭园水体绿化，也可用于公园、风景区的水体绿化。

附种 1　白花梭鱼草 ‘Alba’，花白色。北仑、鄞州及市区有栽培。

附种 2　箭叶梭鱼草 *P. lanceolata*，叶片较狭窄，箭形。原产于北美。市区有栽培。

白花梭鱼草

箭叶梭鱼草

十六 田葱科 Philydraceae[*]

250 | 田葱

学名 **Philydrum lanuginosum** Banks et Sol. ex Gaertn.　　属名 田葱属

形态特征　多年生草本，高达 1.5m。主轴短，具纤维状须根；茎直立，多少被白色绵毛；总花轴、花序、苞片外面及蒴果均密被白色绵毛。叶剑形，连叶鞘长 30～80cm，先端渐狭，海绵质，厚而柔软，里面白色网格状，无毛，具 7 或 9 脉。总花轴通常具数枚叶；穗状花序顶生，单一或具分枝；苞片卵形，绿色，具尾尖；花黄色，短于苞片。蒴果三角状长球形，长 8～10mm。种子多数，花瓶状，暗红色；种皮上有螺旋状条纹。花期 6—8 月，果期 9—11 月。

生境与分布　见于象山（爵溪）；生于海拔约 5m 的海湾山岙水沟边滩涂或山坡水塘中。分布于广东、广西、台湾、福建；东南亚及日本、印度、澳大利亚、巴布亚新几内亚也有。

主要用途　全草药用，具清热解毒、化湿等功效；株形优美，可供湿地栽培观赏。为本次调查发现的浙江科、属、种分布新记录。

---

* 宁波产 1 属 1 种。本图鉴予以收录。

十七　灯心草科 Juncaceae[*]

251 翅茎灯心草

学名 **Juncus alatus** Franch. et Sav.　　　　**属名** 灯心草属

形态特征　多年生草本，高 20～45cm。根状茎短；茎多数簇生，压扁，通常两侧具显著狭翼，直径 2～4mm。叶基生兼茎生；叶片压扁，10～15cm×2～4mm，稍中空，多管型，有不连贯的横脉状横隔；叶耳缺。复聚伞花序顶生；花 3～7 朵在分枝上排成小头状花序；总苞片叶状，短于花序；先出叶卵形，长约 1.5mm，先端急尖，膜质；花被片披针形，外轮略短；雄蕊 6，长约为花被片的 2/3；子房 3 室。蒴果三棱状长球形，稍长于花被片，顶端钝，具短喙，熟时上部带紫褐色。种子长球形。花期 5—6 月，果期 6—7 月。

生境与分布　见于余姚、北仑、鄞州、奉化、宁海、象山；生于田边、沟边及路边潮湿处。产于全省各地；分布于华东、华中、华南及陕西、四川；日本也有。

附种 1　**星花灯心草 J. diastrophanthus**，茎两侧无翼，有时上部具狭翼；叶耳小；雄蕊 3。见于慈溪、余姚、北仑、鄞州、奉化、宁海、象山；生于沟边、田边、路边及山坡林下潮湿处。

附种 2　**江南灯心草 J. prismatocarpus**，叶片圆柱状，单管型，具贯连的竹节状横隔；雄蕊 3。见于全市各地；生于沟边、河边及路边潮湿处。

---

* 宁波有 2 属 7 种。本图鉴全部收录。

星花灯心草

江南灯心草

252 灯心草 席草

学名 **Juncus effusus** Linn.　　　　　属名 灯心草属

形态特征 多年生草本，高 40～100cm。根状茎横走；茎簇生，圆柱形，直径 1.5～4mm，有多数细纵棱，绿色。叶基生或近基生；叶片大多退化殆尽；叶鞘中部以下紫褐色至黑褐色；叶耳缺。复聚伞花序假侧生，通常较密集；总苞片似茎的延伸，直立，长 5～20cm；先出叶宽卵形，长约 0.5mm，膜质；花被片披针形或卵状披针形；雄蕊 3，稀 6，长约为花被片的 2/3；子房 3 室。蒴果三棱状椭球形，成熟时稍长于花被片，顶端钝或微凹。种子黄褐色，无附属物。花期 3—4 月，果期 4—7 月。

生境与分布 见于除市区外的全市各地；生于沟边、田边及路边潮湿处；市区等地有栽培。产于全省各地；分布于全国各省份；广布于各大洲。

主要用途 茎可作草席等编织原料；髓可供药用，具清热、镇静、利尿之功效；也可作灯芯用。

附种 野灯心草 **J. setchuensis**，茎直径 0.8～1.5mm，灰绿色；叶片大多退化呈刺芒状；子房不完全 3 室。见于全市各地；生于沟边及路边潮湿处。

野灯心草

253 扁茎灯心草 细灯芯草

| 学名 | ***Juncus gracillimus*** (Buch.) V. Krecz. et Gontsch. | 属名 | 灯心草属 |

形态特征 多年生草本，高 30～70cm。根状茎横走；茎簇生，近圆柱形，直径 1～2mm，较平滑。叶基生或近基生；叶片边缘稍内卷，条形，10～20cm×0.5～1mm；叶耳短而钝。复聚伞花序顶生；花在分枝上单生；总苞片叶状，短于或等长于花序；先出叶卵形，长约 1mm，膜质；花被片卵状长圆形，先端钝，内轮较外轮稍短而宽；雄蕊 6，长约为花被片的 2/3；子房 3 室。蒴果卵球形，长于花被片，顶端钝。种子黄褐色，无附属物。花果期 5—7 月。

生境与分布 见于鄞州、奉化、象山；生于水边或沟边潮湿处。产于杭州及普陀；分布于长江流域以北各地；东北亚也有。

254 多花地杨梅

学名 **Luzula multiflora** (Ehrhart) Lej.　　　　属名 地杨梅属

形态特征 多年生草本，高 15～40cm。具短根状茎；茎簇生。叶片条形或狭披针形，基生叶 7～15cm×2～5mm，茎生叶较短，边缘有白色长柔毛。花簇生成小头状花序，再排成复聚伞花序；总苞片与花序几等长或略短；先出叶宽卵形，长约 1.5mm，上部边缘有小齿，膜质；花被片紫褐色，卵状披针形，外轮稍长于内轮；雄蕊 6。蒴果近卵形。种子暗褐色，卵形，具长约为种子 1/2 的附属物。花果期 3—5 月。

生境与分布 见于慈溪、余姚、北仑；生于山坡草地或路边草丛中。产于杭州及安吉、普陀；分布于我国南北各省份；亚洲、欧洲、北美洲及澳大利亚也有。

十八　百部科 Stemonaceae*

255 金刚大 黄精叶钩吻

学名 **Croomia japonica** Miq.　　属名 金刚大属（黄精叶钩吻属）

形态特征　多年生草本，高 20～50cm。地下茎横走，细长，直径 4～8mm，多结节，表面土黄色；须根散生，平行向下，直径 2～3mm，味苦；茎直立，不分枝，基部具鞘。叶 3～6 片互生于茎上部；叶片卵形至卵状长圆形，8～11cm×6～8cm，先端急尖，基部浅心形，略下延，全缘，主脉 7～9 条，有斜出侧脉；叶柄长 1～3cm。花小，单朵或 2～4 朵排列成总状花序；总花梗腋生于茎上部，丝状，下垂；苞片小，丝状；花被片 4，黄绿色，先端反卷；花药黄色。蒴果宽卵球形，长约 1cm。花期 4—7 月，果期 7—9 月。

生境与分布　见于余姚、宁海；生于海拔 400～800m 的山地阔叶林下或阴湿沟边。产于安吉、临安、天台、仙居、庆元、开化、永嘉；分布于华东；日本也有。

主要用途　浙江省重点保护野生植物。根及根状茎入药，具祛风解毒之功效。

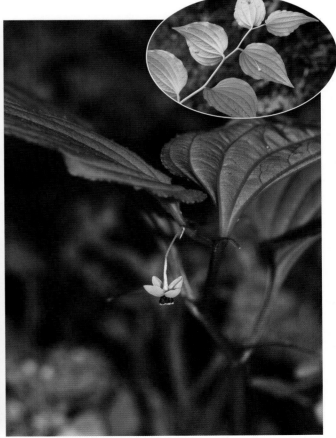

---

*宁波有 2 属 2 种。本图鉴全部收录。

256 | 百部 蔓生百部

学名 *Stemona japonica* (Bl.) Miq.　　　　　　**属名** 百部属

形态特征　多年生攀缘草本，长 60～100cm。根状茎粗短；须根簇生，肥大，成肉质纺锤状块根；块根长 6～12cm，直径 0.8～1cm，表面黄白色；茎表面具细纵纹。叶常 4 片轮生，少数对生；叶片卵形至卵状披针形，4～9cm×1.5～5cm，先端渐尖，基部钝圆至平截，稀浅心形或楔形，边缘微波状，主脉 7 条，基出或近基出，两面隆起，无侧脉；叶柄纤细，长 1.5～2.5cm。花单生或数朵排列成总状花序；总花梗大部分贴生在叶片中脉上；花梗纤细；花被片 4，2 轮，淡绿色，披针形，开放后反卷；雄蕊 4，紫红色，药室顶端贴生箭头状附属物，药隔顶端延伸成钻状附属物。蒴果略扁，表面暗红棕色。花期 5—6 月，果期 6—7 月。

生境与分布　见于余姚、北仑、奉化；生于山坡灌草丛中或路旁、林缘。产于全省各地；分布于华东、华中；日本也有。

主要用途　块根为中药材"百部"的主要来源，具润肺止咳、抗痨杀虫之功效。

十九　百合科 Liliaceae[*]

257 粉条儿菜 金线吊白米

| 学名 | **Aletris spicata** (Thunb.) Franch. | 属名 | 粉条儿菜属 |

形态特征　多年生草本。根具膨大呈米粒状的根毛；花序梗、花梗、花被片、蒴果上面均密被柔毛。叶基生，密集成丛，无柄；叶片宽条形，10～25cm×3～4mm，上部有时稍弯斜，中部以下有时对折。总状花序有花15～50余朵；花序梗粗壮、具棱，高30～60cm，直径1.5～3mm；花梗极短；小苞片位于花梗近基部，稍长于花梗；花小，稍密生，黄绿色，近钟形。蒴果倒卵球形或倒圆锥形，有棱。花期4—5月，果期6—7月。

生境与分布　见于余姚、北仑、鄞州、奉化、宁海、象山；生于山地林缘或路边草地。产于除嘉兴外的全省山区；分布于华东、华中、西南及甘肃、陕西、山西、广东、广西；日本、马来西亚、菲律宾也有。

主要用途　根入药，具凉血、消肿、解毒之功效。

附种　短柄粉条儿菜 *A. scopulorum*，根无膨大呈米粒状的根毛；叶片3～10cm×2～3mm；总状花序有花4～10余朵；花序梗纤细，高10～20cm，直径0.5～1mm；小苞片位于花梗的中下部至中部；花疏生；蒴果坛状球形。见于余姚、象山；生于山坡或溪边草地。

---

* 宁波有37属72种1杂种9变种15品种，其中归化2种，栽培23种1杂种2变种15品种。本图鉴收录33属67种1杂种7变种14品种，其中归化2种，栽培20种1杂种1变种14品种。

短柄粉条儿菜

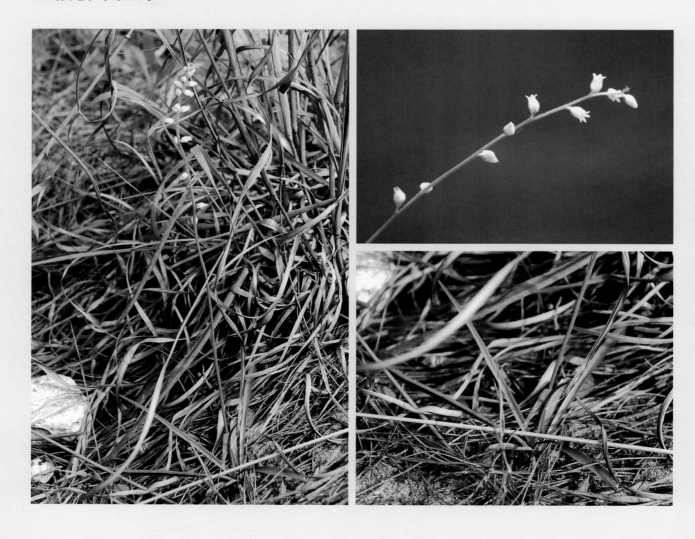

258 葱

学名 *Allium fistulosum* Linn.　　　　**属名** 葱属

形态特征　多年生草本。植株常簇生。鳞茎单生，近圆柱形至卵状圆柱形，直径 0.5～1.5cm，外皮白色，稀带红褐色，膜质至薄革质。叶多枚，浅绿色，无柄；叶片挺直，管状圆柱形，中空。花序梗圆柱形，中空，约与叶等长，中部最粗，下部为叶鞘所包裹；伞形花序圆球形，具多而较密集的花；花白色，花被片基部合生，外轮者较短；花梗纤细；小苞片缺；花丝长为内花被片的 1.5～2 倍，内轮花丝基部扩大部分全缘。花果期 5—7 月。

地理分布　原产于俄罗斯（西伯利亚）。全市普遍栽培。

主要用途　全株供食用或调味用；鳞茎（葱白）及种子（葱子）入药，葱白具解表散寒、消肿止痛之功效，葱子具补肾明目之功效。

附种 1　洋葱 *A. cepa*，鳞茎大，扁球形至近球形，直径 5～13cm，外皮紫红色，稀淡黄色；花序梗高于叶，中部以下膨大，向上渐狭；花丝稍长于花被片，内轮花丝基部扩大部分每侧各具 1 齿；叶中部以下最粗，向上渐狭。原产于亚洲西部；全市各地有栽培。

附种 2　香葱 *A. cepiforme*，鳞茎外皮红棕色至淡黄棕色；叶深绿色，较葱和洋葱窄；花序梗不抽发，以鳞茎繁殖，稀抽发。可能为葱与洋葱杂交而成。全市各地均有栽培。

洋葱

香葱

259 宽叶韭

学名　**Allium hookeri** Thwaites

属名　葱属

形态特征　多年生草本。鳞茎单生，圆柱状，外皮白色或带紫色，膜质。叶片条形至宽条形，比花序梗短或近等长，具明显中脉。花序梗侧生，圆柱形或略呈三棱柱形，中空，约与叶等长，下部为叶鞘所包裹；伞形花序近球形，具多而较密集的花；花白色，星芒状开展；花梗纤细，长为花被片的2～3(4)倍；小苞片缺；花丝较花被片短或近等长。花果期8—9月。

地理分布　原产于我国西南；斯里兰卡、不丹、印度也有。宁海、象山有逸生；生于湿润山坡草丛中或林下；鄞州有栽培。

主要用途　全株供食用或调味用。

260 薤白 小根蒜 野葱 胡葱

学名 **Allium macrostemon** Bunge　　　　属名 葱属

形态特征　多年生草本。鳞茎近圆球形，直径 1～1.5cm，皮外层带黑色，易脱落，内层白色。叶 3～5 片，无柄；叶片半圆柱状或三棱状条形，中空，上面具沟槽。花序梗圆柱状，中生，实心，下部为叶鞘包裹；伞形花序半球形至球形，密聚暗紫色的珠芽，间有数花，稀全为花；花淡紫色或淡红色，稀白色；花梗长 7～12mm；花被宽钟状，花被片长圆状卵形至长圆状披针形，内轮常较狭，先端稍尖，基部合生；花丝比花被片长 1/4～1/3；花柱伸出花被外。花期 5—6 月。

生境与分布　见于全市各地；生于荒野、路边草地或山坡草丛中。产于全省各地；分布于除海南、青海、新疆外的全国各省份；东亚及俄罗斯也有。

主要用途　鳞茎入药，具温中通阳、理气宽胸之功效；全株可做野菜。

附种 1　薤头（荞头）*A. chinense*，鳞茎狭卵形，外皮白色或带红色；叶片三棱状或五棱状条形；花序梗侧生，半圆柱状；花序内无珠芽；花梗长 15～20mm；花果期 10—11 月。见于全市各地；生于山坡路边草地。

附种 2　朝鲜韭 *A. sacculiferum*，鳞茎卵形至狭卵形，外皮黑褐色，常裂成纤维状或近网状；叶扁条形，实心，背面具 1 龙骨状隆起纵棱；花被片椭圆形；花果期 8—11 月。见于象山；生于海拔 30m 左右的滨海山坡草丛中。为本次调查发现的华东分布新记录植物。

薤头

朝鲜韭

261 蒜 大蒜

学名 **Allium sativum** Linn.　　　　　　属名 葱属

形态特征　鳞茎圆球形或扁球形，由 1 至数个肉质瓣状的小鳞茎组成，皮白色至带紫色。叶多数，无柄；叶片扁平，实心，宽条形，宽可达 2.5cm。花序梗圆柱状，实心，高于叶，中部以下被叶鞘；伞形花序圆球形，密具珠芽，间有数花；总苞绿色，先端具尾状长喙，早落；花通常淡红色；花梗纤细；小苞片大，具短尖头；花被片基部合生；花丝长为花被片的 1/3～1/2，内轮花丝基部扩大，扩大部分每侧各具 1 齿，齿端具长于花被片的丝状长尾。花期 7 月。

地理分布　原产于亚洲西部或欧洲。全市各地普遍栽培。

主要用途　幼苗、鳞茎、花序梗均可作蔬菜或调味用；鳞茎入药，具健脾、止痢、止咳、杀菌、驱虫之功效。

262 韭 韭菜

学名 **Allium tuberosum** Rottl. ex Spreng.

属名 葱属

形态特征 鳞茎数个聚生，近圆柱状，皮黄白色、暗黄色或黄褐色。叶多数，无柄；叶片扁平，实心，宽条形，宽2～8mm。花序梗近圆柱状，常具2纵棱，实心，高于叶，下部被叶鞘；伞形花序半球状，具多而稀疏的花；总苞宿存；花白色；花被片基部合生，先端具短尖头；花梗长约3cm，有纵棱；花丝长为花被片的2/3～4/5，内轮花丝分离部分三角状锥形。花果期8—10月。

地理分布 原产于亚洲东南部。宁海、象山有归化；逸生于林下、山坡路旁；全市各地有栽培。

主要用途 叶、花序梗均可作蔬菜；种子入药，具补肝肾、壮阳、固精之功效。

附种 细叶韭 *A. tenuissimum*，叶片半圆柱形，直径不逾1mm，中空；花被片先端截平或圆钝；内轮花丝分离部分下部2/3扩大成卵圆形。见于鄞州、奉化；生于高海拔山坡、草地或沙丘上。

细叶韭

263 茖葱

学名 **Allium victorialis** Linn.　　　　属名 葱属

形态特征　多年生草本。鳞茎圆柱形，单生或数个聚生，皮灰褐色至黑褐色，纤维质网状。叶2或3片；叶片倒卵状椭圆形或椭圆形，8～20cm×3～10cm，基部楔形下延，具柄。花序梗圆柱状，下部1/4～1/2为叶鞘所包裹；伞形花序圆球形，具多数密集的花；总苞2裂，宿存；花通常白色或带绿色；花梗长为花被片的2～3倍；小苞片缺；花被片基部合生，外轮舟状，先端圆钝，内轮较外轮略长而宽；花丝长为花被片的1.3～2倍。

花果期6—8月。

生境与分布　见于余姚、鄞州、宁海；生于海拔600m以上山坡林下或沟边阴湿处；宁波市区有栽培。产于临安、临海；分布于华中、华北、东北及安徽、四川、甘肃、陕西；北美洲、欧洲、东亚及俄罗斯、哈萨克斯坦也有。

主要用途　本种嫩叶可供食用。由于分布范围小，野生数量少，产量较低，不宜过度采集食用。

264 木立芦荟

学名 **Aloe arborescens** Mill.　　　　　　　属名 芦荟属

形态特征 多年生常绿草本。具茎，茎常木质化，分枝或不分枝。叶肉质，肥厚多汁，幼时呈 2 列状着生，茎生叶互生；叶片灰绿色，狭长，呈剑状，长 40～50cm，先端钝尖，基部宽，具叶鞘，叶鞘抱茎，闭鞘，边缘疏生三角形硬齿。总状花序腋生，具多数花；苞片卵状条形，先端钝；花黄色至橘红色，圆筒形。花期冬春季。

地理分布 原产于南非。全市各地均有栽培。

主要用途 可作盆栽观赏；叶加工后可食用，亦可入药。

265 库拉索芦荟

学名 **Aloe vera** (Linn.) Burm. f.

属名 芦荟属

形态特征 多年生常绿草本。具短茎，直立无分枝。叶肉质，肥厚多汁，幼时 2 列着生，成长后莲座状着生；叶片灰绿色，狭披针形，60～80cm×9～12cm，先端钝尖，基部宽，具叶鞘，叶鞘抱茎，闭鞘，叶表有蜡质灰白粉层，成年时无斑点，边缘疏生三角形硬齿。总状花序腋生，具花数十朵；苞片近披针形；花序梗高 80～100cm；花黄色至橘红色，圆筒状；花梗下弯；花柱伸出花被外。花期冬春季。

地理分布 原产于加勒比海的库拉索、阿律巴及博内尔小岛。全市各地均有栽培。

主要用途 叶入药，具清热、通便、杀虫之功效。

附种 芦荟 var. *chinensis*，植株稍矮小；叶片 15～35cm×3.5～6cm，先端锐尖，表面具大小不一的白色斑点或斑块。全市各地均有栽培。

芦荟

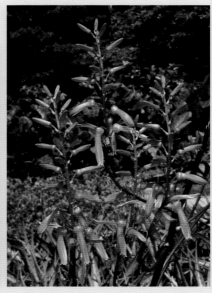

266 老鸦瓣 山慈姑

学名　**Amana edulis** (Miq.) Honda

属名　老鸦瓣属

形态特征　多年生草本，高 10～25cm。鳞茎卵形，直径 1.5～2cm，皮黑褐色，内面密被黄褐色长柔毛。茎细弱，有时有分枝；茎下部 1 对叶片条形，等宽，15～25cm×4～9mm；茎上部叶对生，稀 3 片轮生，苞片状，条形或宽条形，长 2～3cm。花被片白色，外面有紫红色纵条纹；雄蕊 3 长 3 短。蒴果近球形，具长喙。花期 3—4 月，果期 4—5 月。

生境与分布　见于全市各地；生于山坡草地及路边草丛中。产于杭州及诸暨、普陀、武义；分布于华东、华中及陕西、辽宁；日本及朝鲜半岛也有。

主要用途　鳞茎入药，具清热解毒、化痰、散结之功效，又可提取淀粉。

附种　宽叶老鸦瓣（二叶郁金香）**A. erythronioides**，茎下部 1 对叶片长圆形或长圆状倒披针形，较宽短，宽 9～25mm，不等宽；茎上部的苞片状叶通常 3 片轮生。见于余姚、北仑、鄞州、奉化、宁海、象山；生于山坡草地。模式标本采于宁波。

宽叶老鸦瓣

267 天门冬

学名 **Asparagus cochinchinensis** (Lour.) Merr.　　属名 天门冬属

形态特征　根状茎粗短，中部或近末端具肉质纺锤状的膨大根。茎攀援或铺散，长可达 2m，分枝具纵棱或狭翅；叶状枝 (1)3(5) 簇生，稍呈镰刀状，扁平，1～4cm×1～1.5mm，中脉龙骨状隆起。叶鳞片状，膜质，主茎之叶基部具长 2.5～3.5mm 的硬刺状距，分枝之叶基部距较短或不明显。花常 2 朵腋生，单性，雌雄异株。浆果圆球形，直径 6～7mm，熟时红色。花期 5—6 月，果期 8—9 月。

生境与分布　见于除市区外的全市各地；生于山坡林下或灌丛草地。产于除嘉兴外的全省山区；分布于华东、华中、华南、西南、华北及陕西、甘肃；东亚和东南亚也有。

主要用途　块根入药，具润肺止咳、养阴生津、清热解毒之功效。

268 非洲天门冬 武竹

学名 **Asparagus densiflorus** (Kunth) Jessop　　　　　　　**属名** 天门冬属

形态特征 半灌木，攀缘状。茎上有棱，多分枝。叶状枝 (1)3(5) 簇生，宽条形，扁平，1～3cm×1.5～2.5mm，先端具锐尖头；叶鳞片状，膜质，主茎之叶基部具长 3～5mm 的硬刺状距，分枝之叶距不明显。花数朵至 10 余朵排成腋生总状花序；花小，白色，两性。浆果圆球形，直径 8～10mm，熟时红色。花期 5—6 月。

地理分布 原产于非洲南部。鄞州及市区有栽培。

主要用途 枝条常用于插花。

附种 **狐尾天门冬 'Myers'**，植株矮小直立，枝叶密集，呈狐狸尾巴状。慈溪、余姚及市区有栽培。

狐尾天门冬

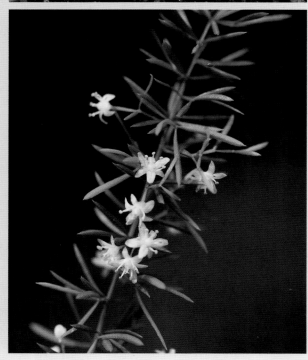

269 石刁柏 芦笋

学名 **Asparagus officinalis** Linn.　　　　**属名** 天门冬属

形态特征　根状茎粗短，具稍肉质的细长根。茎初时直立，后上部常俯垂，具多数较柔弱的分枝。叶状枝 3～6 簇生，近圆柱形，稍压扁，纤细，略弧曲，长 0.5～3cm；鳞片状叶膜质，主茎之叶基部具短刺状距，分枝之叶基部几无距。花常数朵腋生，黄色、黄绿色或黄白色，单性，雌雄异株；花梗中部至中上部具关节。浆果圆球形，直径 7～8mm，熟时红色。花期 5—6(8) 月，果期 9—10 月。

地理分布　原产于欧洲。除市区外的全市各地有栽培。

主要用途　嫩茎常作蔬菜食用。

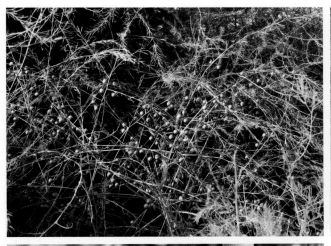

270 蜘蛛抱蛋 一叶兰

学名 **Aspidistra elatior** Blume

属名 蜘蛛抱蛋属

形态特征　根状茎近圆柱形，具节和覆瓦状鳞片。叶单生于根状茎各节；叶片长圆状披针形、披针形至近椭圆形，长可达 80cm，宽可达 11cm，先端急尖，基部楔形，边缘多少皱波状。花被钟状，外面带紫色或暗紫色，内面下部淡紫色或深紫色，上部（6～）8 裂；花被裂片近三角形，向外扩展或外弯，内面具 4 条肥厚的肉质脊状隆起，紫红色。花期 3—4 月。

地理分布　原产于日本。全市各地均有栽培。

主要用途　盆栽或用作林下地被。

附种　洒金蜘蛛抱蛋 'Punctata'，叶片具大小不一的乳白色或浅黄色斑点。慈溪及市区有栽培。

洒金蜘蛛抱蛋

271 绵枣儿

学名　**Barnardia japonica** (Thunb.) Schult. et J.H. Schult.　　属名　绵枣儿属

形态特征　多年生草本。鳞茎卵球形或卵状椭球形，皮黑褐色或褐色。叶通常 2 片；叶片倒披针形，4～15cm×5～7mm，先端急尖，基部渐窄。花序梗通常 1 枝，常于叶枯萎后抽出；总状花序长3～12cm；花被片紫红色、淡红色至白色；花梗顶端具关节。蒴果倒卵球形。花果期 9—10 月。

生境与分布　见于除市区外的全市各地；生于山坡草地、林缘及路旁。产于全省各地；分布于华中、华南、华北、东北及江苏、江西、四川、云南；东北亚也有。

主要用途　鳞茎及全草入药，具活血消肿、解毒、止痛之功效。

272 | 开口箭

学名 **Campylandra chinensis** (Baker) M.N. Tamura et al. 属名 开口箭属

形态特征 多年生常绿草本。根状茎黄绿色，圆柱形。叶基生，4～8片；叶片近革质，倒披针形或条状披针形，15～30cm×1.5～4cm，先端渐尖，下部渐狭成柄状，基部扩展，抱茎。花序梗侧生，远短于叶簇，直立；穗状花序长2.5～5cm，花密集；苞片绿色，常长于花，全缘；花黄色或黄绿色，稍肉质，钟状，花被片开展，中部以下合生，先端尖。浆果圆球形，熟时紫红色、红色或黄褐色。花期

5—6月，果期10—11月。

生境与分布 见于余姚、奉化、宁海；生于山坡林下阴湿处或沟边。产于杭州、丽水及泰顺、安吉、开化；分布于华东、华中及四川、云南、陕西、广东、广西。

主要用途 根状茎及全株入药，具清热解毒、散瘀止痛等功效；也可栽培观赏。

273 荞麦叶大百合

学名 *Cardiocrinum cathayanum* (Wils.) Stearn | **属名** 大百合属

形态特征 多年生草本，高50～150cm。小鳞茎高2.5cm，直径1.2～1.5cm。叶基生兼茎生；叶片卵状心形或卵形，10～22cm×6～16cm，先端急尖，基部近心形，具网状脉，向上渐小；叶柄长2～20cm，基部扩大，上面具沟槽。总状花序有花3～5朵；花梗粗短；花狭喇叭形，乳白色或淡绿色，内具紫色条纹；花被片条状倒披针形，长约13cm。蒴果近球形或椭球形，4～5cm×3～3.5cm，红棕色。种子扁平，红棕色，周围有膜质翅。花期6—7月，果期8—10月。

生境与分布 见于慈溪、余姚、江北、北仑、鄞州、奉化、宁海、象山；生于山坡林下阴湿处或沟边草丛中。产于杭州、温州、台州、丽水及德清、定海等地；分布于华东、华中。

主要用途 蒴果供药用；叶大浓绿，花大美丽，可供观赏。

274 吊兰

学名 **Chlorophytum comosum** (Thunb.) Jacq.　　属名 吊兰属

形态特征　多年生常绿草本。根状茎粗短，根稍肥厚。叶基生；叶片宽条形至条状披针形，10～30cm×0.7～1.5cm，两端稍变窄，两面绿色或深绿色。花序梗较叶长，常变为匍枝而在近顶部具叶簇或幼小植株，其上具无花的苞片；花白色，常2～4朵簇生，排成疏散的总状花序或圆锥花序；花梗中部至上部具关节；花被片离生；雄蕊稍短于花被片。蒴果三棱状扁球形。花期4—6月，果期8—9月。

地理分布　原产于非洲南部。全市各地普遍栽培。

主要用途　常盆栽于室内，供观赏。

附种1　银边吊兰 'Varigatum'，叶片边缘银白色。全市各地普遍栽培。

附种2　宽叶吊兰 *C. capense*，叶片较大，15～45cm×1.5～2.5cm，两面鲜绿色；花序梗直立，有时变弧曲的匍枝；圆锥花序多分枝。全市各地均有栽培。

附种3　金心吊兰 *C. capense* 'Mandaianum'，叶片较大，中脉两边具金黄色纵条纹。全市各地均有栽培。

附种4　金边吊兰 *C. capense* 'Marginatum'，叶片较大，边缘金黄色。全市各地均有栽培。

附种5　银心吊兰 *C. capense* 'Medipictum'，叶片较大，中脉两边具银白色纵条纹。全市各地均有栽培。

银边吊兰

宽叶吊兰

金心吊兰

金边吊兰

银心吊兰

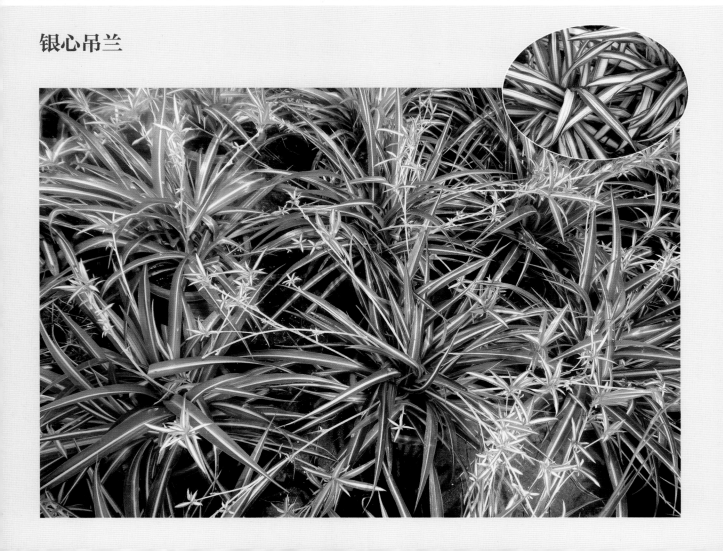

275 朱蕉

学名 **Cordyline fruticosa** (Linn.) A. Cheval.　　　　属名 朱蕉属

形态特征　灌木状，高 1～3m。茎直立，有时稍分枝。叶聚生于茎或枝的上端，长圆形至长圆状披针形，25～50cm×5～10cm，绿色或带紫红色，叶柄有槽，长 10～30cm，基部变宽，抱茎。圆锥花序长 30～60cm；侧枝基部有大苞片，每花有 3 苞片；花淡红色、青紫色至黄色，长约 1cm；花梗短；外轮花被片下半部紧贴内轮而形成花被筒，上半部在盛开时外弯或反折。花期 11 月至次年 3 月。

地理分布　原产地不详。全市各地均有栽培。

主要用途　盆栽或栽植于花境中，供观赏。

276 山菅

学名 **Dianella ensifolia** (Linn.) Redouté   属名 山菅属

形态特征 多年生常绿草本。根状茎横走，圆柱状。叶近基生，2列；叶片条状披针形，30～60cm×1～2.5cm，基部成鞘状套叠抱茎，两面无毛，边缘和脊上均具褐色膜质狭翅。圆锥花序分枝疏散；花梗常稍弯曲，顶端具关节；花常数朵集生于花序分枝近顶端；花被片长圆状披针形，绿白色、淡黄色至青紫色，具5脉。浆果近球形，直径约6mm，熟时蓝色或蓝紫色。花果期8—9月。

生境与分布 见于慈溪、镇海、北仑、鄞州、奉化、宁海、象山；生于沿海岛屿或山坡林缘及草丛中。产于浙江沿海各地；分布于华南、西南及江西、福建；非洲、东南亚、南亚及日本也有。

主要用途 有毒植物。叶形秀丽，果实圆润，可栽培观赏；根状茎可入药。

附种 银边山菅 'White Variegated'，叶片边缘银白色。江北及市区有栽培。

银边山菅

277 少花万寿竹

学名 **Disporum uniflorum** Baker ex S. Moore

属名 万寿竹属

形态特征　多年生草本，高 20～80cm。根状茎肉质，横走。叶片薄纸质至纸质，卵形至披针形，4～10cm×1.5～5cm，先端急尖至渐尖，基部圆形至宽楔形，下面脉上和边缘有极细小的乳头状突起。伞形花序具花 1～3(5) 朵，着生于茎和分枝的顶端；花钟状，黄色或黄绿色，多少俯垂，直径 2～3cm，花被片基部具短距；花丝内藏，密生疣状突起；柱头 3 裂，外弯。浆果椭球形或球形，熟时黑色。花期 4—5 月，果期 7—10 月。

生境与分布　见于余姚、北仑、鄞州、奉化、宁海、象山；生于山坡林下或灌丛中。产于全省各地；分布于华东及湖北、四川、陕西、河北、辽宁；朝鲜半岛也有。

主要用途　根状茎及根入药，具清肺止咳、健脾和胃之功效。

278 **浙贝母** 浙贝 象贝

学名　**Fritillaria thunbergii** Miq.　　属名　贝母属

形态特征　多年生草本，高 30～80cm。鳞茎通常扁球形，常由 2 枚肥厚的鳞片组成。上部和下部叶互生或近对生，中部者常 3～5 片轮生；叶片条状披针形、披针形或倒披针形，6～15cm×0.5～1.5cm，下部叶先端钝尖，中部以上者先端卷曲。总状花序有花 3～9 朵；叶状苞片顶生者轮生，侧生者簇生状；花梗下弯；花被片淡黄绿色，内面有紫色脉纹和斑点。蒴果具棱，棱上有宽 6～8mm 的翅。花期 3—4 月，果期 4—5 月。

生境与分布　产于宁海；生于山坡或山谷林下阴湿处；慈溪、余姚、北仑、鄞州、奉化、象山有栽培。分布于安徽、江苏；日本也有。

主要用途　鳞茎入药，具止咳化痰、清热散结之功效。

279 黄花菜 金针菜

学名 *Hemerocallis citrina* Baroni 属名 萱草属

形态特征 多年生宿根草本。根肉质，部分顶端膨大呈纺锤状；根状茎极短。叶基生，排成2列；叶片宽条形，30～80cm×0.6～1.8cm，通常暗绿色，背面呈龙骨状突起。花序梗高可达1.5m，具少数无花苞片；圆锥花序近二歧蜗壳状，多花；花淡黄色，长9～17cm，有香气，近漏斗状，花被片下部合生成花被筒，内轮3裂片盛开时略外弯，通常下午开放，次日上午凋谢；雄蕊伸出筒口；花柱伸出，上弯。蒴果椭球形，具钝3棱。花期7—9月。

生境与分布 见于北仑；生于林下或沟边阴湿处；余姚、鄞州、奉化、宁海、象山有栽培。产于金华、绍兴及建德、桐庐、仙居、缙云；分布于华东、华中、华北及四川、陕西；日本及朝鲜半岛也有。

主要用途 根入药，具利水、凉血之功效，但有小毒，需慎用；花经蒸、晒，加工成干菜，供食用。

280 萱草

学名 **Hemerocallis fulva** (Linn.) Linn.   **属名** 萱草属

形态特征 多年生宿根草本。根肉质，部分顶端膨大；根状茎极短，不明显。叶基生，排成2列；叶片宽条形至条状披针形，40～80cm×1.5～3.5cm，通常鲜绿色，背面呈龙骨状突起。花序梗高可达1.2m，具少数无花苞片；圆锥花序近二歧蜗壳状，多花；花橘红色至橘黄色，长7～12cm，无香气，近漏斗状，花被片下部合生成花被筒，内轮花被片下部通常具"∧"形褐红色的斑纹，边缘波状皱缩，盛开时向下反曲；雄蕊伸出筒口；花柱伸出，上弯。蒴果长球形，具钝3棱。花期6—8月，通常清晨开放，当日傍晚凋谢。

生境与分布 见于慈溪、余姚、镇海、北仑、鄞州、奉化、宁海、象山；生于山坡林下或沟边阴湿处；全市各地均有栽培。产于除嘉兴外的全省山区；分布于华东、华中、华南、西南、西北及山西；东亚及印度、俄罗斯也有。

主要用途 根有小毒，具清热利湿、凉血止血、解毒消肿之功效；花亦供食用，但其味远逊于黄花菜。

附种1 **大花萱草** **H.** × **hybrida**，根状茎粗壮；聚伞花序或圆锥花序，花的大小、花形、花色、花期等均因品种而异，花色有单色、复色和混合色，花形有漏斗形、钟形、星形等，花药有黄色、红色、橙色、紫色等多种颜色，5—10月均有不同品种开花。全市各地均有栽培。

附种2 **金娃娃萱草** **H.** 'Stella de Oro'，株形矮壮；花大，金黄色；花期5—11月。慈溪、北仑、鄞州及市区有栽培。

大花萱草

金娃娃萱草

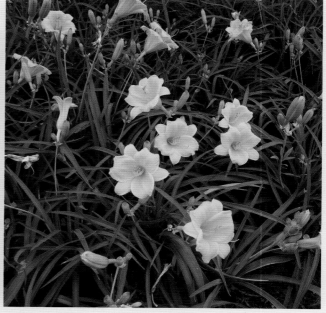

281 紫萼

学名 **Hosta ventricosa** (Salisb.) Stearn 　　属名 玉簪属

形态特征 多年生草本。根状茎粗短。叶基生；叶片卵状心形、卵圆形或卵形，6～18cm×3～14cm，长与宽近相等或稍长，但最长不超过宽的一倍，先端近短尾状或骤尖，基部心形、圆形或截形，侧脉7～11对；叶柄长6～25cm。花序梗高30～60cm，其上具1或2片无花的苞片；总状花序具10～30花；花淡紫色，无香味，单生于苞片内，长4～6cm，盛开时从花被管向上骤然作近漏斗状扩大；苞片长1～2cm；雄蕊着生于花被筒基部，稍伸出花被之外。蒴果圆柱状，长约3cm，直径约8mm，具3棱。花期6—7月，果期8—10月。

生境与分布 见于慈溪、余姚、北仑、鄞州、奉化、宁海、象山；生于山坡林下、林缘或溪沟边草丛中。产于除嘉兴外的全省山区；分布于华东、华中及广东、广西、贵州、四川。

主要用途 根状茎入药，有小毒，具拔毒、生肌之功效；也可供观赏。

附种1 玉簪 *H. plantaginea*，总状花序具花数朵至10余朵；花白色，芳香，单生或簇生于苞片内，长10～13cm；雄蕊下部与花被筒贴生，与花被近等长；蒴果长约6cm，直径约1cm。全市各地有栽培。

附种2 花叶玉簪 *H. plantaginea* 'Fairy Variegata'，与玉簪的区别在于：叶片边缘乳黄色或乳白色。全市各地均有栽培。

附种3 紫玉簪 *H. sieboldii*，叶片狭椭圆形或卵状椭圆形，6～13cm×2～6cm，通常长超过宽的一倍，基部钝圆或近楔形，具4或5对侧脉；苞片长7～10mm；花盛开时从花被管向上逐渐扩大；花期8—9月。鄞州及市区有栽培。

玉簪

花叶玉簪

紫玉簪

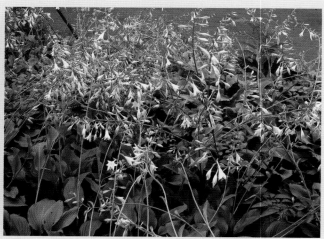

282 风信子

学名 **Hyacinthus orientalis** Linn.　　　　　　　　**属名** 风信子属

形态特征　多年生球根草本。鳞茎球形或扁球形，膜质外皮紫蓝色或白色等。叶基生，4～9片，肉质，肥厚；叶片条状披针形，具浅纵沟，绿色，有光泽。花序梗高15～45cm，中空；总状花序具花10～20朵；花浅紫色、粉红色、白色、黄色等，密生于上部，横向生长，稀下垂，漏斗形，芳香，基部花筒较长，裂片5，向外侧下方反卷。蒴果。花期3—4月。

地理分布　原产于欧洲地中海沿岸及小亚细亚一带。全市均有栽培。

主要用途　著名观花植物，其花色、花期等因品种而异，可盆栽或作地被观赏。

283 | 火炬花 火把莲

学名 **Kniphofia uvaria** (Linn.) Oken

属名 火炬花属

形态特征 多年生草本，高 80～120cm。叶草质，丛生；叶片剑形，60～90cm×2～2.5cm，常在中部或中上部向下弯垂，稀直立，基部常内折，抱合成假茎；假茎横断面呈菱形。总状花序着花数百朵；花筒状，呈火炬形，橘红色。蒴果黄褐色。种子棕黑色，不规则三角形。花果期 6—10 月。

地理分布 原产于南非。慈溪、余姚、镇海、江北、北仑、鄞州、奉化、宁海及市区有栽培。

主要用途 花密集、艳丽，常作地被或花境观赏。

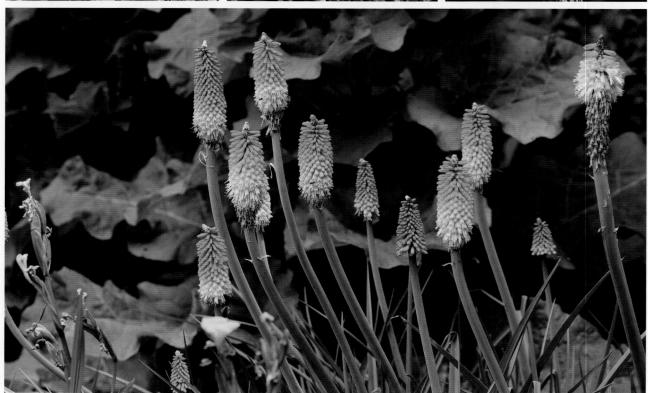

284 野百合

学名 **Lilium brownii** F.E. Br. ex Miellez　　属名 百合属

形态特征　多年生草本，高 0.7～2m。鳞茎近圆球形，直径 2～4.5cm；鳞片披针形；茎带紫色，有排列成纵行的小乳头状突起。叶互生；叶片条状披针形至披针形，7～15cm×6～15mm，向上稍变小但不呈苞片状，基部渐狭成柄状，边缘有小乳头状突起。花单生或数朵排列成顶生近伞房状花序，白色或乳白色，喇叭形，稍下垂；叶状苞片披针形；花被片倒卵状披针形，背面稍带紫色或无，内面无斑点，上部张开或先端外弯但不反卷；花梗中部有 1 枚小苞片。蒴果长球形。花期5—6 月，果期 7—9 月。

生境与分布　见于除市区外的全市各地；生于山坡林缘、路边、溪旁。产于全省各地；分布于华东、华中、西南及广东、广西、甘肃、陕西、河北。

主要用途　鳞茎入药，具润肺止咳、宁心安神之功效；又可供食用或栽培观赏。

附种 1　**黄花百合** var. *giganteum*，鳞茎大，直径可达 10～12cm，鳞片可达 100 余枚；花序通常有花5～8 朵；花冠淡黄色，外面带紫色。见于奉化、象山；生境同野百合。

附种 2　**百合** var. *viridulum*，叶片倒披针形至倒卵形，通常宽 1.5～2.5cm，茎上部的叶明显变小而呈苞片状。见于余姚、北仑、鄞州、奉化、宁海、象山；生境同原种；市区有栽培。

黄花百合

百合

285 药百合 鹿子百合

学名 *Lilium speciosum* Thunb. var. *gloriosoides* Baker　　**属名** 百合属

形态特征　多年生草本，高 0.6～1.2m。鳞茎扁球形，直径约 5cm；鳞片宽披针形。叶互生；叶片宽披针形至卵状披针形，2.5～10cm×2.5～4cm，向上渐变小而呈苞片状，基部圆钝，边缘有小乳头状突起，上面横脉明显浮凸。花单生或 2～5 朵排成顶生总状或近伞房状花序；花白色，下垂，花被片内面下部散生紫红色斑点，中部以上反卷，边缘波状，蜜腺两侧有红色流苏状突起；花梗中上部具 1 片小苞片。蒴果近球形。花期 7—8 月，果期 9—10 月。

生境与分布　见于北仑、奉化、宁海；生于山坡林下、溪沟边。产于杭州、金华及开化、江山、天台、临海、缙云；分布于华东及湖南、广西。

主要用途　鳞茎入药，药效同"野百合"；花色艳丽，可供观赏。

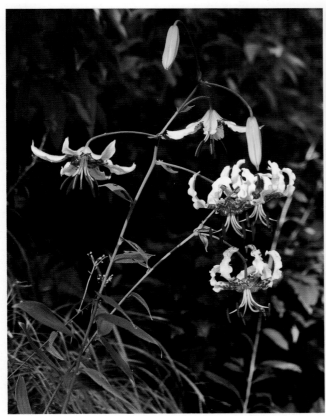

286 | 卷丹

学名 **Lilium tigrinum** Ker- Gawl. 属名 百合属

形态特征 多年生草本，高0.8～1.5m。鳞茎扁球形，直径4～8cm；鳞片宽卵形；茎带紫色，被白色绵毛。叶互生，无柄，上部叶腋常有珠芽；叶片长圆状披针形至卵状披针形，5～20cm×0.5～2cm，向上渐变小而呈苞片状，边缘有小乳头状突起。总状花序有花3～10朵；花梗具白色绵毛，中部具1片小苞片；花橘红色，下垂，花被片内面散生紫黑色斑点，中部以上反卷；蜜腺两侧具乳头状和流苏状突起。蒴果狭长卵形。花期7—8月，果期9—10月。

生境与分布 见于慈溪、余姚、北仑、鄞州、奉化、宁海、象山；生于山坡灌草丛中。产于全省各地；分布于华东、华中、西北、华北及广西、四川、西藏、吉林；日本及朝鲜半岛也有。

主要用途 鳞茎入药，药效同野百合，亦可供食用；常供栽培观赏。

287 阔叶山麦冬

学名 **Liriope muscari** (Decne.) Bailey 属名 山麦冬属

形态特征 多年生草本。根状茎粗短，木质，无地下走茎；根末端膨大成肉质小块根。叶基生，无柄；叶片宽条形，12～50cm×5～20mm，边缘仅上端微粗糙。花序梗近圆形，短于至远长于叶簇；总状花序长2～45cm；苞片卵状披针形，短于花梗；花紫色或紫红色，(3)4～8朵簇生；花梗长4～5mm，劲直，关节位于其中部或中上部；雄蕊花药几与花丝等长；花药顶端钝。种子球形，小核果状，熟时黑紫色。花期7—8月，果期9—10月。

生境与分布 见于除市区外的全市各地；生于山坡林下阴湿处或沟边草地；全市各地均有栽培。产于除嘉兴外的全省山区；分布于华东、华中及贵州、四川、广东；日本也有。

附种1 **金边阔叶山麦冬 'Varietata'**，叶片边缘金黄色，边缘内侧具银白色与翠绿色相间的纵向条纹。全市各地均有栽培。

附种2 **长梗山麦冬 L. longipedicellata**，叶片条形，宽2.5～4mm；花梗纤细，长5～8mm。见于奉化；生于山坡林下阴湿处。

金边阔叶山麦冬

长梗山麦冬

288 山麦冬

学名　**Liriope spicata** (Thunb.) Lour.　　属名　山麦冬属

形态特征　多年生草本。根状茎短；具细长的地下走茎；根末端常膨大成肉质小块根。叶基生，无柄；叶片宽条形，20～40(50)cm×(4)4.5～10mm，先端急尖或钝，边缘具细锯齿。花序梗近圆形，稍短于至稍长于叶簇；总状花序长 6～15cm；苞片卵状披针形，下部者稍长于花梗；花梗长 2～4mm，劲直，关节位于其中上部或近顶部；花黄白色或稍带紫色，常 (2)3～5 朵簇生于叶腋；花被片长圆形或长圆状披针形，长 4～5mm，先端圆钝；雄蕊花药几与花丝等长；花药顶端钝。种子近圆球形，小核果状。花期 6—8 月，果期 9—10 月。

生境与分布　见于除市区外的全市各地；生于山坡林下或路边草地；全市广泛栽培。产于全省各地；分布于华东、华中、华南、西南、华北及甘肃、陕西；东亚及越南也有。

附种　禾叶山麦冬 *L. graminifolia*，叶片条形，宽 2～4mm；花序梗通常稍短于叶簇；花被片长 3.5～4mm；雄蕊花药短于花丝。见于慈溪、余姚、北仑、鄞州、奉化、宁海、象山；生于山坡林下、灌丛中或路边草地。

禾叶山麦冬

289 | 葡萄风信子

学名 **Muscari botryoides** Mill.　　　　　　　　　　属名 蓝壶花属

形态特征　多年生草本，高 15～30cm。鳞茎扁球形，直径 1～3cm。叶基生，稍肉质；叶片条形，长约 20cm，暗绿色，边缘常内卷。花序梗圆筒形，长约 15cm，上面密生数十朵小花；花梗下垂；花冠小坛状，顶端紧缩，花色因品种而异，有深蓝、浅蓝、白等色。花期 3—5 月。

地理分布　原产于欧洲中部的法国、德国和波兰南部。慈溪等地有栽培。

主要用途　花色艳丽，常作疏林下地被、花境、花坛或盆栽观赏。

290 阔叶沿阶草

学名 **Ophiopogon jaburan** (Kunth) Lodd.　　　　属名 沿阶草属

形态特征　多年生常绿丛生草本，高30～50cm。叶丛生；叶片革质，条形，40～80cm×1～1.5cm，先端渐收缩，钝尖，基部渐狭成不明显的柄，上面深绿色，光亮，边缘略粗糙。花序梗扁平，上部具狭翼，通常长于叶簇；总状花序长7～10cm；花3～8朵簇生；花梗长1～2cm，关节位于中部或中上部；花下垂，长7～8mm，白色或淡紫色。种子椭球形，熟时蓝色。花期8—9月，果期11月至翌年2月。

生境与分布　见于象山；生于海岛海拔100m以下乱石较多的山坡林下阴湿处或灌草丛中。产于舟山东福山岛、台州上大陈岛、温州南麂岛。日本也有。

主要用途　浙江省重点保护野生植物。叶浓密亮绿，可用作阴生地被植物。

附种　银纹沿阶草 *O. intermedius* 'Argenteomarginatus'，叶片边缘及中央有白色纵条纹；花序梗稍短于叶或与叶近等长；花淡紫色，单生，有时2～3朵簇生；花期6—7月，果期8—10月。全市各地均有栽培。

银纹沿阶草

291 | 麦冬

学名 **Ophiopogon japonicus** (Linn. f.) Ker-Gawl.　　　　属名 沿阶草属

形态特征　多年生草本。根较粗壮，中部或近末端常膨大成小块根。根状茎粗短，木质，具细长的地下走茎。叶基生，无柄；叶片条形，15～50cm×1～4mm，边缘具细锯齿。花序梗扁平，两边具明显狭翼，远短于叶簇；总状花序稍下弯；花紫色或淡紫色，1～3朵、常2朵簇生于苞片内；花梗常下弯，关节位于其中上部或近中部；花丝不明显；花药顶端尖。种子圆球形，熟时暗蓝色。花期6—7月，果期9—12月。

生境与分布　见于除市区外的全市各地；生于山坡林下阴湿处或沟边草地；全市普遍栽培。产于全省各地；分布于华东、华中、西南及陕西、广东、广西；日本、越南、印度也有。

主要用途　块根入药，具清心润肺、养胃生津之功效；园林上常用作地被或绿地、花坛镶边。

附种　矮麦冬'Nana'，植株矮小，高5～10cm；叶片显著较短。全市各地均有栽培。

矮麦冬

292 华重楼 七叶一枝花

| 学名 | **Paris polyphylla** Smith var. **chinensis** (Franch.) Hara | 属名 | 重楼属 |

形态特征　多年生草本，高 30～150cm。根状茎粗壮，稍扁，不等粗，密生环节；茎基部有膜质鞘。叶通常 6～8 片轮生于茎顶；叶片长圆形至倒卵状披针形，7～20cm×2.5～8cm，先端渐尖或短尾状，基部圆钝或宽楔形，具柄。花单生于茎顶；花被片每轮 4～7 片，外轮花被片绿色，叶状，内轮花被片条形，通常远短于外轮花被片，稀近等长；子房具棱，顶端具盘状花柱基；花柱分枝粗短而外弯。蒴果暗紫色，室背开裂。种子具红色肉质的外种皮。花期 (3)4—6 月，果期 7—10 月。

生境与分布　见于慈溪、余姚、北仑、鄞州、奉化、宁海、象山；生于山坡林下阴湿处或沟边草丛中。产于除嘉兴外的全省山区；分布于长江流域以南各地；东南亚也有。

主要用途　浙江省重点保护野生植物。根状茎入药，称"七叶一枝花"，具清热解毒、消肿散结之功效；供观赏。

293 多花黄精 囊丝黄精

学名 **Polygonatum cyrtonema** Hua

属名 黄精属

形态特征 多年生草本，高 50～100cm。根状茎连珠状，稀结节状，直径 1～2.5cm；茎弯拱。叶互生；叶片椭圆形至长圆状披针形，8～20cm×3～8cm，先端急尖至渐尖，平直，基部圆钝，两面无毛。伞形花序腋生，通常具 2～7 花，下弯；总花梗长 7～15mm；苞片条形，早落；花绿白色，近圆筒形，长 15～20mm；花被筒基部收缩成短柄状；花丝上部稍膨大乃至具囊状突起。浆果近球形，直径约 1cm，熟时黑色。花期 5—6 月，果期 8—10 月。

生境与分布 见于慈溪、余姚、北仑、鄞州、奉化、宁海、象山；生于山坡林下阴湿处或沟边。产于全省各地；分布于华东、华中及广东、广西、贵州、四川、陕西。

主要用途 根状茎为常用中药"黄精"的来源之一，具补脾润肺、益气养阴之功效；花及嫩芽可作野菜食用；也可作园林地被植物。

附种 长梗黄精 **Polygonatum filipes**，叶片下面脉上有短毛；总花梗长 3～13cm；花丝上部不膨大。见于余姚、北仑、鄞州、奉化、宁海、象山；生于山坡林下、灌丛草地或防火线山坡草地。

长梗黄精

294 玉竹

学名 **Polygonatum odoratum** (Mill.) Druce   **属名** 黄精属

形态特征　多年生草本，高 20～50cm。根状茎扁圆柱形，直径 5～10mm；茎直立或弯拱，上部稍具 3 棱。叶互生；叶片椭圆形或长圆状椭圆形，5～12cm×2～4cm，先端急尖或钝，平直，基部楔形或圆钝，下面带灰白色。伞形花序具 (1)2(3) 花；苞片缺；总花梗长 0.7～1.2cm；花白色，近圆筒形，长 14～18mm；花被筒基部不收缩成短柄状。浆果近球形，直径 7～10mm，熟时紫黑色。花期 5—6 月，果期 8—9 月。

生境与分布　见于余姚、北仑、鄞州、奉化、宁海、象山；生于山坡林下阴湿处及防火线附近山坡中。产于临安、龙泉、新昌、东阳、仙居、临海；分布于华东、华中、华北、西北、东北及广西；欧洲、东亚也有。

主要用途　根状茎入药，名"玉竹"，具滋阴润燥、养胃生津之功效；花及嫩芽可作野菜食用；也可作园林地被植物。

295 | 湖北黄精

学名 *Polygonatum zanlanscianense* Pamp. | **属名** 黄精属

形态特征 多年生草本，高30～100cm。根状茎连珠状，稀稍结节状，直径1～4cm；茎直立。叶3～6(8)片轮生，稀对生；叶片通常条状披针形，10～20cm×0.5～1.3cm，先端渐尖，通常卷曲，下部渐窄，两面无毛，边缘具细小的乳头状突起。伞形花序具4花，稀3或更多花，下垂；总花梗稍扁，具2～4棱，长6～10mm；苞片位于花梗基部，具1脉；花淡紫色，坛状长卵形，长7～10mm；花被筒中部以上缢缩；花柱稍短于子房。浆果直径6～7mm，熟时紫红色。花期6—7月，果期8—10月。

生境与分布 见于余姚、鄞州；生于山坡林下阴湿处。产于安吉、临安；分布于华中、西南及江苏、广西、甘肃、陕西。

主要用途 根状茎为中药"黄精"的来源之一；根状茎及花均可食用。

296 | 吉祥草

学名 **Reineckea carnea** (Andr.) Kunth 属名 吉祥草属

形态特征 多年生草本。根状茎细长，横生在浅土中或露出地面呈匍匐状，每隔一定距离向上发出叶簇。叶每簇3～8片；叶片条状披针形或倒披针形，10～45cm×1～2cm，先端渐尖，下部渐狭成柄状。花序梗侧生，远短于叶簇；穗状花序长2～8cm，上部花有时仅具雄蕊；花淡红色或淡紫色，芳香，开放时花被片先端反卷；雄蕊伸出花被筒外；花柱细长。浆果圆球形，直径5～8mm，熟时红色或紫红色。花果期10—11月。

生境与分布 见于北仑、鄞州、宁海；生于山坡林下阴湿处或水沟边；全市各地均有栽培。产于杭州、舟山及泰顺、天台、龙泉；分布于华东、华中、西南及广东、广西；日本也有。

主要用途 根状茎及全草入药，具清肺止咳、强筋补肾之功效；耐阴，可作林下地被植物或供室内盆栽。

297 万年青

学名 **Rohdea japonica** (Thunb.) Roth.　　　　属名 万年青属

形态特征　多年生常绿草本。根状茎粗短，有时有分枝。叶基生，3～6 片；叶片厚纸质，长圆形、披针形或倒披针形，15～50cm×2.5～7cm，先端急尖，下部稍狭，基部稍扩展，抱茎。花序梗侧生，远短于叶簇；穗状花序长 3～5cm，密生花；苞片短于花；花淡黄色，肉质，球状钟形，花被裂片小，不明显，内弯，先端圆钝；花柱不明显，柱头膨大，微 3 裂。浆果圆球形，直径约 8mm，熟时红色。花期 6—7 月，果期 8—10 月。

地理分布　分布于华东、华中及广西、贵州、四川；日本也有。全市各地均有栽培。

主要用途　根状茎入药，称"白河车"，具清热解毒、强心利尿之功效；供观赏。

附种　**银边万年青 'Variegata'**，叶片边缘乳白色。慈溪、鄞州、宁海、象山有栽培。

银边万年青

298 尖叶菝葜

学名 **Smilax arisanensis** Hayata   **属名** 菝葜属

形态特征 攀缘灌木。根状茎粗短；茎下部常疏生短刺，上部分枝常无刺。叶片厚纸质，或下部者薄革质，椭圆形、卵状披针形或长圆状披针形，4～10cm×1.5～5cm，先端骤尖至渐尖，基部圆形，下面淡绿色，干后常带古铜色，具3或5条主脉；叶柄常强烈膝曲而扭转，具卷须，翅状鞘披针形至长圆形，其合生部分约占叶柄全长的1/2，离生部分稍明显，脱落点位于叶柄顶端。伞形花序具多花；花序梗纤细，长为叶柄的3～5倍；花序托不膨大；花黄绿色或带红色；雌花较雄花稍小，具3枚退化雄蕊。浆果球形，熟时紫黑色。花期3—5月，果期10—11月。

生境与分布 见于余姚、镇海、北仑、鄞州、奉化、宁海、象山；生于山坡林下或灌丛中。产于温州、台州、丽水及临安、武义、开化等地；分布于华东、西南及江西、福建、广东、广西；越南也有。

附种 黑果菝葜 **S. glauco-china**，叶片下面苍白色，干后不变古铜色；叶柄劲直，翅状鞘合生部分约占叶柄全长的1/3～1/2，离生部分明显，脱落点位于卷须着生点的稍上方；花序托稍膨大；浆果黑色，常具白粉。见于余姚、北仑、鄞州、奉化、宁海、象山；生于山坡林下或灌丛中。

黑果菝葜

299 | 菝葜 金刚刺

学名 **Smilax china** Linn.　　　　　　　　　　属名 菝葜属

形态特征　攀缘灌木。根状茎粗壮，坚硬，表面通常灰白色，有刺；茎长 1～3m，疏生刺。叶片厚纸质至薄革质，近卵形、卵形或椭圆形，3～10cm×1.5～8cm，先端突尖至骤尖，基部常宽楔形或圆形，下面淡绿色或苍白色；叶柄长 7～25mm，具粗壮、发达卷须，翅状鞘条状披针形或披针形，狭于叶柄，长为叶柄全长的 1/2～4/5，几全部与叶柄合生，脱落点位于卷须着生点处。伞形花序生于叶尚幼嫩的小枝上，具多花；花序托膨大；花黄绿色，单性；雌花与雄花大小相似，具 6枚退化雄蕊。浆果球形，直径 6～15mm，熟时红色。花期 4—6 月，果期 6—10 月。

生境与分布　见于除市区外的全市各地；生于山坡林下或灌丛中。产于除嘉兴外的全省山区；分布于华东、华中、华南、西南及辽宁；东南亚及日本也有。

主要用途　根状茎入药，具清湿热、强筋骨、解毒之功效；根含淀粉，可供酿酒；红果枝可作观赏花卉。

附种　**小果菝葜** *S. davidiana*，根状茎表面通常黑褐色；茎常带紫红色；叶柄长 4～7mm，卷须纤细，翅状鞘卵形至半圆形，其合生部分远宽于叶柄，离生部分明显；伞形花序生于成长叶的小枝上；雌花具 3(4) 枚退化雄蕊；浆果直径 5～7mm。见于除市区外的全市各地；生于山坡林下或灌丛中。

小果菝葜

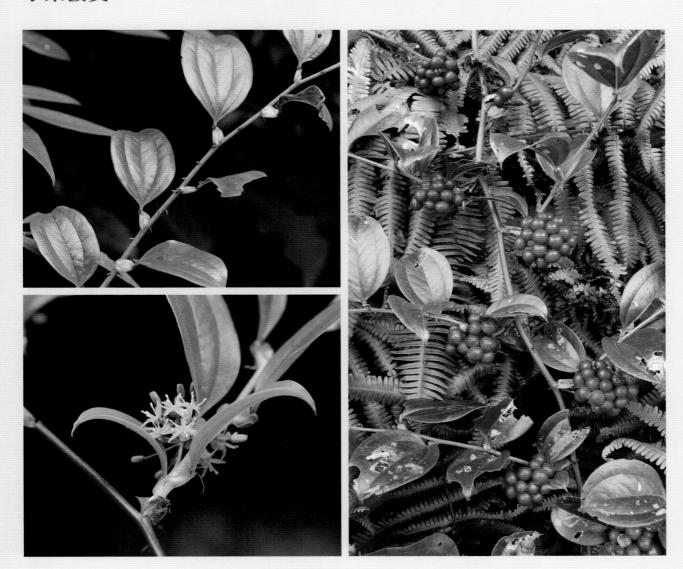

300 | 土茯苓 光叶菝葜

学名 *Smilax glabra* Roxb.　　　　　　属名 菝葜属

形态特征 常绿攀缘灌木。根状茎坚硬，块根状，稀近连珠状，表面黑褐色，有刺；茎长 1～4m，无刺，分枝平滑。叶片薄革质，长圆状披针形至披针形，5～15cm×1～4cm，先端骤尖至渐尖，基部圆形或楔形，下面有时苍白色，具 3 主脉，最外侧主脉远离叶缘；叶柄具卷须，翅状鞘长为叶柄的 1/4～2/3，几全部与叶柄合生，脱落点位于叶柄顶端。伞形花序具多数花；花序梗常明显短于叶柄；花序托膨大；花绿白色，六棱状扁球形，单性；雄花外轮花被片兜状，背面中央具纵槽，内轮花被片较小，边缘有不规则细齿；雌花与雄花大小相似，具 3 枚退化雄蕊。浆果球形，熟时紫黑色，具白粉。花期 7—8 月，果期 11 月至翌年 4 月。

生境与分布 见于除市区外的全市各地；生于山坡林下、林缘或灌丛中。产于除嘉兴外的全省山区；分布于华东、华中、华南、西南及甘肃、陕西；东南亚及印度也有。

主要用途 根状茎入药，具清热解毒、除湿通络之功效。

附种 缘脉菝葜（常绿菝葜）*S. nervo-marginata*，茎分枝有细纵棱，具明显疣状突起；叶具 5 或 7 条主脉，最外侧的主脉与叶缘结合；花序梗长为叶柄的 2～4 倍；花紫色；雌花具 6 枚退化雄蕊。见于余姚、镇海、北仑、鄞州、奉化、宁海、象山；生于山坡林下或路边灌丛中。

缘脉菝葜

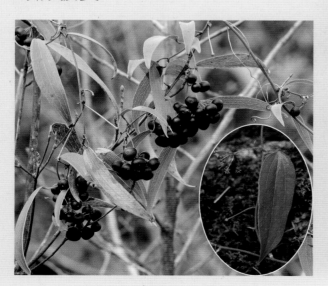

301 折枝菝葜

学名 **Smilax lanceifolia** Roxb. var. **elongata** (Warb.) F.T. Wang et Tang　**属名** 菝葜属

形态特征　常绿攀缘灌木。根状茎粗壮，坚硬，多分枝，表面灰黄色，有刺；茎上部分枝常回折状，常无刺，下部茎疏具刺。叶片厚纸质或近革质，长披针形或长圆状披针形，6～12cm×2～6cm，先端骤尖至渐尖，基部圆形或宽楔形，具3或5条主脉，上面无光泽；叶柄具卷须，翅状鞘长约为叶柄的1/3，几全部与叶柄合生，脱落点位于卷须着生点以上叶柄的中部。伞形花序具多花；花序梗较叶柄长，基部具1枚与叶柄相对的贝壳状鳞片；花序托稍膨大；花黄绿色；花药近圆形；雌花远较雄花小，具6枚退化雄蕊。浆果近球形，直径约5mm，熟时黑紫色。花期3—4月，果期10—11月。

生境与分布　见于余姚、鄞州、奉化、宁海、象山；分布于华南、西南及江西。

附种　**暗色菝葜 S. lanceifolia** var. **opaca**，叶片通常革质，表面具光泽；花药近长圆形；浆果熟时黑色；花期9—11月，果期12月至翌年春季。见于余姚、鄞州；生于山坡林下或林缘。

暗色菝葜

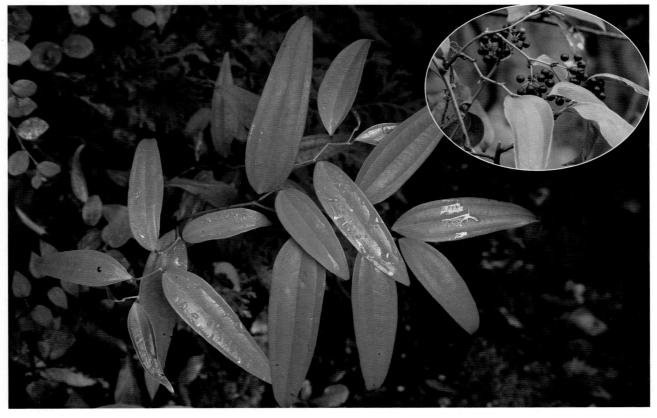

302 | 牛尾菜

学名 *Smilax riparia* A. DC.　　　　　　　　　　　　　　**属名** 菝葜属

形态特征　攀援草本。具粗壮发达的须根。茎长1～2m，近中空，无刺，干后凹瘪而具沟槽，具分枝。叶片草质至薄纸质、卵形、长圆形或卵状披针形，4～16cm×2～10cm，先端凸尖、骤尖或渐尖，基部浅心形至近圆形，背面绿色，两面无毛，具5或7条主脉；叶柄具卷须，翅状鞘约占叶柄全长的1/5～1/2，鞘全部与叶柄合生，脱落点位于叶柄顶端的稍下方。伞形花序具多数花；花序梗有数条纵棱，纤细，花后不变粗；花序托稍膨大；小苞片花期不脱落；花单性，黄绿色；雄花具6枚雄蕊；花药镰刀状弯曲，长约1.5mm；雌花较雄花稍小，通常无退化雄蕊。浆果近球形，直径7～9mm，熟时黑色。花期5—7月，果期8—10月。

生境与分布　见于除市区外的全市各地；生于山坡林下、灌丛、山地路边或沟边草丛中。产于除嘉兴外的全省山区；分布于除海南、西藏、青海、新疆、宁夏外的各省份；东亚及菲律宾也有。

主要用途　根入药，具祛风、活血、散瘀之功效；嫩芽可作菜食用。

附种　白背牛尾菜 *S. nipponica*，茎直立；叶片下面苍白色，具7或9条主脉；花序梗扁平，花后变粗壮，果期尤甚；小苞片早落；花药椭圆形，长不逾1mm；雌花具6枚退化雄蕊。见于余姚、北仑、鄞州、奉化、宁海；生于山坡林下、灌丛、山地路边或沟边草丛中。

白背牛尾菜

303 华东菝葜 粘鱼须

学名 **Smilax sieboldii** Miq.　　　　　　　　　　属名 菝葜属

形态特征　攀缘灌木或半灌木。根状茎粗短，须根较发达而疏生短刺；茎基部常具密集的细长针刺，一年生小枝有时带草质，具细长短针状的刺或无刺。叶片草质，卵形或卵状心形，4～12cm×3～7cm，先端骤尖至渐尖，基部楔形或浅心形，两面无毛，具5或7条主脉；叶柄具卷须，翅状鞘披针形，其合生部分约占叶柄全长的1/2～2/3，离生部分微小，脱落点位于卷须着生点的稍上方。伞形花序具数花，花序梗稍扁平，长为叶柄之半或稍短于叶柄，稀稍长于叶柄；花序托基部几不膨大；花黄绿色；雌花较雄花稍小，具6枚退化雄蕊。浆果近球形，熟时蓝黑色。花期5—8月，果期8—10月。

生境与分布　见于余姚、北仑、鄞州、奉化、宁海、象山；生于山坡林下、林缘或灌丛中。产于杭州及安吉、诸暨、天台、临海、龙泉、遂昌；分布于华东及辽宁；日本、朝鲜半岛也有。

304 油点草

学名 **Tricyrtis chinensis** Hr. Takahashi

属名 油点草属

形态特征 多年生草本，高 40～100cm。根状茎短。茎单一，上部疏生糙毛，有时近基部节上生根。叶片卵形至卵状长圆形，8～15cm×4～10cm，先端急尖或短渐尖，基部圆心形或微心形，抱茎，开花前上面散生油渍状斑点，两面及边缘疏生短糙伏毛。花疏散；花被片绿白色或白色，内面散生紫红色斑点，开放后中部以上向下反折，外轮花被片基部向下延伸成囊状；花丝下部靠合，中部以上向外弯曲，具紫色斑点；雌蕊约等长于花被片；柱头 3 裂，向外弯垂，每裂再二分枝，小裂片密生颗粒状腺毛。蒴果直立，长球形。花果期 6—11 月。

生境与分布 见于除市区外的全市各地；生于山坡林下。产于全省各地。分布于华东、华中及广东、广西、贵州、陕西；日本也有。

主要用途 全草及根入药，具润肺止咳、理气止痛、散结之功效；花美丽，供观赏。

305 紫娇花

学名 **Tulbaghia violacea** Harv.

属名 紫娇花属

形态特征 多年生草本，高 30～50cm。全株散发浓烈气味。鳞茎球形，直径 2cm，肥厚，具白色膜质叶鞘。叶基生，多数，呈丛状；叶片半圆柱形，约 30cm×5mm，中央稍空，叶鞘长 5～20cm。花序梗直立，高 30～60cm；伞形花序球形，具多数花；花被粉红色，花被片卵状长圆形，长 4～5mm，基部稍结合，先端钝或锐尖，背脊紫红色；雄蕊较花被长，着生于花被基部，花丝下部扁而宽，基部略连合；花柱外露；柱头小，不分裂。蒴果三角状。种子黑色，扁平。花期 5—7 月。

地理分布 原产于南非。全市各地均有栽培。

主要用途 花娇艳，可作地被、花境观赏植物。

306 郁金香

学名 **Tulipa gesneriana** Linn.　　　　　　　　　　　　　**属名** 郁金香属

形态特征　多年生草本，高 20～50cm。鳞茎卵形，直径约 2cm。叶 3～5 片，互生；叶片披针形至卵状披针形，10～21cm×1～6.5cm，先端疏具毛，基部抱茎。花大，有红、黄、白等色或杂色；花被片 5～7cm×2～4cm，先端有微毛，外轮披针形至椭圆形，稍长，先端尖，内轮倒卵形，稍短，先端钝；雄蕊等长；花丝中部扩大；花柱不明显，柱头增大成鸡冠状。花期 4—5 月。

地理分布　原产于欧洲。全市各地均有栽培。

主要用途　花大色艳，品种丰富，为重要观花植物。

307 黑紫藜芦

学名 **Veratrum japonicum** (Baker) Loes. f.　　　属名 藜芦属

形态特征 多年生草本，高 40～80cm。鳞茎近圆柱形，皮残存网状的纵脉和横脉。叶多数，近基生；茎下部叶片通常近披针形或长圆状披针形，15～30cm×1.5～5cm，先端急尖或渐尖，中部以下渐狭成柄状，基部抱茎，两面无毛。圆锥花序金字塔形或圆柱状，长 15～20cm，基部分枝长 5～8cm，主轴至花梗均密被白色短绵毛；雄花和两性花同株或全为两性花；花通常黑紫色或董紫色，花被片长 5～9mm，反折，近全缘，外轮花被片背面被白色短绵毛；雄蕊长约为花被片的 1/2。蒴果椭球形。花果期 7—9 月。

生境与分布 见于余姚、鄞州、奉化、宁海、象山；生于山坡灌丛或草地。产于临安、文成、武义、龙泉；分布于华东、华南及湖北、贵州、云南；日本也有。

附种 牯岭藜芦（天目藜芦）**V. schindleri**，茎高 80～120cm，下部叶片通常宽椭圆形或长圆形，宽 4～7cm；圆锥花序长 40～80cm，基部分枝长可达 13cm；花淡黄绿色、绿白色或淡褐色。见于余姚、北仑、鄞州、奉化；生于山坡林下阴湿处；慈溪有栽培。

牯岭藜芦

308 | **凤尾兰** 波罗花

学名　**Yucca gloriosa** Linn.　　　　属名　丝兰属

形态特征　常绿灌木。茎明显，有时有分枝，木质化，上有近环状的叶痕。叶近莲座状排列于茎或分枝的近顶端；叶片剑形，质厚而坚挺，40～80cm×4～6cm，先端具刺尖，边缘幼时具少数疏离的细齿，老时全缘。花序梗从叶丛中抽出，高可达 2m，有多数无花的苞片；圆锥花序大型，无毛；花大型，白色或稍带淡黄色，近钟形，下垂，花被片基部稍合生，卵状菱形，先端常带紫红色；花梗基部有苞片和小苞片各 1 枚；雄蕊着生于花被片的基部；花丝粗扁，被短毛，上部 1/3 外弯；子房近圆柱形，具钝 3 棱。花期 9—11 月。

地理分布　原产于北美洲东部和东南部。全市各地均有栽培。

主要用途　叶纤维韧性强，耐腐蚀，为制航海缆绳的原料；花可供观赏。

附种　金边凤尾兰 '**Varietata**'，叶片边缘金黄色。江北及市区有栽培。

金边凤尾兰

二十　石蒜科 Amaryllidaceae*

309 | 百子莲

学名 **Agapanthus africanus** Hoffmgg.　　　　　　　　**属名** 百子莲属

形态特征　多年生草本。根状茎缩短。叶基生，排成2列；叶片近革质，舌状带形，亮绿色；花序梗直立，高40～80cm；伞形花序有花10～50朵；花被片6，连合成钟状漏斗形，深蓝色至白色；花药最初为黄色，后变成黑色。蒴果含多数带翅种子。

花期7—9月，果期8—10月。

地理分布　原产于南非。慈溪、镇海、江北、鄞州及市区有栽培。

主要用途　叶色亮绿，花色多样，适作岩石园、花境的点缀植物，或供盆栽或插花观赏。

---

* 宁波11属20种2变种2品种，其中栽培10种1变种2品种。本图鉴收录10属19种2变种2品种，其中栽培9种1变种2品种。

310 龙舌兰

学名 **Agave americana** Linn.　　　　　属名 龙舌兰属

形态特征 多年生常绿草本。茎极短。叶呈莲座式排列；叶片肉质，披针形，1～2m×8～20cm，厚6～8mm，先端具长1.5～2.5cm的褐色尖刺，边缘有小刺状锯齿。圆锥花序大型，长(3)6～12m，多分枝；花黄绿色；花被管长约1.2cm，花被裂片长2.5～3cm；雄蕊长约为花被的2倍。果未见。花期5—6月。

地理分布 原产于美洲热带。慈溪、余姚、奉化、宁海、象山有栽培。

主要用途 叶片坚挺美观，四季常青，可作花境或盆栽观赏；叶纤维供制船缆、绳索、麻袋等；为生产甾体激素药物的重要原料。

附种1 金边龙舌兰'Variegata'，叶片边缘黄白色。慈溪、奉化、宁海、象山有栽培。

附种2 银边龙舌兰*A. angustifolia*'Marginata'，叶片较小，边缘银白色。象山有栽培。

金边龙舌兰

银边龙舌兰

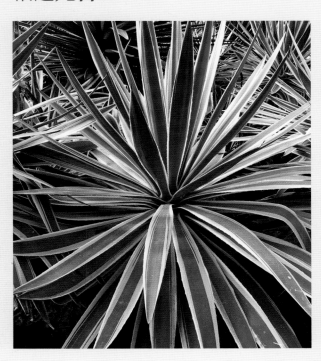

311 | 大花君子兰 君子兰

学名 **Clivia miniata** Regel　　　　　　　　**属名** 君子兰属

形态特征　多年生常绿草本。根肉质纤维状。叶基部扩大互抱成假鳞茎状；叶片质厚，深绿色，具光泽，宽带状，30～50cm×4～6cm，下部渐狭，全缘。伞形花序顶生，每花序有花 10～20 朵或更多；花梗长 2.5～5cm；花直立，宽漏斗形，外面带橘红色，内面下部带黄色；花柱稍伸出花被外。浆果熟时紫红色，宽卵球形。花期冬春季，果期次年 10 月。

地理分布　原产于非洲南部。全市各地均有栽培。

主要用途　花大色艳、叶形秀美，常供室内盆栽观赏。

312 文殊兰

| 学名 | **Crinum asiaticum** Linn. var. **sinicum** (Roxb. ex Herb.) Baker | 属名 | 文殊兰属 |

形态特征 多年生草本。植株粗壮。鳞茎圆柱形，假茎状，直径10～15cm。叶片带状披针形，长可达1m，宽7～15cm，先端渐尖，基部抱茎，边缘微皱波状，叶脉平行。花序梗直立，几与叶等长；伞形花序有花10～24朵；佛焰苞状总苞片长6～10cm，膜质；花高脚碟状，白色，芳香，基部有1条形小苞片；花被管纤细，伸直，长7～10cm，淡绿色，花被裂片条形，4.5～9cm×6～9mm，向顶端渐狭，白色。蒴果近球形，通常具种子1。花期7—10月。

地理分布 原产于福建、台湾、广东、广西及浙江洞头。慈溪、北仑、鄞州、奉化、宁海、象山等地有栽培。

主要用途 花叶俱美，可作林下、庭园、草坪点缀，或供盆栽观赏；叶与鳞茎药用，具活血散瘀、消肿止痛之功效。

313 仙茅 山棕榈

学名 **Curculigo orchioides** Gaertn.

属名 仙茅属

形态特征 多年生常绿草本。根状茎近圆柱状，肉质，向下直伸，长可达 10cm。叶片披针形或条状披针形，10～45cm×5～25mm，先端长渐尖，基部渐狭成短柄或近无柄，两面通常疏生柔毛。花序梗短，隐藏于叶鞘内；花梗长约 2mm；花黄色；花被管纤细，有长柔毛，外轮花被裂片背面有时散生长柔毛。浆果近纺锤状，长约 1.2cm，顶端有长喙。种子表面有波状沟纹。花果期 4—9 月。

生境与分布 见于慈溪、余姚、北仑、奉化、宁海；常生于山坡路旁、沟边或草丛中。产于全省各地；分布于长江流域以南各省份；东南亚及日本也有。

主要用途 根状茎药用，具温肾壮阳、散寒除湿、消肿止痛之功效；也可作地被观叶植物。

314 花朱顶红 朱顶兰

学名　**Hippeastrum vittatum** (L'Hér.) Herb.　　属名　朱顶红属

形态特征　多年生草本。鳞茎肥大，近球形，直径5～7.5cm。叶6～8片，常花后抽出；叶片宽带状，30～40cm×2～6cm。花序梗中空，稍扁，高50～70cm；伞形花序有花2～6朵；佛焰苞状总苞片披针形，长5～7.5cm；花梗与总苞片近等长；花大形，漏斗状，长10～18cm，花被裂片红色，中心及边缘有白色条纹。花期春夏季，果期夏季。

地理分布　原产于秘鲁、巴西。全市各地广泛栽培。

主要用途　花大艳丽，是优良的盆栽和地被观赏植物；鳞茎可入药，具活血解毒、散瘀消肿之功效。

315 水鬼蕉 蜘蛛兰

学名 **Hymenocallis littoralis** (Jacq.) Salisb.　　　属名 水鬼蕉属

形态特征　多年生草本。鳞茎球形。叶 10～12 片；叶片剑形，45～75cm×2.5～6cm，先端急尖，基部渐狭，深绿色，多脉，无柄。花序梗扁平，高 30～80cm，顶端生花 3～8 朵；佛焰苞状总苞片长 5～8cm，基部极阔；花白色；花被管纤细，长短不等，长者可达 10cm 以上，花被裂片条形，通常短于花被管；花柱约与雄蕊等长或更长。花期夏末秋初。

地理分布　原产于美洲热带。全市各地均有栽培。

主要用途　叶色亮绿，花形奇特，可作地被、供盆栽或作切花观赏。

316 中国石蒜

学名 **Lycoris chinensis** Traub　　　　**属名** 石蒜属

形态特征　多年生草本。鳞茎卵球形，直径约4cm。春季出叶；叶片带状，约35cm×2cm，先端钝圆，绿色，中间淡色带明显。花序梗高约60cm；伞形花序有花5或6朵；花橙黄色至黄色；花被管长1.7～2.5cm，花被裂片倒披针形，约6cm×1cm，背面具淡黄色中肋，边缘强度皱缩并反卷；雄蕊与花被近等长或略伸出花被外，花丝黄色；花柱上端玫瑰红色。花期7—8月，果期9—10月。

生境与分布　见于慈溪、余姚、北仑、鄞州、奉化、宁海、象山；生于山坡林下阴湿处或岩石上。产于全省各地；分布于江苏、河南。

主要用途　叶色翠绿，花色娇艳，是优良地被观赏植物，亦可盆栽；鳞茎可制工业酒精及提取石蒜碱，也可供药用。

附种1　**乳白石蒜** **L. albiflora**，叶片中间淡色带不明显；花蕾桃红色，开放时奶黄色，渐变乳白色，花被裂片腹面散生少数粉红色条纹，背面具粉红色中肋，花丝上端淡红色。见于鄞州；生于坡地草丛中。为本次调查发现的浙江分布新记录植物。

附种2　**短蕊石蒜**（黄白石蒜）**L. caldwellii**，叶片中间淡色带不明显；花蕾桃红色，开放时乳黄色，渐变乳白色，花被裂片无粉红色条纹，雄蕊短于花被，花丝上端淡紫色。见于北仑、鄞州；生于山坡疏林下及林缘草丛中。本种《浙江植物志》根据《中国植物志》进行了记载，但无实物标本。本次调查发现首次为浙江具体分布提供了实物依据。

乳白石蒜

短蕊石蒜

317 石蒜 蟑螂花

| 学名 | **Lycoris radiata** (L'Hér.) Herb. | 属名 | 石蒜属 |

形态特征　多年生草本。鳞茎宽椭球形或近圆球形，直径1～3.5cm，皮紫褐色。秋季出叶，至翌年夏季枯死；叶片狭带形，14～30cm×0.5cm，先端钝，全缘，深绿色，中间有粉绿色带。花序梗高约30cm；伞形花序有花4～7朵；花鲜红色；花被片6，狭倒披针形，边缘强度皱缩并反卷；雄蕊和雌蕊远伸出花被裂片之外，雄蕊约比花被长1倍。花期8—10月，果期10—11月。

生境与分布　见于除市区外的全市各地；生于阴湿山坡、沟边石缝处、林缘及山地路边；市区有栽培。产于全省各地；广布于长江流域至西南区域。

主要用途　秋季观花，冬春季节观叶，是优良地被观赏植物；鳞茎入药，具解毒消肿、催吐、杀虫之功效。

附种　**玫瑰石蒜** *L. rosea*，花玫瑰红色至淡玫瑰红色；雄蕊约比花被长1/6。见于余姚、鄞州、奉化、宁海；生于山坡林缘或旱地的地坎、水沟边。本种《浙江植物志》根据《中国植物志》进行了记载，但无实物标本。本次调查发现首次为浙江分布提供了实物依据。

玫瑰石蒜

318 稻草石蒜

| 学名 | **Lycoris straminea** Lindl. | | 属名 | 石蒜属 |

形态特征　多年生草本。鳞茎近圆球形，直径约 3cm。秋季出叶；叶片带状，约 30cm×1.5cm，先端钝，绿色，中间淡色带明显。花序梗高约 35cm；伞形花序有花 5～7 朵；花乳黄色；花被筒长约 1cm，花被裂片腹面散生少数粉红色条纹或斑点，盛开时消失，背面基部中肋有时绿色，向上渐无，倒披针形，强度反卷和皱缩；雄蕊明显伸出于花被外，比花被长 1/3；花丝和花柱乳黄色，上端多少带淡紫色。花期 8 月。

生境与分布　见于鄞州、宁海；生于山坡疏林下、路边石坎中及沟谷阴湿处。产于浙江东部；分布于江苏；日本也有。本种《浙江植物志》根据《中国植物志》进行了记载，但无实物标本。本次调查发现首次为浙江分布提供了实物依据。

主要用途　冬春季节叶色葱茏，秋季花色艳丽，是优良地被观赏植物，亦可盆栽。

附种　江苏石蒜 *L. houdyshelii*，叶深绿色；花白色，背面基部有时带淡紫色，向上渐无；花丝和花柱乳白色，上端多少带淡紫色。见于慈溪、鄞州、奉化、宁海；生于沟谷林下、林缘阴湿处。本种《浙江植物志》根据《中国植物志》进行了记载，但无实物标本。本次调查发现首次为浙江分布提供了实物依据。

江苏石蒜

319 换锦花

学名　**Lycoris sprengeri** Comes ex Baker　　　　属名　石蒜属

形态特征　多年生草本。鳞茎椭球形或近球形，直径约 3.5cm。早春抽叶；叶片宽条形，约 30cm×1cm，绿色，先端钝。花序梗高约 55cm；伞形花序有花 5～8 朵；花淡紫红色；花被管长 0.6～1.5cm，裂片先端带蓝色斑纹，长圆状倒披针形或倒披针形，长 4.5～7cm，宽约 1cm，通体不皱缩；雄蕊与花被近等长；花柱略伸出于花被外。花期 8—9 月。

生境与分布　见于除市区外的全市各地；生于阴湿山坡林下或路边草丛中。产于舟山、台州、温州的沿海地区；分布于江苏、安徽、湖北。

主要用途　叶色青翠，花色鲜艳，为优良地被观赏植物；鳞茎可提取加兰他敏。

附种　**红蓝石蒜 L. haywardii**，系换锦花与石蒜的天然杂交种，其花色、花被裂片宽度、边缘皱缩及先端反卷程度均介于石蒜与换锦花之间，先端有蓝色的斑纹。见于北仑；生于田沟边、坎边草丛中。为本次调查发现的浙江分布新记录植物。

红蓝石蒜

320 喇叭水仙 洋水仙

学名 **Narcissus pseudo-narcissus** Linn.　　　　　属名 水仙属

形态特征　多年生草本。鳞茎圆球形，直径 2.5～3.5cm，被棕褐色膜质外皮。叶从鳞茎顶部丛出，4～6 片；叶片宽条形，25～40cm×8～15mm，先端钝。花序梗高约 30cm，顶端生花 1 朵；佛焰苞状总苞长 3.5～5cm；花梗长 12～19mm；花被管倒圆锥形，长 1.2～1.5cm，花被裂片长圆形，长 2.5～3.5cm，淡黄色；副花冠喇叭状，稍短于花被或近等长，通常红色或橙黄色。花期 3—4 月。

地理分布　原产于欧洲。全市各地均有栽培。

主要用途　花大色艳，常作花坛、花境植物或片植于疏林下及林缘草坪中、路旁，或供盆栽观赏，也可作切花。

附种　**红口水仙 *N. poeticus***，花单生，稀 1 葶 2 花；花被裂片白色；副冠浅杯状，黄色，杯的边缘为橙红色皱边。原产于地中海沿岸地区。全市各地均有栽培。

红口水仙

321 水仙 中国水仙

学名 **Narcissus tazetta** Linn. var. **chinensis** Roem.　　　　属名 水仙属

形态特征　多年生草本。鳞茎卵球形，直径 7～8cm，被棕褐色膜质外皮。叶从鳞茎顶部丛出；叶片宽条形，扁平，20～40cm×0.8～1.5cm，先端钝，粉绿色。花序梗约与叶等长；伞形花序有花 4～10 朵；花梗长短不一；花平伸或下倾，芳香，直径 2.5～3.5cm；花被管圆柱状或漏斗状，长约 2.5cm，基部三棱形，花被裂片白色；副花冠鲜黄色，浅杯状，长不及花被的一半。蒴果。花期 11 月至翌年 3 月。

生境与分布　见于象山；生于海滨阴湿山坡、沟谷林下及灌草丛中；全市各地常见栽培。产于舟山、台州、温州沿海岛屿；分布于江苏、福建；日本也有。

主要用途　叶色清秀，花形玲珑，花香怡人，是冬春季节重要的室内盆栽观赏花卉，也作花坛、花境材料或片植于疏林草地中；鳞茎多液汁，入药，具解毒、消肿之功效，但有毒，须慎用。

322 葱莲 葱兰

学名 **Zephyranthes candida** (Lindl.) Herb.　　属名 葱莲属

形态特征 多年生常绿草本。鳞茎卵形，直径约2.5cm，具明显的颈部。叶基生；叶片肉质，厚条形，20～30cm×2～4mm。花序梗中空；花白色，外面常略带淡红色；花梗长约1cm，包藏于佛焰苞状总苞片内；花被管几无，花被裂片长3～5cm，宽约1cm，先端钝或短尖；雄蕊长约为花被的一半，直立或稍下倾，着生于花被管内。蒴果近球形。种子黑色，扁平。花期7—11月，果期10—11月。

地理分布 原产于南美。全市各地普遍栽培。

主要用途 常见绿化观赏植物，常应用于花坛、花境或植于路边、墙边及盆栽观赏；鳞茎供药用，有平肝熄风之效。

附种 韭莲（韭兰、风雨花）**Z. carinata**，叶片宽条形，扁平，宽6～8mm；花梗长2～3cm；花玫瑰红色或粉红色；花被管明显，长1～2.5cm。原产于南美。全市各地均有栽培。

韭莲

二十一　薯蓣科 Dioscoreaceae*

323 黄独 黄药子

学名 **Dioscorea bulbifera** Linn.　　　　　　　　**属名** 薯蓣属

形态特征　多年生缠绕草本。块茎直生，陀螺形，直径3～7cm，单生，或2或3个簇生，外皮棕黑色，表面密生须根，质坚硬，断面鲜时白色至淡黄色，干后黄色至黄棕色，味苦；茎左旋，无毛。单叶互生；叶片宽卵状心形至圆心形，9～15cm×6～13cm，先端尾尖，基部心形，全缘，两面无毛；叶柄长为叶片的1/3～9/10；叶腋珠芽球形或卵球形，紫棕色。花单性，雌雄异株；花序穗状；花被紫红色，花被片离生；雄花序单生或数个簇生于叶腋，稀再排列成圆锥花序，雄花单生，密集；雌花序常数个簇生，雌花单生。果序直生，果梗反曲，果面向下；蒴果三棱状长球形，两端钝圆，表面枯黄色而散生紫色斑点。种子着生于果轴顶端，扁球形，深棕色，具种翅，种子居于种翅狭端。花期7—9月，果期8—10月。

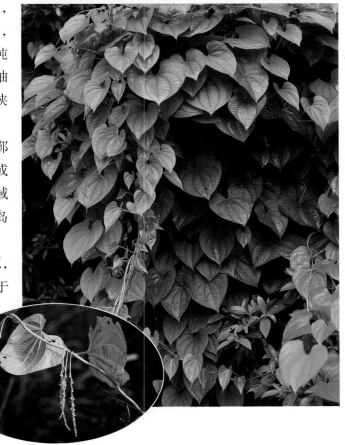

生境与分布　见于慈溪、余姚、镇海、北仑、鄞州、奉化、宁海、象山；生于山坡沟边疏林林缘或房前屋后树荫下。产于全省各地；分布于长江流域以南等地；亚洲东南部至大洋洲、非洲、朝鲜半岛及日本也有。

主要用途　块茎为中药材"黄药子"的主要来源，具凉血、消瘿之功效；栽培者可供食用；也可用于绿化装饰。

＊宁波有1属8种1变种，其中栽培1种。本图鉴收录1属7种1变种。

324 | 薯莨

学名 **Dioscorea cirrhosa** Lour.

属名 薯蓣属

形态特征 常绿木质藤本。块茎直生，粗壮，短圆柱形、纺锤形至葫芦形，直径 3～6cm，不分枝，常具槽缢数道，缢处密生须根，表面紫黑色，甚粗糙，质硬，断面鲜时多暗红色黏液，干后铁锈色并现槟榔种子样纹理，味极涩；茎右旋，粗壮，无毛，下部具短刺。单叶，在茎中、下部互生，上部对生；叶片革质，长卵形至卵状披针形，6～17cm×1.5～4cm，先端渐尖，基部钝圆，全缘，上面深绿色，下面粉绿色，两面无毛；叶柄长为叶片的 1/7～1/4。花单性，雌雄异株；花序穗状，雄花序多分枝，常再组成圆锥花序，雌花序单生；花被片黄绿色。果序下弯，果梗不反曲，果面向下；蒴果三棱状扁球形，直径 3.4～4.3cm，表面淡黄棕色，有光泽。种子着生于果轴中部，具翅，种子居于种翅中央。花期 5—7 月，果期 8—10 月。

生境与分布 见于除市区外的全市各地；生于向阳山坡、开阔山谷疏林下及灌丛中。产于浙中、浙南各地；分布于华东、西南及江西、福建、湖南等地；越南也有。

主要用途 块茎富含鞣质，可作染料、提取栲胶或酿酒；入药具收敛、止血之功效。

325 | **粉萆薢** 粉背薯蓣

学名 **Dioscorea collettii** Hook. f. var. **hypoglauca** (Palib.) Pei et Ting   属名 薯蓣属

形态特征 多年生缠绕藤本，长可达 5m。根状茎横生，直径 1.5～3cm，多短趾状分枝，全形呈姜块状，表面灰棕色至枯黄棕色，粗糙，散生众多略呈疣状突起的根基，鲜时质脆，断面鲜黄色，干后坚硬，断面粉性，淡黄色至粉白色，边缘颜色较深，味微苦；茎左旋，疏生细毛。单叶互生；叶片稍肉质，长心形、长三角状心形至长三角形，7～19cm×4～15cm，先端渐尖，基部心形至平截，边缘微波状至全缘，有时具半透明膜质镶边，上面深绿色，有光泽，常具大块白斑，被白粉，两面脉上疏生短硬毛；叶柄长为叶片的 1/3～3/5。花单性，雌雄异株；花序穗状；花被片淡黄绿色；雄花序单生或 2～4 个簇生，有时再排成圆锥花序，雄花单生，或 2 或 3 朵簇生；雌花序及雌花单生。果序下垂，果梗反曲，果面向上；蒴果三棱状球形，顶端微凹，基部钝圆，表面紫棕色而被白粉。种子生于果轴中部，有种翅，种子居于种翅中央。花期5—7 月，果期 7—9 月。

生境与分布 见于余姚、北仑、鄞州、奉化、宁海、象山；生于沟谷疏林林缘及林下阴湿处。产于全省各地；分布于华东、华中及广东、广西；日本也有。

主要用途 根状茎入药，具祛风、利湿之功效；可作甾体类激素药原料。

附种 1 白萆薢（纤细薯蓣）**D. gracillima**，根状茎直径 1～2cm，具竹节状短分枝，全形呈竹鞭状，断面鲜时及干后均为粉白色；叶片薄革质，边缘具啮蚀状齿，两面光滑无毛；叶柄长为叶片的 3/5～9/10；蒴果顶端平截。见于余姚、北仑、鄞州、奉化、宁海、象山；生境与用途同粉萆薢。

附种 2 细萆薢（细柄薯蓣）**D. tenuipes**，根状茎直径 0.5～1.5cm，节明显，具环纹，表面密布白点状根基，断面鲜时富黏丝，干后硬脆，略角质，白色；叶片膜质至薄纸质，两面无毛；蒴果顶端、基部皆平截。见于慈溪、余姚、镇海、北仑、鄞州、奉化、宁海、象山；生境与用途同粉萆薢。

白萆薢

细萆薢

326 龙萆薢 穿龙薯蓣

学名 **Dioscorea nipponica** Makino 　　属名 薯蓣属

形态特征 多年生缠绕藤本。根状茎横生，直径 1~2cm，弯曲，有长短两类分枝，常反复错结成长 1m、宽 0.5m 的网系，表面污棕色，外皮常显著层状松动甚至剥落而露出枯黄色内层，鲜时质坚韧，断面黄色，干后坚硬，断面粉性，白色至淡黄色，味微苦；茎左旋，有微毛。单叶互生，但茎最下部或幼株顶端常 3 或 4 叶轮生；叶片纸质，茎中下部者掌状卵心形，8~18cm×6~15cm，先端渐尖，基部心形，稀平截，5 或 7 浅至中裂，少数 7 或 9 深裂，向上渐小，分裂渐浅，茎顶端者不裂，两面具白色细柔毛，下面脉上尤多；叶柄长为叶片的 1/2~9/10。花单性，雌雄异株；花被片淡黄绿色；雄花序穗状或再排成圆锥花序，下部花常 2 或 3 朵簇生，上部花常单生；雌花序穗状，单生，雌花单生。果序下垂，果梗反曲，果面向上；蒴果三棱状倒卵球形，顶端微凹，基部宽楔形，表面暗黄棕色。种子生于果轴基部，有种翅，种子居于种翅狭端。花期 5—7 月，果期 7—9 月。

生境与分布 见于北仑、鄞州、宁海、象山；生于山谷沟边疏林下。产于浙北、浙中各地；分布于东北、华北、西北及安徽、江苏、四川、河南等地；东北亚也有。

主要用途 用途同粉萆薢。

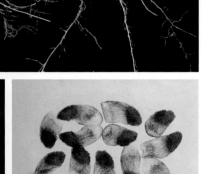

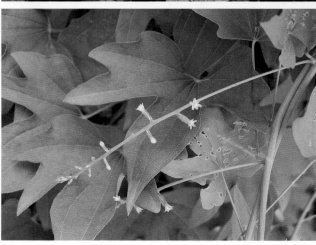

327 薯蓣 山药 怀山药

学名 **Dioscorea polystachya** Turcz.　　　　属名 薯蓣属

形态特征　多年生缠绕草本。块茎直生，圆柱形，略扁，末端较粗壮，直径1～1.5cm，栽培时常甚粗壮，单生，或2或3个簇生，表面灰黄色至灰棕色，鲜时质嫩脆，断面乳白色，富黏液，干后坚硬，断面粉白色，粉性，味淡至微甜；茎右旋，无毛，节处常紫红色。单叶对生，稀三叶轮生，茎下部者常互生；叶片纸质，三角状心形至长三角状心形，4～7cm×2.5～6cm，先端渐尖，基部心形，稀近平截，边缘常3浅至中裂，两面无毛；叶柄长为叶片的1/2～3/5，两端常紫红色；叶腋珠芽球形至椭球形，青紫色，略光滑。花单性，雌雄异株；花序穗状；花被淡黄色；雄花序2～5个簇生于叶腋；雌花序单生，或2或3个簇生。果序下弯，果梗不反曲，果面向下；蒴果三棱状球形，表面枯黄色。种子着生于果轴中部，具种翅，种子居于种翅中央。花期6—9月，果期7—10月。

生境与分布　见于除市区外的全市各地；生于向阳山坡、山谷林下、溪边、路旁灌丛或草丛中。产于全省各地；分布于全国大部；朝鲜半岛及日本也有。

主要用途　块茎含淀粉和蛋白质，为优良蔬菜；也是常用中药"淮山药"主要来源，为滋养强壮剂。

附种　尖叶薯蓣（日本薯蓣、野山药）**D. japonica**，叶互生，稀对生，长三角状心形至披针状心形，全缘；叶柄长为叶片的2/5～1/2；雄花序单生，或2或3个簇生。见于除市区外的全市各地；生于向阳山坡灌丛中或林下。

尖叶薯蓣

二十二　鸢尾科 Iridaceae*

328 射干

学名　**Belamcanda chinensis** (Linn.) Redouté　　　　属名　射干属

形态特征　多年生草本，高 0.5～1.5m。根状茎粗壮，不规则结节状，鲜黄色。茎直立。叶互生，2 列；叶片剑形，扁平，20～60cm×1～4cm，先端渐尖，基部鞘状抱茎，无中脉。二歧伞房花序顶生，每分枝上着花数朵；花梗与分枝基部均有数片卵形至狭卵形膜质苞片；花梗细，长约 1.5cm；花橙红色，散生暗红色斑点，直径 4～5cm。蒴果倒卵球形或长椭球形，长 2.5～3.5cm，顶端常宿存凋萎花被，室背开裂。种子黑色，近球形。花期 6—8 月，果期 7—9 月。

生境与分布　见于慈溪、余姚、镇海、北仑、鄞州、奉化、宁海、象山；生于山坡疏林下、林缘、路边或溪边草丛中；江北及市区有栽培。产于杭州、舟山、丽水、台州等地；分布几遍全国；东北亚及越南、印度也有。

主要用途　花姿清雅，叶色青翠，适合各类绿地片植，也供丛植观赏或盆栽；根状茎入药，具清热解毒、散结消炎、消肿止痛、止咳化痰等功效。

---

* 宁波有 5 属 9 种 1 变种 1 变型 2 品种，其中栽培 7 种 1 变种 2 品种。本图鉴全部收录。

329 火星花 雄黄兰

| 学名 | **Crocosmia crocosmiflora** N.E. Br. | | 属名 | 雄黄兰属 |

形态特征 多年生草本，高 0.5～1m。球茎扁球形，具棕褐色网状的膜质包被。叶多基生，剑形，长 40～60cm，基部鞘状抱茎，中脉明显；茎生叶较短而狭，披针形。花序梗常 2～4 分枝，由多花组成疏散的穗状花序；花橙黄色，内轮花被裂片较外轮者略宽而长。蒴果三棱状球形。花期 7—8 月，果期 8—10 月。

地理分布 原产于南非。鄞州及市区有栽培。

主要用途 仲夏季节开花，花期长，花色艳，是布置花境、花坛的好材料，也可作切花；球茎可入药，具散瘀止痛、消炎、止血、生肌之功效。

330 | 番红花 西红花 藏红花

学名 **Crocus sativus** Linn.　　　　　　　　属名 番红花属

形态特征 多年生草本。球茎扁球形，直径约 3cm，有黄褐色膜质鳞叶包被。叶基生，9～15 片；叶片狭条形，15～35cm×2～4mm，灰绿色，基部有膜质鞘，边缘反卷，中脉常呈白色。花序梗甚短，不伸出鞘外；花1或2朵，淡蓝色、红紫色或白色，有香味，直径2.5～3cm；花被管细管状；花被裂片6，2轮排列；花柱橙红色，3分枝，分枝膨大，呈漏斗状，伸出花被管而下垂。蒴果长椭球形。种子多数。花期10—11月，果期 12月。

地理分布 原产于欧洲南部。慈溪、鄞州、象山有栽培。

主要用途 植株小巧，花色艳丽，叶色悦目，可作地被或盆栽观赏；花柱及柱头供药用，具活血化瘀、生新镇痛、健胃通经之功效。

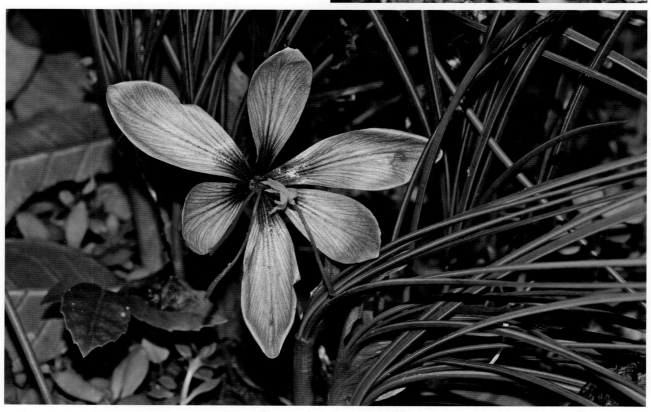

331 唐菖蒲 剑兰

学名 **Gladiolus gandavensis** Van Houtte　　　　属名 唐菖蒲属

形态特征 多年生草本。球茎扁球形，直径 2.5～4.5cm，具膜质鳞叶包被。叶基生，嵌叠状排成 2 列，或在花基部互生；叶片剑形，40～60cm×2～4cm，先端渐尖，基部鞘状，有数条纵脉，中脉突出。花序梗直立，长 50～80cm，不分枝；顶生穗状花序长 25～35cm；花有红、黄、白或粉红等色，直径 6～8cm，无梗，基部有 2 片膜质苞片；花被管弯曲；上部 3 片花被裂片略大，其中最上面 1 片最大，呈盔状。蒴果椭球形或倒卵球形。种子有翅。花期 7—9 月，果期 8—10 月。

地理分布 原产于非洲南部。慈溪、余姚、象山等地有栽培。

主要用途 著名观赏花卉，可作切花、花境或庭园观赏植物；球茎入药，具清热解毒之功效。

332 蝴蝶花 日本鸢尾

学名 **Iris japonica** Thunb.　　　　　　　　　　　　　　　　**属名** 鸢尾属

形态特征 多年生草本。有直立扁球形和纤细横走两种根状茎。叶基生；叶片剑形，25～60cm×1.5～3.5cm，暗绿色，中脉不明显。花序梗直立，有分枝，常高于叶片；花多数，排成顶生总状聚伞花序；苞片叶状，暗绿色，3～5片，有花2～4朵；花淡蓝色或蓝紫色，直径4.5～5.5cm；花梗长于苞片；花被管明显，外轮花被裂片倒卵形，先端微凹，边缘波状，有细齿裂，中部具隆起的黄色鸡冠状附属物；花柱分枝中肋处淡蓝色，先端繸状丝裂，呈花瓣状，反折而盖于花药上。蒴果倒卵状圆柱形。

花期3—4月，果期5—6月。

生境与分布 产于全省各地；分布几遍全国；日本也有。全市各地均有栽培。

主要用途 开花繁茂，可作地被观赏；根可入药，具清热解毒、消瘀逐水之功效。

附种 白蝴蝶花 form. **pallescens**，叶片、苞片均为黄绿色；花白色；外轮花被裂片中脉上有淡黄色斑纹和黄褐色条状斑纹；花柱分枝的中肋上略带淡蓝色。产于余姚、北仑、鄞州、奉化、宁海、象山；生于林缘、路边、水边阴湿处；全市各地均有栽培。

白蝴蝶花

333 | **黄菖蒲** 黄花鸢尾

学名 **Iris pseudacorus** Linn.　　　　　　　　　属名 鸢尾属

形态特征　多年生湿生或挺水草本。根状茎粗壮。基生叶灰绿色，叶片宽剑形，40～60cm×1.5～3cm，先端渐尖，基部鞘状，中脉明显；茎生叶比基生叶短而窄。花序梗粗壮，高60～70cm，具明显纵棱，上部分枝；苞片3或4片，绿色；花黄色，直径10～11cm；花梗长5～5.5cm；外轮花被裂片有黑色条纹；花柱分枝淡黄色，长约4.5cm。花期5月，果期6—8月。

地理分布　原产于欧洲。全市各地均有栽培。

主要用途　花色艳丽，花姿秀美，常供浅水区和湿地绿化观赏。

334 溪荪

学名 *Iris sanguinea* Donn ex Horn.　　　　　　　**属名** 鸢尾属

形态特征　多年生草本。根状茎粗壮，外包有棕褐色老叶残留的纤维。叶条形，20～60cm×0.5～1.3cm，先端渐尖，基部鞘状，中脉不明显。花序梗高40～60cm，光滑，具1或2片茎生叶；苞片3片，膜质，绿色，披针形，内含2花；花天蓝色，直径6～7cm；外花被裂片基部有黑褐色网纹及黄色斑纹，中脉下陷成沟状，无附属物，内花被裂片直立。果实长卵状圆柱形，有6条肋，熟时自顶端开裂至1/3处。花期5—6月，果期7—9月。

地理分布　分布于东北及内蒙古；东北亚也有。余姚、鄞州及市区有栽培。

主要用途　花色艳丽、株型俊美、抗寒能力强，为优良景观植物，也可供插花及盆栽观赏。

附种1　花菖蒲 *I. ensata* var. *hortensis*，叶片宽条形，50～80cm×1～1.8cm，两面中脉明显；苞片近革质；花色由白至暗紫色，斑点和花纹因品种而异，单瓣至重瓣。余姚有栽培。

附种2　露易丝安娜鸢尾 *I. hybrids* 'Louisiana'，花序梗高80～100cm；花单生，蝎尾状聚伞花序；蒴果六棱形。原产于美国。全市各地均有栽培。

花菖蒲

露易丝安娜鸢尾

335 鸢尾 蓝蝴蝶

学名 **Iris tectorum** Maxim.　　　　　　　　　　　　　**属名** 鸢尾属

形态特征　多年生草本。根状茎短而粗壮，二歧分枝。基生叶宽剑形，稍弯曲，15～50cm×1.5～3.5cm，有数条不明显的纵脉。花序梗长20～40cm，光滑，顶部常有1或2个短侧枝，中下部具1或2片茎生叶；苞片2或3片，草质，内含1或2花；花蓝紫色，直径约10cm；花梗甚短；外花被中脉上有1行白色带紫纹的鸡冠状附属物；花柱分枝扁平，淡蓝色。蒴果长球形至椭球型，具6条肋，熟时自上而下3瓣裂。种子黑褐色。花期4—5月，果期6—8月。

生境与分布　分布于长江以南各省份；缅甸、日本也有。全市各地均有栽培。

主要用途　植株形态优雅，花形花色俱美，常用于各类绿地片植、丛植观赏或盆栽。

附种1　银边鸢尾 'Variegata'，叶片具宽窄不一的乳白色纵条纹。江北、奉化有栽培。

附种2　小花鸢尾 *I. speculatrix*，基生叶剑形或条形，15～30cm×0.6～1.2cm；花序梗长20～25cm；花直径5.6～6cm。见于宁海；生于山坡路旁、林缘或疏林下。

银边鸢尾

小花鸢尾

二十三　芭蕉科 Musaceae[*]

336 | 芭蕉

学名 **Musa basjoo** Sieb. et Zucc.　　　**属名** 芭蕉属

形态特征　多年生高大草本，高 2.5～4m。假茎粗壮，基部不膨大。叶片长圆形，2～3m×25～30cm，先端钝，基部圆形或不对称，上面鲜绿色，有光泽；叶柄粗壮，长达 30cm。穗状花序顶生，下垂；苞片红褐色或紫色；雄花生于花序上部，雌花生于花序下部；雌花在每苞片内约 10～16 朵，排成 2 列；合生花被片长 4～4.5cm，先端具 5(3+2) 齿裂，离生花被片几与合生花被片等长，先端具小尖头。浆果三棱状长圆柱形，长 5～7cm，具 3～5 棱，近无柄，种子多数。花期夏季至秋季，果期翌年 5—6 月。

地理分布　原产于琉球群岛。全市各地庭园、公园及农舍旁有栽培。

主要用途　著名的庭园、公园观叶植物；根入药，具清热、利尿、消肿之功效。

---

* 宁波栽培有 2 属 2 种。本图鉴全部收录。

337 地涌金莲

学名 **Musella lasiocarpa** (Franch.) C.Y. Wu ex H.W. Li　　属名 地涌金莲属

形态特征　多年生丛生草本，高 0.5～2m。具水平根状茎。假茎矮小，高不及 60cm，基部直径约 15cm，基部有宿存的叶鞘。叶片长椭圆形，50cm×20cm，先端锐尖，基部近圆形，两侧对称，有白粉。花序生于假茎上，直立，密集如球穗状，长 20～25cm；苞片干膜质，黄色或淡黄色，有花 2 列，每列 4 或 5 花；合生花被片先端具 5 齿裂，离生花被片先端微凹，凹陷处具短尖头。果未见。花期 6—9 月。

地理分布　原产于云南，系中国特有种。江北、鄞州有栽培。

主要用途　花如金色莲花，为佛教名花，可供庭园或盆栽观赏；花入药，具收敛止血之功效；茎汁用于解酒及草乌中毒。

二十四　姜科 Zingiberaceae*

338 山姜

学名 **Alpinia japonica** (Thunb.) Miq.　　　属名 山姜属

形态特征　多年生草本，高 15～100cm。根状茎横生，分枝，有节，节上具鳞片状叶，嫩部呈红色；茎丛生，斜上。叶常 2～5 片；叶片披针形或长椭圆状披针形，16～29cm×3～5cm，先端渐尖，具小尖头，基部渐狭，两面被短柔毛；叶柄无至长 2cm。总状花序顶生，长 15～30cm；总花梗密被绒毛；花通常 2 朵成对聚生，白色带红色，在 2 花之间常有退化的小花残迹；侧生退化雄蕊条形，与唇瓣基部合生；唇瓣先端 2 裂。蒴果球形或椭球形，熟时红色，先端具宿存萼筒。种子多角形，有樟脑味。花期 5—6 月，果期 10—12 月。

生境与分布　见于余姚、北仑、鄞州、奉化、宁海、象山；生于林下阴湿地、山谷溪旁及灌丛中。产于衢州、丽水、台州、温州；分布于长江以南各省份；日本也有。

主要用途　花、果、叶俱美的优良地被观赏植物；果实、种子入药，具理气止痛、活血通络之功效。

---

* 宁波 3 属 5 种，其中栽培 2 种。本图鉴全部收录。

339 | 姜花 蝴蝶花 白草果

学名 **Hedychium coronarium** König ex Retz.　　　　属名 姜花属

形态特征　多年生草本，高 1～2m。根状茎块状。叶片长圆状披针形或披针形，20～40cm×4.5～8cm，先端长渐尖，基部急尖，上面光滑，下面疏被长柔毛；叶无柄；叶舌薄膜质，长 2～3cm。穗状花序椭球形，顶生，长 9～20cm；苞片卵圆形，长 4.5～5cm，先端圆或短尖，边缘膜质，被柔毛，呈覆瓦状排列，每一苞片内有 2 或 3 花；花白色，芳香，花冠筒纤细，长 8cm，裂片披针形；侧生退化雄蕊长圆状披针形，花瓣状，与唇瓣基部离生；唇瓣白色，基部稍黄，先端 2 裂。花期 8—10 月。

地理分布　原产于我国南部至中南半岛及澳大利亚、印度。全市各地均有栽培。

主要用途　耐阴湿的观花、观叶地被植物，也可作切花。

340 蘘荷

学名 **Zingiber mioga** (Thunb.) Rosc.　　　　　属名 姜属

形态特征　多年生草本，高 0.8～1.6m。地上部分呈散生状；根状茎竹鞭状，粗壮，节间长 1cm 以上，紫色，根末端膨大成块状。叶片披针形或披针状椭圆形，16～35cm×3～6cm，先端尾尖，基部楔形，两面无毛，或下面中脉基部被稀疏长柔毛；叶柄无至长 1.7cm；叶舌膜质，2 裂，下部者长 1.2cm，上部者长 0.3cm。穗状花序椭球形，长 5～7cm，生于由根状茎抽出的总花梗上；总花梗无或明显；苞片椭圆形，带红色，具紫色脉纹；花萼长 2～3cm，一侧开裂；花冠筒较萼长，黄色，稀淡黄色；侧生退化雄蕊小，与唇瓣合生；唇瓣中部黄色，边缘白色，先端 3 裂。蒴果倒卵球形，熟时三瓣裂，内果皮鲜红色。种子椭球形，黑色，被白色假种皮。花期 7—8 月，果期 9—11 月。

生境与分布　见于慈溪、余姚、北仑、鄞州、奉化、宁海、象山；生于阴湿山地、水沟边和疏林下。产于杭州、金华、丽水、温州；分布于长江流域以南省份；日本也有。

主要用途　优良的园林地被观赏植物；根状茎入药，具温中理气、活血止痛、化痰、解毒之功效。

附种　绿苞蘘荷 *Z. viridescens*，植株高 0.4～1m；地上部分呈丛生状；根状茎短缩，姜状，节间长不逾 1cm，淡黄色；苞片狭椭圆形或披针形，淡绿色，稀带紫纹；花冠白色或中央带淡黄色，稀黄色。见于宁海；生于山坡毛竹疏林下。为本次调查发现的新种。

绿苞蘘荷

341 姜

学名 **Zingiber officinale** Rosc.　　　　　　属名 姜属

形态特征　多年生草本，高 40～100cm。根状茎肉质，块状，稍扁平，淡黄色，有短指状分枝，具芳香及辛辣味；茎直立，由根状茎结节或分枝顶端生出。叶片披针形，15～20cm×1.5～2.5cm，先端渐尖，基部狭，无毛；无柄，有长鞘；叶舌膜质，不裂。穗状花序长 4～5cm，生于由根状茎抽出的总花梗上；总花梗直立，粗壮，长 10～30cm；苞片卵形，长约 2.5cm，淡绿色或边缘淡黄色，先端有小尖头；花冠筒黄绿色；侧生退化雄蕊较小，与唇瓣合生；唇瓣短于花冠裂片，有紫色条纹及淡黄色斑点。蒴果长球形。花果期夏秋季。

地理分布　原产于太平洋群岛。全市各地均有栽培。

主要用途　根状茎供药用，能发表散寒、止呕解毒，又可作蔬菜调味品；茎、叶、根状茎均可提取芳香油。

二十五　美人蕉科 Cannaceae*

342 | 蕉芋 蕉藕

| 学名 | **Canna edulis** Ker-Gawl. | | 属名 | 美人蕉属 |

形态特征　多年生草本，高可达 3m。根状茎发达，多分枝，块状；茎粗壮，连同叶片边缘、脉上、叶背、叶鞘边缘、总苞片、萼片均染紫色。叶椭圆状卵形或长圆形，30～70cm×10～25cm，先端急尖，基部宽楔形，绿色。总状花序稍超出叶片之上；总苞片长 10～12cm；苞片倒卵状椭圆形，长 1～1.2cm，内生 1 或 2 花；萼片长圆状披针形，长 1～1.5cm；花冠筒稍短于花萼，裂片杏黄色，先端染紫色，披针形，长 3～3.5cm；退化雄蕊红色，外轮退化雄蕊 2(3) 枚，宽约 1cm；子房绿色或稍带紫色，密生小疣状突起；花柱高出发育雄蕊。花期 9—10 月。

地理分布　原产于西印度群岛和南美洲。除市区外的全市各地均有栽培。

主要用途　叶大色美，株形端正，秋季盛花，适合盆栽或庭园、水边湿地栽培；根状茎可煮食或提取淀粉，或作饲料；根状茎入药，具清热利湿、舒筋活络之功效。

＊宁波习见栽培 1 属 5 种（含 1 杂种）1 变种 1 品种。本图鉴全部收录。

343 大花美人蕉

学名　**Canna × generalis** L.H. Bailey et E.Z. Bailey　　属名　美人蕉属

形态特征　多年生草本，高 0.5～2.5m。茎、叶、花被蜡质白粉，节部常带紫色。叶片椭圆形至长圆形，20～60cm×10～20cm，先端急尖或渐尖，基部宽楔形；叶缘、叶鞘紫色。总状花序顶生，超出叶片之上，花排列较密，有红、橘红、淡黄及白色等；总苞片绿色或带紫色，长 10～20cm；苞片绿白色或带紫色，宽卵形，长 2～4cm，内生 1 或 2 花；萼片绿白色或带紫色；花冠筒与花萼近等长，裂片披针形，长 4.5～6.5cm；退化雄蕊暗红色、红色、橘黄色，稀柠檬黄色或乳白色，外轮退化雄蕊 3，近等大，宽 3～6cm；子房绿色或紫色，密生小疣状突起；花柱远短于发育雄蕊。花期夏秋季。

地理分布　原产于美洲热带。全市各地常见栽培，其中以矮株红花型和高株橘黄花型较普遍。

主要用途　本种园艺杂交品种较多；花大美艳，叶色秀丽，适合庭园、公园、风景区及水边绿地栽植；根状茎和花入药，具清热利湿、安神降压之功效。

附种 1　金线美人蕉 'Striata'，矮生，株高 50～80cm；叶片长椭圆状披针形，具细密的黄色条纹，叶缘红色；总状花序有花 10 朵左右，具 2 或 3 分枝，花橙红色。全市各地均有栽培。

附种 2　粉美人蕉（水生美人蕉）**C. glauca**，叶片披针形，边缘绿白色；花排列较疏，粉红色；外轮退化雄蕊宽 2～3cm。原产于南美洲及西印度群岛。全市各地普遍栽培。

金线美人蕉

粉美人蕉

344 美人蕉

学名 **Canna indica** Linn.　　　　　属名 美人蕉属

形态特征　多年生草本，高1～2m。根状茎肥大；地上茎肉质，不分枝；茎、叶绿色，无蜡质白粉。叶互生；叶片长椭圆形，10～40cm×5～15cm，先端渐尖，基部渐窄。顶生总状花序略超出叶片之上；总苞片绿色，长10～15cm；苞片宽卵形，绿白色，长1～2cm，长于子房，内生1或2花；萼片披针形，长1～1.5cm，绿色，有时染红色；花冠筒稍短于花萼，裂片稍带红色，长3～4cm，花后不反折；退化雄蕊红色，外轮退化雄蕊2或3，侧生2枚较大，宽0.6～1.5(2)cm，后方1枚（若存在）远较短而狭；子房绿色，密生小疣状突起；花柱稍高出发育雄蕊。蒴果球形，绿色，具小软刺。花果期3—12月。

地理分布　原产于印度。全市各地普遍栽培。

主要用途　花、叶俱美，为常见绿化植物；根状茎及花入药，具清热利湿、安神降压之功效。

附种1　黄花美人蕉（柔瓣美人蕉）var. *flava*，苞片极小，半圆形，远短于子房；花黄色，花冠裂片花后反折；退化雄蕊柠檬黄色，外轮3枚近等大，宽3～4cm；花柱远短于发育雄蕊。原产于南美洲。全市各地均有栽培。

附种2　紫叶美人蕉（红叶美人蕉）*C. warszewiczii*，茎、叶、总苞片、苞片全部染紫红色；茎、叶被蜡质白粉；苞片常内生2花；花冠裂片橘黄色稍带淡紫色。原产于南美洲。全市各地均有栽培。

黄花美人蕉

紫叶美人蕉

二十六 竹芋科 Marantaceae **409**

二十六 竹芋科 Marantaceae[*]

345 再力花

学名 **Thalia dealbata** Fras.   属名 塔利亚属

形态特征 多年生挺水草本，高 1～2.5m。全株有白粉。叶 4～6 片基生；叶片硬纸质，卵状披针形至长椭圆形，20～50cm×10～20cm，先端锐尖，基部圆钝，浅灰蓝色，下面疏被柔毛，边缘紫色，全缘；叶柄长 40～80cm，下部鞘状，基部略膨大，顶端和基部红褐色或淡黄褐色。复穗状花序生于总花梗顶端；总花梗细长；总苞片多数，花时易脱落；萼片紫色；花冠筒短柱状，淡紫色，唇瓣兜形，上部暗紫色，下部淡紫色。蒴果近圆球形或倒卵状球形，0.9～1.2cm×0.8～1.1cm，浅绿色，熟时顶端开裂。成熟种子棕褐色，表面粗糙，具假种皮。花期 5—7 月，果期 10—12 月。

地理分布 原产于美国南部、墨西哥。全市各地均有栽培。

主要用途 花、叶俱美，为优良的水体绿化植物。繁殖速度快，侵占力强，清除难度大，对其他植物的萌发和幼苗生长有抑制作用，存在较大的物种入侵风险，需注意防范。

＊宁波栽培有 1 属 1 种。本图鉴予以收录。

二十七　兰科 Orchidaceae*

346 细葶无柱兰 无柱兰

学名 **Amitostigma gracile** (Bl.) Schltr.　　　　属名 无柱兰属

形态特征　地生草本，高 9～20cm。块茎椭球形，肉质。茎纤细，直立，下部具 1 叶，叶下具 1 或 2 枚筒状鞘。叶片长圆形，3～12cm×1.5～3.5cm，先端急尖或稍钝，基部鞘状抱茎。花葶纤细，直立，无毛，总状花序长 1～5cm，具花 5～20 余朵，偏向同一侧，疏生；苞片卵状披针形，先端渐尖；花小，红紫色或粉红色；萼片卵形，几靠合；花瓣斜卵形，与萼片近等长而稍宽，先端近急尖；唇瓣 3 裂，长 5～7mm，中裂片长圆形，先端几平截或具

3 枚细齿，侧裂片卵状长圆形；距纤细，筒状，几伸直，下垂；子房长圆锥形，具长柄。花期 6—7 月，果期 9—10 月。

生境与分布　见于余姚、北仑、鄞州；生于沟谷边或阴湿岩石上。产于杭州、温州、丽水及安吉、德清、新昌、开化、磐安、武义、天台、临海等地；分布于华东、华中、华南、西南及辽宁、河北、陕西。朝鲜半岛及日本也有。

主要用途　花大色艳，可供栽培观赏。

* 宁波有 28 属 51 种 1 变种，其中栽培 2 种。本图鉴全部收录。

347 大花无柱兰

学名 *Amitostigma pinguicula* (Rchb. f. et S. Moore) Schltr. **属名** 无柱兰属

形态特征 地生草本，高 8～16cm。块茎卵球形，肉质。茎直立，下部具单叶，叶下具 1 或 2 枚筒状鞘。叶片卵形、舌状长圆形、条状披针形或狭椭圆形，3～8cm×0.8～1.2cm，先端钝或稍急尖，基部鞘状抱茎。花序梗直立，纤细，顶生 1(2) 花；花大，粉红色；中萼片卵状披针形，约 8mm×3mm；侧萼片卵形，与中萼片近等长但稍宽；花瓣斜卵形，较萼片略短而宽；唇瓣扇形，长与宽几相等，长约 1.5cm，具爪，3 裂，中裂片先端微凹或全缘，侧裂片伸展；距圆锥形，长约 1.5cm，下垂。花期 4—5 月。

生境与分布 见于余姚、北仑、鄞州、奉化、宁海、象山；生于山坡林下岩石上或沟谷边草地上。产于温州、台州、丽水及诸暨、磐安、永康；浙江特产。模式标本采自宁波。

主要用途 花大色艳，可供栽培观赏；全草入药，具解毒消肿、活血、止血之功效。

348 金线兰 花叶开唇兰

学名 *Anoectochilus roxburghii* (Wall.) Lindl.　　　**属名** 金线兰属（开唇兰属）

形态特征　地生草本，高8～14cm。具匍匐根状茎，不具假鳞茎。茎上部直立，下部具叶2～4片。叶片卵圆形或卵形，1.3～3cm×0.8～3cm，先端钝圆或具短尖，基部圆形，上面暗紫色并具金黄色网纹，稀无，下面淡紫红色，叶脉5或7；叶柄长4～10mm，基部扩展抱茎。花序轴淡红色，被柔毛；总状花序疏生2～6花；苞片淡红色，卵状披针形；花白色或淡红色；萼片外部被毛，中萼片卵形，向内凹陷，侧萼片卵状椭圆形，稍偏斜，与中萼片近等长；花瓣近镰刀状，与中萼片靠合成兜状；唇瓣先端2裂而呈"Y"形，裂片舌状条形，全缘，中部具爪，两侧具6条流苏状细条，基部有距。花期9—10月。

生境与分布　见于奉化、宁海、象山；生于毛竹林或杉木林下腐殖土中；全市均有栽培。产于温州、丽水及武义、磐安；分布于华东、华南、西南及湖南；东南亚、南亚及日本也有。

主要用途　全草入药，具清热凉血、除湿解毒之功效；叶色鲜艳，可栽培观赏。

附种　浙江金线兰（浙江开唇兰）*A. zhejiangensis*，唇瓣裂片较宽，倒斜三角形，爪部两侧有(2)3或4(5)枚小齿，不呈流苏状。见于奉化、宁海；生于阔叶林或毛竹林下溪边岩石上。

浙江金线兰

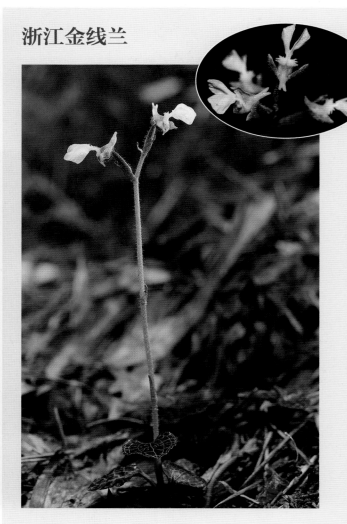

349 白及 白芨

学名 **Bletilla striata** (Thunb.) Rchb. f.　　　　属名 白及属

形态特征 地生草本，高 30～80cm。假鳞茎扁球形，彼此相连接，具似荸荠的环纹，富黏性。茎明显，粗壮。叶 4 或 5 片；叶片狭长圆形或披针形，18～45cm×2.5～5cm，先端渐尖，基部渐窄，下延成长鞘状抱茎，叶面具多条平行纵褶。总状花序顶生，具花 4～10 朵；花紫红色或粉红色，直径约 4cm；萼片离生，与花瓣相似；唇瓣倒卵形，白色带红色，具紫色脉纹，中部以上 3 裂，中裂片上面有 5 条脊状褶片，褶片边缘波状；蕊柱两侧具翅；蕊喙细长。花期 4—5 月，果期 7—9 月。

生境与分布 见于余姚、北仑、鄞州、奉化、宁海、象山；生于林下、路边草丛或岩缝中；慈溪等地有栽培。产于杭州、丽水及瑞安、泰顺、德清、兰溪、武义、开化、天台；分布于华东、华中、华南及贵州、四川、甘肃、陕西；朝鲜半岛及日本、缅甸也有。

主要用途 假鳞茎可入药，具补肺止血、生肌之功效；花大艳丽，可作地被观赏。

350 广东石豆兰

学名 **Bulbophyllum kwangtungense** Schltr.　　　　　　　　**属名** 石豆兰属

形态特征 附生草本。根状茎长，匍匐。假鳞茎长圆柱形，在根状茎上疏生，彼此相距2～7cm，顶生1叶。叶片革质，长圆形，2～6.5cm×4～10mm，先端圆钝而稍凹，基部楔形，具短柄及关节，中脉明显。花序梗单个从假鳞茎基部生出，纤细，远高于叶，具3～5枚膜质鞘；总状花序缩短，呈伞状，有花2～4朵；花白色后转淡黄色；萼片狭披针形，中部以上边缘内卷，侧萼片比中萼片稍长；花瓣狭卵状披针形；唇瓣对折，狭披针形，中部以下具凹槽，上面有2或3条龙骨脊。蒴果长椭球形。花期5—8月，果期9—10月。

生境与分布 见于北仑、鄞州、奉化、宁海、象山；附生于山坡林下岩壁上。产于杭州、温州、丽水及开化、天台；分布于长江流域以南各省份。

主要用途 全草入药，具滋阴降火、清热消肿之功效；也可供假山、岩壁绿化。

351 齿瓣石豆兰

学名 **Bulbophyllum levinei** Schltr.　　　　属名 石豆兰属

形态特征 附生草本。根状茎短，匍匐。假鳞茎狭圆锥形或近球形，在根状茎上聚生，彼此靠近，顶生 1 叶。叶片革质，倒卵状披针形或椭圆状披针形，2～4cm×5～7mm，先端钝，基部渐窄成短柄，具关节。花序梗从假鳞茎基部生出，纤细，常高于叶；总状花序缩短，呈伞状，有花 2～6 朵；花白色；中萼片椭圆形，边缘具细齿；侧萼片狭卵状披针形，稍长于中萼片；花瓣卵形，边缘具流苏；唇瓣戟状披针形，弯曲，先端钻状。蒴果椭球形。花期 8—9 月，果期 10—12 月。

生境与分布 见于宁海；附生于石壁上。产于温州、丽水；分布于长江流域以南各省份；越南也有。

主要用途 叶色亮绿，姿态优雅，花形美丽，可供假山、岩壁绿化或盆栽观赏；全草入药，具滋阴降火、清热消肿之功效。

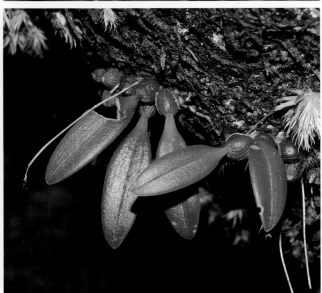

352 宁波石豆兰

学名 **Bulbophyllum ningboense** G.Y. Li ex H.L. Lin et X.P. Li **属名** 石豆兰属

形态特征 附生草本。全体无毛。根状茎匍匐，纤细。假鳞茎卵球形，具6～8棱，在根状茎上紧靠或分离着生，分离者彼此相距6～10mm，顶生1叶。叶片硬革质，长圆形，12～15mm×6～8mm，先端圆钝而微凹，基部圆形，中脉明显，在上面显著凹陷，几无柄。花序梗从假鳞茎基部抽出，纤细，远长于叶，基部具3或4枚膜质鞘，中部以下有一关节和1枚膜质鞘；伞房状花序具花4或5朵；花黄色；中萼片卵状披针形，长4～5mm；侧萼片长8～9mm，中上部内卷成筒状并靠拢；花瓣宽卵形；唇瓣厚舌状，橙红色，先端圆，基部弯曲，具关节，与蕊柱足相连；蕊柱半圆柱形。花期5月，果期不详。

生境与分布 见于余姚、奉化；附生于山坡岩壁上。

主要用途 为本次调查发现的新种。花色艳丽，可供假山、岩壁绿化或盆栽观赏。

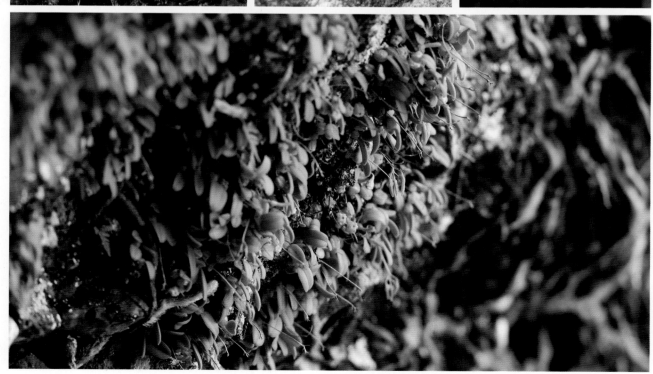

353 毛药卷瓣兰

学名 **Bulbophyllum omerandrum** Hayata　　属名 石豆兰属

形态特征　附生草本。根状茎匍匐。假鳞茎卵球形，在根状茎上疏生，彼此相距 1.5～4cm，顶生1叶，基部被残存纤维物。叶片厚革质，长圆形，1.5～8.5cm×8～14mm，先端钝而微凹，基部楔形，具短柄或无柄，上面中脉凹陷。花序梗由假鳞茎基部抽出，高于叶；伞形花序具花 1～3 朵；花黄色；中萼片卵形，先端具 2 或 3 条髯毛；侧萼片披针形，基部上方扭转，使两侧萼片呈"八"字形叉开；花瓣卵状三角形，先端紫褐色，中部以上边缘有流苏；唇瓣舌形，向外下弯。花期 3—4 月。

生境与分布　见于鄞州、奉化；生于山坡岩壁上。产于临安、兰溪、武义、黄岩、临海、文成、泰顺；分布于华中及福建、台湾、广东、广西。

主要用途　花色艳丽，可供假山、岩壁绿化或盆栽观赏。

354 钩距虾脊兰

学名 **Calanthe graciliflora** Hayata

属名 虾脊兰属

形态特征 地生草本，高约 60cm。茎短，幼时叶基围抱形成假茎，假茎下部具 3 片鞘状叶。叶近基生；叶片椭圆形或倒卵状长圆形，17～30cm×4～5cm，先端急尖，基部楔形下延至柄；叶柄被鞘状叶围抱。花序梗从叶丛中长出；总状花序具 10 余花；花下垂，内面绿色，外面带褐色，直径约 2cm；萼片椭圆形至长圆形，侧萼片稍带镰状；花瓣条状匙形；唇瓣白色，3 裂，中裂片长圆形，先端中央 2 裂，具短尖，侧裂片卵状镰形，比中裂片大，先端钝或平截；唇盘上具 3 条褶片；距圆筒形，末端钩状弯曲。花期 5—6 月，果期 7—9 月。

生境与分布 见于慈溪、余姚、北仑、鄞州、奉化、宁海、象山；生于山坡林下阴湿处。产于温州、台州、丽水及安吉、临安、普陀、开化等地；分布于华东、华中、华南、西南。

主要用途 全草入药，具清热解毒、活血祛瘀、消肿止痛、止咳之功效；可供观赏。

附种 虾脊兰 *C. discolor*，唇瓣中裂片先端无短尖，边缘具齿；距末端弯曲而非钩状。见于慈溪、余姚、北仑、宁海、象山；生于林下阴湿处。

虾脊兰

355 金兰

学名 **Cephalanthera falcata** (Thunb.) Bl.

属名 头蕊兰属

形态特征 地生草本，高 20～50cm。根状茎粗短。茎直立，基部至中部具 3～5 片鞘状鳞叶，上部具叶 4～7 片。叶片椭圆形至卵状披针形，8～15cm×2～4.5cm，先端渐尖或急尖，基部鞘状抱茎。总状花序顶生，具花 5～10 朵；花黄色，长约 1.5cm，直立，稍展开；萼片卵状椭圆形，具 5 脉；花瓣与萼片同形，稍短；唇瓣不裂或 3 浅裂，中裂片圆心形，上面具 7 条纵褶片，侧裂片三角形；距圆锥形，伸出萼外。蒴果狭椭球形。花期 4—6 月，果期 8—9 月。

生境与分布 见于慈溪、余姚、鄞州、奉化、宁海、象山；生于山坡阔叶林下、林缘、草地上或沟谷旁。产于杭州、丽水及安吉、黄岩、泰顺；分布于华东、华中、西南及广东、广西；日本和朝鲜半岛也有。

主要用途 全草入药，具清热、泻火、消肿、祛风、健脾、活血之功效。

附种 银兰 **C. erecta**，花白色；萼片宽披针形；唇瓣上面具 3 条纵褶片。见于余姚；生于山坡林下阴湿处。

银兰

356 独花兰 长年兰

学名 **Changnienia amoena** Chien

属名 独花兰属

形态特征 地生草本，高 10～18cm。假鳞茎近椭球形或宽卵球形，具 2 或 3 节，被膜质鞘，顶生 1 叶。叶片近圆形、椭圆状长圆形或宽椭圆形，7～11cm×4.5～8cm，先端急尖至渐尖，基部圆形，全缘，上面密生褐色小点，背面紫红色；叶柄长 5.5～9.5cm。花序梗从假鳞茎顶端长出，直立，具 2 或 3 枚膜质抱茎鞘，顶生花 1 朵；花淡紫色，直径 4～5cm；萼片长圆状披针形，侧萼片稍歪斜；花瓣狭倒卵状披针形；唇瓣横椭圆形，有紫红色斑点，3 裂，上面具 5 枚褶片状附属物；距粗壮，角状，稍弯曲。蒴果倒卵状长椭球形。花期 3—4 月，果期 9 月。

生境与分布 见于奉化、宁海；生于海拔 350～700m 的阳坡疏林下、荒芜茶园中或毛竹林下。产于临安；分布于华东、华中及陕西、四川。

主要用途 全草入药，具清热、解毒、凉血之功效；花大美丽，供观赏。

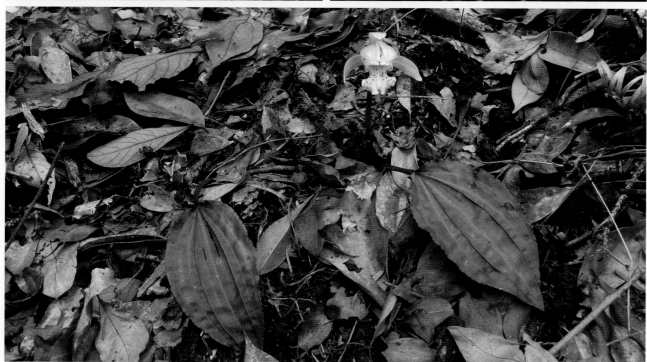

357 高山蛤兰 连珠毛兰

学名 **Conchidium japonicum** (Maxim.) S.C. Chen et J.J. Wood　　属名 毛兰属

形态特征　附生草本，高约 10cm。根状茎横生。假鳞茎卵球形或圆锥状，彼此紧密生长，上具 2 枚膜质叶鞘，顶生 1 或 2 叶。叶片长椭圆形至长圆状披针形，2～4cm×7～9mm，先端急尖或钝，基部渐狭。花序梗顶生，多少被绒毛，具 1 或 2 花；花白色，直径约 1cm；萼片背面被绒毛，中萼片窄椭圆形，侧萼片卵形，偏斜，基部与蕊柱足合生成萼囊；花瓣椭圆状披针形；唇瓣卵状匙形，3 裂，唇盘基部有 3 条褶片，中间 1 条延伸到中裂片近先端。花期 4—5 月，果期 8 月。

生境与分布　见于象山；附生于山体岩壁上。产于临安；分布于华东及贵州；日本也有。

主要用途　可供假山、岩壁绿化。

358 翅柱杜鹃兰

学名 **Cremastra appendiculata** (D. Don) Makino var. **variabilis** (Bl.) I.D. Lund   属名 杜鹃兰属

形态特征 地生草本，高约40cm。具匍匐根状茎。假鳞茎卵球形，常具2节，被残存的纤维状鞘，顶生1叶。叶片椭圆形至长圆形，20～34cm×3～6cm，先端急尖，基部楔形渐狭成柄；叶柄长6～12cm，下半部或全部为残存的叶鞘包蔽。花序梗侧生于假鳞茎上部的节上，近直立，下部具2枚鞘状鳞片；总状花序具花10～20朵；花全部偏向一侧，多少下垂，长管状，稍开放，淡紫红色，有香气；萼片与花瓣几同形，条状披针形，花瓣稍短；唇瓣倒披针形，基部线囊状，先端3裂，基部具1枚肉质突起；蕊柱细长，顶端略膨大，腹面具狭翅。蒴果近椭球形，下垂。花期5—6月，果期9—12月。

生境与分布 见于鄞州；生于沟谷林下富含腐殖质的湿润岩石旁。产于安吉、临安；分布于长江流域以南各省份和山西；南亚、朝鲜半岛及日本也有。

主要用途 假鳞茎作中药"山慈菇"入药，具祛瘀消肿、清热解毒之功效；供观赏。

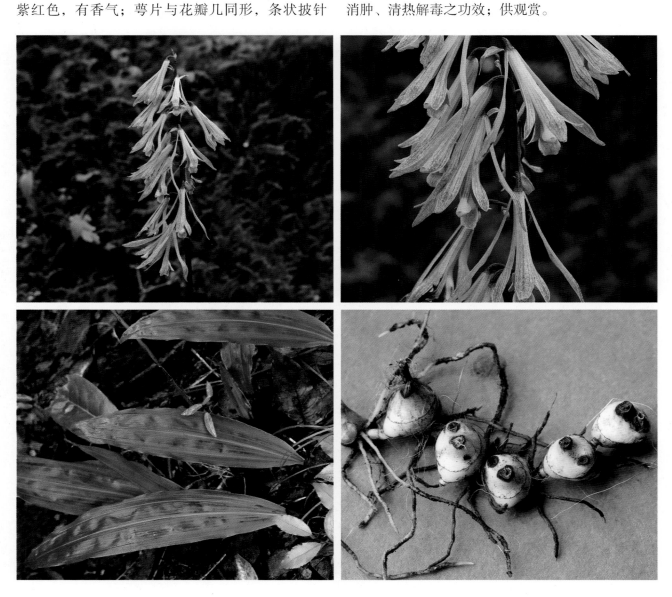

359 建兰 秋兰

学名 **Cymbidium ensifolium** (Linn.) Sw.　　　　属名 兰属

形态特征　地生常绿草本。根状茎短。假鳞茎卵球形，具环痕，隐于叶丛中。叶2～6片成束；叶片带形，30～50cm×1～1.7cm，常较柔软而弯曲下垂，先端急尖，基部收窄，有光泽，边缘具不明显钝齿，有3条两面凸起的主脉，叶脉不透明。花序梗短于叶丛，基部具膜质鞘；总状花序具花5～10朵；花苞片卵状披针形，上部者短于子房；花苍绿色或黄绿色，直径4～5cm，具清香；花被片具5条深色脉；中萼片长圆状披针形，侧萼片稍镰刀状；花瓣长圆形，具紫色脉纹；唇瓣卵状长圆形，具红色斑点和短硬毛，不明显3裂，中裂片卵圆形，具紫红色斑点，向下反卷，侧裂片长圆形，浅黄褐色；唇盘上具2条半月形白色褶片。花期夏、秋季，常2至多次开花。

生境与分布　见于余姚、鄞州、宁海；生于山坡林下或灌丛下腐殖质丰富的土壤中或碎石缝中；全市各地普遍栽培。产于临海、庆元、景宁、文成等地；分布于华东及湖南、广东、广西、四川、贵州等地；东南亚及日本、印度、斯里兰卡也有。

主要用途　叶姿态优雅，花清香，供栽培观赏，有很多品种或类型。因过度采挖，野生植株几不得见，需加强保护。

附种　寒兰 **C. kanran**，叶片较强硬，直立；花序上部的苞片与子房近等长；萼片条状披针形，花瓣披针形；唇盘上具2条纵褶片；花期冬季至翌年早春。见于余姚、鄞州；生于山坡林下腐殖质丰富处；全市各地均有栽培。因过度采挖，野生植株几不得见，需加强保护。

寒兰

360 蕙兰 九头兰 夏兰

学名 ***Cymbidium faberi*** Rolfe　　**属名** 兰属

形态特征　地生常绿草本。根带白色，粗7～10mm。假鳞茎不明显。叶6～10片成束状丛生。叶片带形，20～80cm×4～12mm，直立或下弯，基部常"V"形对折，先端急尖，边缘有细锯齿，叶脉透明，中脉明显。总状花序具花9～18朵；花黄绿色或紫褐色，直径5～7cm，具香气；萼片近披针状长圆形或狭倒卵形；花瓣与萼片相似，常略短而宽；唇瓣长圆状卵形，常具红色斑点，不明显3深裂，中裂片较侧裂片长，强烈向下反卷，具透明乳突和紫红色斑点，边缘具不整齐的齿，常皱波状，侧裂片直立，紫色；唇盘上有2条弧形纵褶片；蕊柱红绿色，具紫红色斑点；蕊柱翅明显。蒴果狭椭球形。花期4—5月，果期7—9月。

生境与分布　见于除市区外的全市各地；生于林下腐殖土深厚且透光处；全市各地均有栽培。产于丽水及临安、淳安、德清、天台；分布于华东、华中、西南及陕西；尼泊尔、印度也有。

主要用途　花量大，清香宜人，供观赏，有很多品种或类型。因过度采挖，野生植株已少见，需加强保护。

361 多花兰

学名 **Cymbidium floribundum** Lindl.

属名 兰属

形态特征 常绿附生草本。假鳞茎卵状圆锥形，稍压扁，藏于叶基内。叶 3～6 片成束丛生。叶片带形，20～80cm×4～12mm，较挺直，先端稍钩转或尖裂，基部具明显关节，全缘，有光泽，背面脉凸起。花序梗直立或斜出，短于叶；总状花序有花 20～50 朵，密生；花红褐色，无香气；中萼片狭长圆形，侧萼片稍偏斜；花瓣狭椭圆形，与萼片近等宽，具紫黑色带黄色边缘；唇瓣卵状三角形，上面具乳突，明显 3 裂，中裂片近圆形，稍向下反卷，紫褐色，中部浅黄色，侧裂片半圆形，直立，具紫褐色条纹，边缘紫红色；唇盘上有 2 条纵褶片。蒴果近椭球形。花期 4～5 月，果期 7～8 月。

生境与分布 见于余姚、鄞州、奉化、宁海、象山；生于林缘或溪边有腐殖土的岩石上。产于衢州、丽水及武义、婺城、温岭、乐清、泰顺；分布于长江流域以南各省份；越南也有。

主要用途 根或全草入药，具清热解毒、滋阴润肺、化痰止咳之功效；花色鲜艳，供假山、岩壁绿化装饰和栽培观赏。

362 春兰 草兰

学名 **Cymbidium goeringii** (Rchb. f.) Rchb. f.　　　　属名 兰属

形态特征 地生常绿草本。根状茎短。假鳞茎卵球形，集生于叶丛中。叶基生，4～6 片成束；叶片带形，20～60cm×5～8mm，先端锐尖，基部渐尖，边缘略具细齿。花序梗直立，明显比叶短，具 1(2) 花；花苞片膜质，鞘状包裹花序梗；花常绿色或淡黄绿色，直径 6～8cm，具清香；萼片较厚，近圆形至长圆状倒卵形，中脉紫红色，基部具紫纹；花瓣卵状披针形，与萼片近等宽，具紫褐色斑纹，中脉紫红色；唇瓣近卵形，乳白色，上具紫红色斑点，不明显 3 裂，中裂片较侧裂片大，强烈向下反卷，上面具乳突，边缘略波状；唇盘上有 2 条弧形纵褶片。蒴果狭椭球形。花期 2—3 月，果期 10—12 月。

生境与分布 见于除市区外的全市各地；生于山坡疏林下、林缘及林中透光处；全市各地普遍栽培。产于全省山区；分布于华东、华中、华南、西南；日本及朝鲜半岛也有。

主要用途 姿态优雅，花清香，广为栽培，供观赏，品种、类型众多。因过度采挖及生境变化，野生资源锐减，需加强保护。

363 | 墨兰

学名 **Cymbidium sinense** (Jackson ex Andr.) Willd.   属名 兰属

形态特征 地生常绿草本；假鳞茎卵球形，藏于叶基内。叶基生，3～5 片成束丛生。叶片近薄革质，带形，45～80cm×2～3cm，有光泽，基部具关节。花序梗从假鳞茎基部发出，直立，较粗壮，常略长于叶；总状花序具 10～20 花或更多；花的色泽变化大，常为暗紫色或紫褐色而具浅色唇瓣，一般具浓香；萼片狭长圆形或狭椭圆形；花瓣近狭卵形；唇瓣近卵状长圆形，具乳突状短柔毛，不明显 3 裂，中裂片外弯，边缘略波状，侧裂片直立；唇盘上具 2 条纵褶片。蒴果狭椭球形。花期 10 月至次年 3 月。

地理分布 产于华东、华南、西南；东南亚及印度、日本也有。全市各地均有栽培。

主要用途 姿态优美，品种、类型众多，花香浓郁，花期正当春节前后，常作年宵花观赏。

364 铁皮石斛

学名 **Dendrobium officinale** Kimura et Migo　　**属名** 石斛属

形态特征　附生草本。假鳞茎伸长成茎状。茎圆柱形，直立或斜伸，不分枝，具多节，常在中部以上互生3~5片叶；叶2列，纸质，长圆状披针形，3~4cm×9~11mm，先端钝并多少钩转，基部下延为抱茎的鞘，边缘和中脉常带淡紫色；叶鞘常具紫斑。总状花序生于落叶的老茎上部，长1.3~5cm，具2或3花；花序轴回折状弯曲；花苞片浅白色，无斑纹；萼片和花瓣黄绿色，相似，长圆状披针形，侧萼片基部较宽阔；萼囊圆锥形，末端圆形；唇瓣白色，卵状披针形，比萼片稍短，基部具1个绿色或黄色的胼胝体，中部反折，不裂或不明显3裂，中部以下两侧具紫红色条纹，边缘多少波状；唇盘密布细乳突状毛，中部以上具1紫红色斑块；蕊柱黄绿色，先端两侧各具1个紫点。花期3—6月。

生境与分布　见于余姚、北仑、鄞州、奉化、宁海、象山；多生于阴湿且腐殖质厚的石缝中；全市各地均有栽培。产于全省山区，极为罕见；分布于华东、西南。模式标本采自宁波。

主要用途　全草入药，具益胃生津、滋阴清热之功效；花朵形色俱美，有很多品种或类型，可盆栽观赏，或供假山、岩壁等绿化。

附种　细茎石斛（铜皮石斛）**D. moniliforme**，总状花序长约2mm；花苞片白色，带淡红色斑纹；唇瓣明显3裂。见于鄞州、宁海、象山；生境同铁皮石斛。

细茎石斛

365 单叶厚唇兰

学名 **Epigeneium fargesii** (Finet) Gagnep.　　　属名 厚唇兰属

形态特征　附生草本。根状茎匍匐，不分枝。假鳞茎斜生，卵球形，长约 1cm，彼此相距约 1cm，顶生 1 叶。叶片革质，卵形或宽卵状椭圆形，先端凹缺，基部圆形。花单生于假鳞茎顶端，紫红色而带白色；苞片小，膜质，位于花梗基部；中萼片卵形，先端急尖，侧萼片斜三角状卵形，基部与蕊柱足合生成萼囊，上部离生部分较中萼片长，先端急尖；花瓣与中萼片近相似，但稍长；唇瓣 3 裂，长约 2.3cm，中部缢缩，分前后两部，前唇部宽倒卵状肾形，先端深凹，后唇部两侧片半圆形；合蕊柱短，具长蕊柱足。花期 4—5 月。

地理分布　原产于丽水、温州及开化、武义；分布于华东、华中、华南及西南各省份；印度东北部、不丹、泰国也有。象山有栽培。

366 中华盆距兰

学名 *Gastrochilus sinensis* Tsi

属名 盆距兰属

形态特征 附生草本。茎细长，匍匐。叶、花、花梗、子房绿色或黄绿色，带紫红色斑点。叶2列，互生，彼此疏离；叶片厚肉质，椭圆形或长圆形，1~2cm×5~7mm，先端锐尖，稍3小裂，基部具极短柄。总状花序缩短，呈伞状，具花2或3朵；花序梗上端扩大，下部被2或3枚杯状鞘；花苞片卵状三角形；花小，开展；萼片近等大，中萼片近椭圆形，侧萼片稍斜长圆形，背面均龟壳状隆起；花瓣近倒卵形，比萼片小；前唇肾形，先端宽凹缺，边缘和上面密布短毛，中央具增厚的垫状物；后唇近圆锥形，多少两侧压扁，末端圆钝并稍向前弯曲；口缘前端具宽凹口，内侧密被髯毛。花期10月。

生境与分布 见于余姚；附生于海拔约800m的岩壁上。产于临安；分布于贵州、云南。

主要用途 可供假山或岩壁绿化。

367 斑叶兰 白花斑叶兰 偏花斑叶兰

学名 **Goodyera schlechtendaliana** Rchb. f. **属名** 斑叶兰属

形态特征 地生草本，高 15～25cm。茎上部直立，连同花序梗、子房被长柔毛；花苞片与萼片背面被柔毛；茎下部匍匐伸长成根状茎，基部具 4～6 片叶。叶片卵形或卵状披针形，3～8cm×0.8～2.5cm，上面绿色，具白色斑纹，下面淡绿色，先端急尖，下部楔形；叶柄长 4～10mm，基部扩大成鞘状抱茎。总状花序具花数朵至 20 余朵，花全部偏向同一侧；花苞片披针形；花白色或带粉红色，半张开；萼片近等长，中萼片舟状，与花瓣黏合成兜状，侧萼片卵状披针形；花瓣菱状倒披针形；唇瓣卵形，基部呈囊状，内面具稀疏腺毛，前部舌状，略向下弯。花期 9—10 月。

生境与分布 见于余姚、北仑、鄞州、奉化、宁海、象山；生于山坡或沟谷林下。产于杭州、丽水及新昌、开化、江山、兰溪、天台、临海、文成、泰顺；分布于华东、华中、华南、西南及甘肃、陕西、山西；东亚、东南亚、南亚也有。

主要用途 全草入药，具清肺止咳、解毒消肿、活血止痛、软坚散结之功效；叶片斑纹美丽，花清秀，供观赏。

368 绿花斑叶兰

学名 **Goodyera viridiflora** (Bl.) Lindl. ex D.Dietr.　　属名 斑叶兰属

形态特征　地生草本，高 15～20cm。根状茎伸长，茎状，匍匐，具节。茎直立，下部具 2～5 片叶。叶片薄，绿色，常呈宽卵形，1.5～6cm×1～3cm，先端急尖，基部圆形，骤狭成柄，鞘状抱茎，具明显 3 脉。总状花序具花 2～5 朵；花序梗带红褐色，被短柔毛；花苞片卵状披针形，淡红褐色，先端尖，长于子房，具缘毛；花绿色带褐色；萼片椭圆形，绿色或带白色，先端淡红褐色，中萼片凹陷，与花瓣黏合成兜状，侧萼片向后伸展；花瓣倒卵状楔形，白色，先端带褐色；唇瓣卵形，舟状，基部绿褐色，凹陷，囊状，内面密生腺毛，前部白色，舌状，向下呈"之"字形弯曲，先端向前伸。花期 8—9 月，果期 10—12 月。

生境与分布　见于鄞州、象山；生于山坡毛竹林或阔叶林下。产于温州及临海、黄岩、松阳；分布于华南及福建、江西、云南；东南亚、南亚及日本、澳大利亚也有。

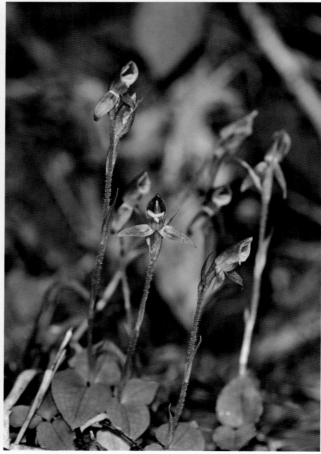

369 鹅毛玉凤花 白凤兰 齿玉凤兰

| 学名 | **Habenaria dentata** (Sw.) Schltr. | 属名 | 玉凤花属 |

形态特征 地生草本，高35～90cm。块茎1或2个，肉质，长椭球状卵球形至椭球形。茎粗壮，直立，疏生3～5片叶，下部具1～3枚鞘，上部具多片披针形苞片状叶。叶片长圆形至长椭圆形，5～15cm×1.5～4cm，先端急尖或渐尖，基部鞘状抱茎，干时边缘常具狭的白色镶边。总状花序密生3至多花；花白色；萼片与花瓣边缘具缘毛；中萼片直立，舟状，9～10mm×3～5mm，宽卵形，与花瓣靠合成兜状；侧萼片斜卵形；花瓣镰状披针形，不裂；唇瓣宽倒卵形，3裂，中裂片条状披针形，侧裂片近菱形，前部边缘具锯齿；距细圆筒状，下垂，距口周围具明显隆起的凸出物。花期8—9月，果期10—11月。

生境与分布 见于余姚、北仑；生于山坡林缘、路旁或沟边。产于杭州、台州、丽水、温州；分布于华东、华中、华南、西南；南亚、东南亚及日本也有。

主要用途 块茎入药，具清热利湿之功效；花洁白，花形美丽，可供观赏。

370 | 湿地玉凤花

学名 **Habenaria humidicola** Rolfe　　　　属名 玉凤花属

形态特征　地生草本，高 15～20cm。块茎肉质，椭球形。茎直立，基部具 2 或 3 片呈莲座状的叶。叶片披针状长圆形，4～6cm×1～1.5cm，先端近急尖或渐尖，基部抱茎。总状花序疏生数花；花苞片卵状披针形，短于子房；子房圆柱状纺锤形，扭转；花小，绿色；中萼片直立，卵状长圆形，凹陷成舟状，与花瓣靠合成兜状；侧萼片斜卵状长圆形，反折；花瓣直立，条状长圆形；唇瓣基部 3 深裂；侧裂片条状披针形，渐狭成丝状；中裂片条形；距细长，圆筒状，下垂，下部稍膨大。花期 9 月。

生境与分布　见于北仑；生于林下或岩石阴湿处。分布于贵州、云南；缅甸也有。模式标本采自宁波（北仑）。

主要用途　花供观赏。

371 裂瓣玉凤花

学名 **Habenaria petelotii** Gagnep.　　　　　属名 玉凤花属

形态特征　地生草本，高15～20cm。块茎椭球形。茎粗壮，直立，中部集生5或6片叶，向下具2～4枚筒状鞘，向上具多片苞片状小叶。叶片椭圆形或椭圆状披针形，3～13cm×1～4cm，先端渐尖，基部鞘状抱茎。总状花序疏生3～12花；花淡绿色；中萼片卵形，凹陷成兜状；侧萼片长圆状卵形，极张开；花瓣从基部2深裂，2裂片呈120°角叉开，裂片条形，近等宽，边缘具缘毛，上裂片直立，与中萼片并行；下裂片与唇瓣的侧裂片并行；唇瓣3深裂，裂片条形，近等长，边缘具缘毛；距圆筒状棒形，下垂，中部以下向末端膨大成棒状。花期9月。

生境与分布　见于宁海；生于海拔300～500m的柳杉林下。产于临安、开化；分布于华东、西南及湖南、广东、广西；越南也有。

主要用途　全草或叶入药，具滋阴润肺、补虚益损之功效；花奇特，可供观赏。

372 | 十字兰

学名 **Habenaria schindleri** Schltr.　　属名 玉凤花属

形态特征 地生草本，高 25～70cm。全体无毛。块茎肉质，椭球形或卵球形。茎直立，中下部疏生 4～7 片叶；叶片条形，5～23cm×3～9mm，先端渐尖，基部鞘状抱茎，向上渐小，呈苞片状。总状花序具花 10～20 余朵；花苞片条状披针形至卵状披针形，长于子房；子房圆柱形，扭转，稍弧曲；花白色；中萼片卵圆形，直立，凹陷成舟状，4.5～5mm×4～4.5mm，与花瓣靠合成兜状；侧萼片斜长圆状卵形，强烈反折；花瓣直立，轮廓半正三角形，长 4mm，2 裂；唇瓣前伸，基部条形，近基部的 1/3 处 3 深裂成"十"字形，裂片条形，近等长；中裂片劲直，7～9mm×0.8mm；侧裂片下部与中裂片垂直伸展，7～9mm×1～1.5mm，先端钝，

具流苏；距下垂，长 1.4～1.5cm，近末端突然膨大，粗棒状，向前弯曲，与子房近等长或略长。花期 7—9 月，果期 10 月。

生境与分布 见于余姚、宁海；生于山坡阴湿处或沟谷草丛。产于临安、武义、磐安、景宁、庆元；分布于华东、东北、华中及广东；朝鲜半岛及日本也有。

附种 线叶十字兰（线叶玉凤花）*H. linearifolia*，花较大，花瓣长 5～5.5mm；中萼片卵形或宽卵形，5.5～6mm×3.5～4mm；唇瓣的侧裂片下部与中裂片几垂直，上部多少向前弧曲，10～12mm×0.5～0.6mm；距长 2.5～3.5cm，向末端逐渐膨大，细棒状，显著长于子房。见于北仑；生于山坡阴湿处。

线叶十字兰

373 | 叉唇角盘兰

学名 **Herminium lanceum** (Thunb.) Vuijk　　　属名 角盘兰属

形态特征　地生草本，高 10～75cm。块茎圆球形，肉质。茎纤细，中部具 3 或 4 片叶。叶片条状披针形，5～15cm×0.4～1.5cm，先端渐尖或急尖，基部狭窄抱茎。总状花序密生 20～80 余花；花小，黄绿色；萼片卵状长圆形；花瓣条形；唇瓣长圆形，伸长，基部凹陷，无距，中部稍缢缩，前部 3 裂，中裂片短，侧裂片叉开，末端常卷曲。蒴果长球形。花期 5—6 月，果期 8—9 月。

生境与分布　见于宁海；生于山坡林下草丛中。产于定海、普陀、开化、庆元、瑞安；分布于华东、华南、西南；东亚、东南亚及南亚也有。

374 长唇羊耳蒜

学名 **Liparis pauliana** Hand.-Mazz.　　　属名 羊耳蒜属

形态特征　地生草本，高8～30cm。假鳞茎卵球形，聚生，外被多枚白色膜质鞘，顶生2片叶。叶片膜质，椭圆形、卵状椭圆形或宽卵形，3.5～9cm×1.5～6cm，先端锐尖或稍钝，基部宽楔形，鞘状抱茎。总状花序疏生数花；萼片条状披针形，侧萼片稍歪斜，常淡黄绿色；花瓣近丝状，与萼片几等长；唇瓣淡紫色，倒卵状长圆形，1～1.5cm×4～7mm，先端圆形并具短尖，基部具1枚微凹的胼胝体，稀不明显；蒴果倒卵球形，具6条翅。花期5月，果期10—11月。

生境与分布　见于余姚、北仑、奉化、宁海、象山；生于林下阴湿处或富含腐殖质土的岩石上。产于杭州及开化、江山、天台、临海、龙泉、缙云、文成、泰顺；分布于长江流域以南各省份。

主要用途　全草入药，具清热解毒、补肺止血之功效；花独特，可供观赏。

附种1　见血青 *L. nervosa*，假鳞茎圆柱形；叶(2)3～5片；唇瓣暗紫色，基部具2枚胼胝体。见于象山；生于山坡阔叶林下。

附种2　香花羊耳蒜 *L. odorata*，叶2或3片，叶片纸质，狭长圆形至卵状披针形；唇瓣黄绿色，倒卵状楔形，先端近平截，基部具2枚棒状胼胝体。见于余姚；生于山坡草地。

见血青

香花羊耳蒜

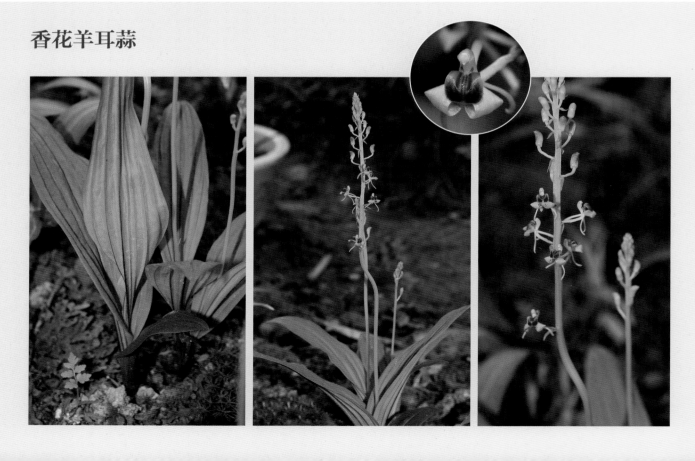

375 纤叶钗子股

学名　**Luisia hancockii** Rolfe

属名　钗子股属

形态特征　附生草本，高 10～20cm。茎稍木质，常不分枝，具多节。叶互生，2 列；叶片肉质，圆柱形，长 5～8cm，直径 1.5～2mm，先端钝，基部具 1 个关节和抱茎的鞘。总状花序与叶对生，甚短，具花 2 或 3 朵；花肉质，萼片和花瓣黄绿色带紫色；中萼片倒卵状长圆形，侧萼片稍短，对折，在背面龙骨状的中肋近先端处呈翅状；花瓣倒卵状匙形；唇瓣近卵状长圆形，后唇稍凹，基部具圆耳，前唇紫色，先端凹缺，边缘具圆齿或波状，上面具 4 条带疣状凸起的纵脊。蒴果椭球状圆柱形。花期 5—6 月，果期 8—10 月。

生境与分布　见于除市区外的全市各地；生于山谷崖壁或山地疏林中树干上。产于温州、台州及普陀；分布于福建、湖北。模式标本采自宁波。

主要用途　全草入药，具散风祛痰、清热解毒、行气活血、消肿散瘀之功效；叶棒状，形态奇特，可供盆栽观赏。

376 风兰

学名 **Neofinetia falcata** (Thunb.) Hu　　　　　**属名** 风兰属

形态特征　附生草本，高6～14cm。茎稍扁，短而直立，具数片叶。叶厚革质，基部互相套叠成2列。叶片条状长圆形，3～8cm×6～8mm，常"V"字形对折，先端急尖、渐尖或钝，背面中脉隆起，呈龙骨状，基部具关节。总状花序腋生，疏生花2～5朵；花白色，直径1.5～2cm，具长3～4cm的柄，芳香；萼片长披针形，中萼片较宽，侧萼片向前叉开，与中萼片相似而等大，上半部向外弯，背面中肋近先端处龙骨状隆起；花瓣倒披针形或近匙形；唇瓣3裂，中裂片基部具1枚三角形的胼胝体；距长3～5cm，细而弯垂。花期6—7月，果期8—9月。

生境与分布　见于鄞州、奉化、宁海、象山；附生于低海拔树干上或岩石上。产于舟山、台州、丽水；分布于江西、福建、四川、云南、甘肃；日本及朝鲜半岛也有。

主要用途　花色淡雅，形态优雅，花香怡人，是极好的观赏兰花；也可供假山、岩景绿化。

377 象鼻兰

学名 ***Nothodoritis zhejiangensis*** Tsi **属名** 象鼻兰属

形态特征 附生草本。植株悬垂。茎极短，被叶基包围。叶1～3片，2列，彼此套叠；叶片倒卵形或倒卵状长圆形，2～6.8cm×1.5～2.1cm，先端钝圆，基部具关节，关节下扩大成鞘。花序梗单生于茎基部，基部具1或2枚筒状膜质鞘；总状花序具花8～19朵；花白色；萼片和花瓣内面具紫色横纹；中萼片卵状椭圆形，兜状，侧萼片斜倒卵形；花瓣倒卵形，先端钝，基部具爪；唇瓣象鼻状，3裂，中裂片舟状，稍下弯，稍2裂，基部具囊，囊口具1枚长方形白色附属物，侧裂片上端离生，余部合生下延，呈凹槽状；蕊柱近基部具1枚淡黄绿色钻状附属物。蒴果椭球形。花期6月，果期7—8月。

生境与分布 原记载鄞州区天童寺附近树上有产，但本次调查未见，可能因人为缘故已消失。产于临安；分布于安徽、甘肃、陕西等省。

主要用途 花美丽，可供岩面、树干美化或盆栽观赏。

378 密花鸢尾兰

学名 *Oberonia seidenfadenii* (H.J. Su) Ormerod　　　**属名** 鸢尾兰属

形态特征　多年生附生小草本。全体无毛。茎匍匐，纤细，多分枝。叶大小不一，3或4片呈2列套折；叶片肥厚肉质，长卵形至椭圆形，5～10mm×3～5mm，先端钝或稍尖，基部有不甚明显的关节，全缘，叶脉不可见。穗状花序顶生，连花序梗长约2cm，密生多数花；花黄色，约2mm×1.2mm，着生于肉质花序轴的凹陷中，无梗；苞片卵形，边缘啮蚀状，强烈反折，无脉；中萼片卵圆形，先端钝圆，无脉；侧萼片宽卵形，先端急尖，在近中部强烈反折；花瓣长圆形，先端圆钝，稍反卷；唇瓣位于上方，宽梯形，3浅裂，中裂片明显2裂，侧裂片边缘啮蚀状。果小，倒卵形。花期8—9月，果期10—12月。

生境与分布　见于鄞州、奉化、宁海、象山；附生于海拔200m以下的岩壁上。产于温岭；分布于广东、广西、台湾。

主要用途　为本次调查发现的华东分布新记录种，宁波为其分布北缘。植株小巧，肉叶密集，花序黄色，可供岩景点缀。

379 小沼兰

| 学名 | **Oberonioides microtatantha** (Schltr.) Szlachetko | 属名 | 沼兰属 |

形态特征　地生草本，高 3～8cm。假鳞茎小，绿色，卵球形或近球形，顶生 1 片叶。叶片稍肉质，近圆形、卵形至椭圆形，1～2.7cm×0.6～2.8cm，先端钝圆或稍尖，基部宽楔形，下延成鞘状柄；叶柄长 3～10mm。花序梗直立，纤细；总状花序密生多数花；花小，直径 1.5～2mm，黄色，倒置；中萼片宽卵形至近长圆形，边缘外卷；侧萼片三角状卵形，大小与中萼片相似；花瓣条状披针形或近条形；唇瓣位于下方，基部 3 深裂，中裂片三角状卵形，侧裂片条形。花期 4—10 月，果期 11 月。

生境与分布　见于余姚、北仑、鄞州、奉化、宁海；生于低海拔山坡湿地、林下或潮湿的岩石上。产于临安、桐庐、开化、遂昌、乐清；分布于华东。

主要用途　可供湿生岩壁绿化。

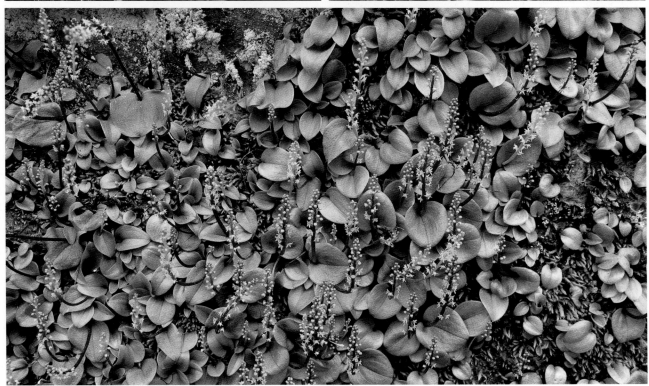

380 蜈蚣兰

学名 **Pelatantheria scolopendrifolia** (Makino) Averyanov　　　**属名** 钻柱兰属

形态特征　附生草本。茎显著伸长，常匍匐分枝，多节。叶稍肥厚，肉质，2 列互生；叶片多对折为短剑状，4～10mm×1.5mm，先端钝，基部具缝状关节；鞘短筒状。花序短，腋生，具 1 或 2 花；花淡红色，直径约 8mm；花被片展开；中萼片卵状长圆形，侧萼片斜卵状长圆形，与中萼片等长而稍宽；花瓣长圆形；唇瓣 3 裂，中裂片舌状三角形，白色带黄色斑点，侧裂片直立，近三角形，稍向前弯；唇盘中央具 1 条长褶脊；距近球形，距口下缘具 1 环乳突状毛。果实长倒卵状球形。花期 6—7 月，果期 8—10 月。

生境与分布　见于余姚、北仑、鄞州、奉化、宁海、象山；附生于岩石或树干上。产于温州、台州及临安、普陀、永康、莲都；分布于华东及四川；日本及朝鲜半岛也有。

主要用途　全草入药，具清热、解毒、止血之功效；可供假山、岩壁绿化。

381 长须阔蕊兰

学名　**_Peristylus calcaratus_ (Rolfe) S.Y. Hu**　　属名　阔蕊兰属

形态特征　地生草本，高 20～50cm。植株干后不变为黑色。块茎肉质，长球形或椭球形。茎细长，基部具 2～4 枚筒状鞘，近基部具 3 或 4 片叶，上部具 1 至数片披针形小叶。叶片椭圆状披针形，3～12cm×1～3.5cm，先端渐尖、急尖或钝，基部鞘状抱茎。总状花序具多数花；花小，绿色；萼片长圆形，中萼片直立，凹陷，侧萼片开展，稍偏斜；花瓣直立伸展，斜卵状长圆形，长 3mm，较萼片厚，与中萼片靠合；唇瓣与花瓣基部合生，在近基部反折，3 深裂，中裂片狭长圆状披针形，侧裂片细长丝状，长达 14mm 或更长，与中裂片几成直角，弯曲，较中裂片显著长和狭；距棒状或纺锤形，下垂。花期 9—10 月，果期 10—11 月。

生境与分布　见于北仑、鄞州、奉化、宁海。生于海拔 300m 以下的毛竹林或山坡灌丛中。产于安吉、德清、余杭、定海、临海、常山、江山；分布于华东、华南及湖南、云南。东南亚也有。

主要用途　植株纤巧，花形奇特，可供盆栽观赏。

附种　狭穗阔蕊兰 **_P. densus_**，植株干后变为黑色；叶散生于茎下部；唇瓣的侧裂片条形，较中裂片稍长和稍狭；距细圆筒状。见于奉化；生于山坡毛竹林下。

狭穗阔蕊兰

382 细叶石仙桃

学名 ***Pholidota cantonensis* Rolfe**　　　　**属名** 石仙桃属

形态特征　附生草本。根状茎长，匍匐，被鳞片。假鳞茎疏生，彼此相距 2～3cm，狭卵形至卵状椭球形，顶端具 2 片叶，幼时基部被鳞片。叶片革质，条状披针形，2～8cm×0.4～1cm，先端钝或短尖，基部渐窄成短柄，边缘多少外卷，叶脉明显。总状花序具花 10 余朵，排成 2 列；花小，白色或淡黄色；萼片近相似，椭圆状长圆形，侧萼片背面具狭脊；花瓣卵状长圆形；唇瓣兜状，上无褶片。蒴果倒卵球形。花期 3—4 月，果期 8 月。

生境与分布　见于宁海、象山；附生于沟谷或林下石壁上。产于杭州、温州、台州、丽水；分布于华东及湖南、广东、广西。

383 舌唇兰

学名 **Platanthera japonica** (Thunb.) Lindl.　　属名 舌唇兰属

形态特征　地生草本，高 35～70cm。根状茎肉质，指状。茎直立，具 4～6 片叶。下部叶片椭圆形或长椭圆形，10～18cm×3～7cm，先端钝或急尖，基部鞘状抱茎，上部叶片渐小，披针形，先端渐尖。总状花序具花 10～15 朵；花白色；中萼片卵形，稍呈兜状；侧萼片斜卵形，反折；花瓣条形，与中萼片靠合，呈兜状；唇瓣条形，不分裂，先端钝；距细圆筒状，下垂。花期 5—7 月，果期 5—9 月。

生境与分布　见于余姚、北仑、鄞州、象山；生于山坡林下。产于安吉、临安、岱山、缙云、泰顺；分布于华东、华中、西南及广西、甘肃、陕西；朝鲜半岛和日本也有。

主要用途　全草入药，具补气润肺、化痰止咳、解毒之功效。

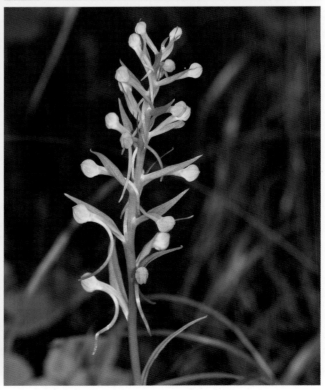

384 小舌唇兰

学名　**Platanthera minor** (Miq.) Rchb. f.　　属名　舌唇兰属

形态特征　地生草本，高 20～60cm。根状茎膨大成块茎状，椭球形或纺锤形。茎直立，粗壮，下部具 2 或 3 片较大的叶，基部具筒状鞘。叶互生；下部叶片椭圆形、卵状椭圆形，6～15cm×1.5～5cm，先端急尖或钝圆，基部鞘状抱茎，上部叶渐小，条状披针形至苞片状。总状花序疏生多数花；花淡绿色；中萼片宽卵形，舟状；侧萼片斜椭圆形，反折；花瓣直立，斜卵形，与中萼片靠合，呈兜状；唇瓣舌状，下垂，先端钝，不分裂；距细圆筒状，下垂，稍向前弧曲；柱头凹陷。花期 5—7 月。

生境与分布　见于余姚、鄞州、奉化、宁海、象山；生于山坡林下、沟边、阴湿悬崖边。产于杭州、丽水、舟山及安吉、开化、新昌、磐安、天台、临海；分布于华东、华中、华南和西南；朝鲜半岛及日本也有。

附种　东亚舌唇兰（小花蜻蜓兰）*P. ussuriensis*，根状茎指状，肉质，平展；唇瓣基部 3 裂，中裂片舌状，条形，侧裂片小，半圆形；柱头隆起，突出。见于余姚、北仑、鄞州、奉化、宁海、象山；生于沟谷林缘阴湿处。

东亚舌唇兰

385 | **绶草** 盘龙参

学名 **Spiranthes sinensis** (Pers.) Ames

属名 绶草属

形态特征 地生草本，高 15～45cm。茎直立，较短，上生 2～8 片叶，下部叶近基生。叶片稍肉质，下部者条形至条状倒披针形，2～17cm×3～10mm，先端尖，中脉微凹，上部者呈苞片状。穗状花序密生多数呈螺旋状排列的小花；花小，紫红色、粉红色，花冠较短；萼片几等长，无毛，中萼片狭长圆形，与花瓣靠合，呈兜状，侧萼片偏斜，披针形；花瓣与中萼片等长；唇瓣长圆形或卵状长圆形，先端平截，皱缩，前半部上面具长硬毛且边缘具强烈皱波状啮齿，基部浅囊状，囊内具 2 枚突起。花期 5—7 月，果期 7—9 月。

生境与分布 见于慈溪、余姚、北仑、鄞州、奉化、宁海、象山；生于山坡林下、灌丛中或平原草地中。产于全省各地；分布于全国各省份；东北亚、东南亚、南亚及澳大利亚也有。

主要用途 带根全草入药，具清热解毒、利湿消肿之功效；花奇特，可供观赏。

附种 香港绶草 *S. hongkongensis*，花白色；萼片具腺状短毛；花冠狭长。见于余姚、宁海；生于山地湿润处。

香港绶草

386 带唇兰

学名　**Tainia dunnii** Rolfe　　　　属名　带唇兰属

形态特征　地生草本，高 30～60cm。根状茎匍匐。假鳞茎细长圆柱形，紫褐色，顶生 1 片叶。叶片长椭圆状披针形，15～22cm×0.6～3cm，先端渐尖，基部渐狭；叶柄长 2～6cm。花序梗从假鳞茎侧边根状茎生出，纤细，长 30～60cm；总状花序具花 10～20 余朵；花直径 2～2.5cm，花萼片与花瓣紫褐色，唇瓣黄色；中萼片披针形，侧萼片与花瓣相近，镰状披针形；唇瓣长圆形，3 裂，中裂片上面有 3 条短褶片，侧裂片具紫斑；唇盘上有 2 条纵褶片；无距。花期 4—5 月，果期 7 月。

生境与分布　见于余姚、北仑、鄞州、奉化、宁海、象山；生于海拔 500～700m 的山谷沟边或山坡林下。产于杭州、衢州、丽水、温州等地；广布于长江以南各省份。

主要用途　可作花境或盆栽观赏。

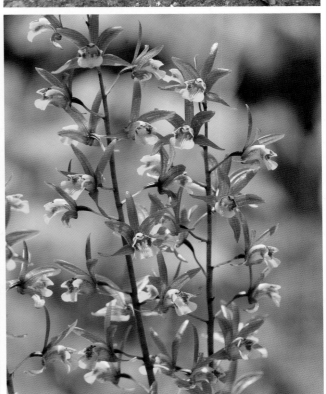

中文名索引

学名索引